山西省教育科学“十四五”规划课题资助项目（GH-220556）
山西省高等学校科技创新计划资助项目（2022L447）
山西大同大学基础青年科研基金资助项目（2022Q17）

近距离双采空区下
综放煤巷破坏机理及控制研究

吴晓宇　著

中国矿业大学出版社
· 徐州 ·

内 容 提 要

本书共7章，主要内容包括近距离双采空区下综放煤巷围岩变形破坏力学机理、多重采动底板应力时空演化规律、下煤层综放巷道围岩偏应力演化规律、近距离双采空区覆岩运移相似模拟与裂化顶板注浆研究、下煤层综放巷道围岩控制工程试验。研究分析了近距离煤层多重采动中，上部工作面、邻近工作面采动以后，多重应力扰动下煤巷围岩应力分布规律和围岩破坏特征、近距离双采空区多重采动四阶段的底板偏应力与支承压力时空演化规律、近距离煤层多重采动底板破坏力学模型，得出底板多重应力分布及多次破坏扩展范围，从而指导近距离下煤层巷道合理布置位置选择与围岩支护控制。

本书可供矿业工程领域科研工作者、工程技术人员及高等院校相关专业的师生参考。

图书在版编目(CIP)数据

近距离双采空区下综放煤巷破坏机理及控制研究 / 吴晓宇著. — 徐州 ：中国矿业大学出版社，2024. 9.

ISBN 978-7-5646-6421-3

Ⅰ. TD353

中国国家版本馆 CIP 数据核字第 2024AU7082 号

书　　名　近距离双采空区下综放煤巷破坏机理及控制研究

著　　者　吴晓宇

责任编辑　王美柱

出版发行　中国矿业大学出版社有限责任公司

（江苏省徐州市解放南路　邮编 221008）

营销热线　(0516)83885370　83884103

出版服务　(0516)83995789　83884920

网　　址　http://www.cumtp.com　**E-mail**:cumtpvip@cumtp.com

印　　刷　苏州市古得堡数码印刷有限公司

开　　本　787 mm×1092 mm　1/16　**印张** 9.5　**字数** 243 千字

版次印次　2024 年 9 月第 1 版　2024 年 9 月第 1 次印刷

定　　价　38.00 元

（图书出现印装质量问题，本社负责调换）

前 言

据近8年来国家能源局的统计，煤炭消费量占我国一次能源消费量比例分别为2016年的62%、2017年的60.4%、2018年的59%以上、2019年的57.7%、2020年的55.3%、2021年的56.0%、2022年的55%、2023年的53%，说明煤炭仍然是我国能源主体。在我国煤炭开采中，近距离煤层分布广泛，其煤炭资源回采所占比例较大，大多数矿区仍然遗留近距离煤层开发开采的问题，此类矿区如淮南矿区、淮北矿区、平顶山矿区、大同矿区、新汶矿区、西山矿区、井陉矿区等。显然，要保证这些矿区可持续发展，提高煤炭资源回收率，延长矿井寿命，落实安全高效生产策略，近距离煤层开采是必然引起高度重视的核心问题。

《煤矿安全规程》附录部分提到"煤层群层间距离较小，开采时相互有较大影响的煤层"称为近距离煤层。迄今为止，近距离煤层的判定条件仍然处于定性阶段，而近距离煤层是近些年来各大矿区对上下层位空间分布煤层间具有很小层间距的上下煤层的简便统称。近距离煤层中，随着上下煤层层间距的减小，上煤层与下煤层相互采动影响会逐渐增大；尤其是当上下煤层层间距较小时，下煤层未开采期间顶板的完整性已然受到上煤层强采动影响，其破坏范围与裂化程度相对增加。因此，从定性角度将上下煤层分析归类，可将上下煤层层间距很小、煤层相互采动具有显著影响的煤层定义为近距离煤层；而从定量角度将上下煤层分析归类，当上下煤层层间距小于底板破坏深度时，该煤层群称为近距离煤层群。近距离煤层上部煤层开采后，下煤层预采区的顶板结构多裂隙、易失稳，应力环境复杂化；上煤层采出后遗留在采空区的区段煤柱受到集中应力作用，且上覆岩层结构中关键块发生回转失稳，对底板造成冲击破坏，两者对下煤层回采巷道的布置及围岩稳定性具有强烈影响。

特别是近距离煤层开采中涉及综采放顶煤开采，上层位煤层采用综采放顶煤开采将增强采动影响、加剧上覆岩层运动及煤柱应力集中程度，其强采动对底板破坏裂化影响程度与范围增加，对上下煤层层间距较小的近距离下煤层顶板完整岩性造成破碎性破坏；而下层位煤层采用综采放顶煤开采将引起采空区上方稳定覆岩结构再失稳，导致上层位煤层遗留煤柱失稳，同时超前采动影响必然增加下煤层回采巷道围岩的维护与支护投入。因此，本书以水峪矿近距离煤层下煤层11103综放工作面运输巷的具体地质生产条件为工程背景，采用实验室试验、力学建模、理论分析、数值模拟、现场实测等多种研究方法，开展近距离双采空区下综放煤巷破坏机理及控制研究，并在此基础上提出适用于此类煤巷的控制方案，以实现矿井的安全高效开采。本书的研究成果对于丰富近距离煤层矿压理论、开展支护技术革新、保障矿井安全高效生产、提高矿井采矿科技水平及改善矿井综合经济效益具有重要的理论与实践意义。

本书在撰写过程中参考了大量文献资料，但在书末参考文献中未能一一列出，在此谨向所有文献作者致谢。

由于笔者水平所限，书中可能存在不妥之处，恳请广大读者提出宝贵意见。

著　者

2024年8月

目　录

第1章 绪　论

1.1 近距离煤层覆岩结构研究

近距离煤层覆岩受到上下部双煤层的强采动影响，覆岩运动加剧。近距离煤层下行开采时，上部煤层已开采，而下部煤层采动，上覆岩层在已破断基础上发生回转失稳与滑移失稳，覆岩运动规律、覆岩破断结构、矿山压力显现具有其独有的特征与规律。其中采场矿压及上覆岩层活动规律的研究，相对有代表性的假说有以下几种：压力拱假说、悬臂梁假说、铰接岩块假说、预成裂隙假说[1]。

针对矿山开采中呈现的问题，人们逐渐发展了能够定量分析采场上覆岩层运动规律与覆岩结构的理论来指导矿山开采设计与生产。其中具有代表性的理论有以下几种。

(1)"砌体梁"理论：20世纪70年代后期，钱鸣高院士根据矿山生产经验和实践，并基于采场岩层内部移动的工程实测，建立了岩体的"砌体梁"结构力学模型。"砌体梁"理论揭示了岩层破断岩块的相互咬合规律与稳定条件，较之前假设更能深入解释采场矿压显现规律[2]。回采面前方煤壁的支承压力随着采深增加而逐渐增大，支承压力峰值位置逐渐向煤壁深部移动。研究近距离煤层多重采动特征，煤柱一侧采空与煤柱两侧采空时煤柱支承压力峰值大小、峰值位置及影响范围将是核心点，以指导下煤层回采巷道布置方式。

(2)"传递岩梁"理论：20世纪80年代初期，宋振骐院士[3]在现场实测的基础上创立并逐渐形成了以岩层运动为核心，岩梁稳定性预测预报、巷道布置的控制设计和巷道围岩的控制效果判断三位一体的实用矿山压力与岩层控制理论体系——"传递岩梁"理论。该理论认为：岩层断裂块彼此咬合，这就向前方煤壁和后方采空区传递了支承压力，因此，传递岩梁移动的承载力只有部分需要液压支架承担，液压支架承载力决定于其对岩梁运动的支配节制。液压支架工作方式分为"给定变形"和"限定变形"，据此提出了顶板控制设计理论与技术。另外，该理论清晰指出了内外应力场这一要点，深入煤壁塑性区的基本顶承载岩梁破断，此时以破断位置为界线，内应力场的荷载是煤壁上方破断岩梁的重力，外应力场的荷载是上覆岩层整体荷载。

(3)岩板理论：将基本顶简化为不同边界条件的"板"，研究板的破断规律，是岩板理论研究的主要思路[4]。岩板理论主要运用于坚硬顶板，在近距离煤层开采中，上煤层开采整个回采面上覆岩层运动，关键层薄厚产生不同薄板和厚板效应，其板周边承载体的支承压力分布规律、板的最大弯矩、板的破断形式及弹性基础板对基本顶来压的预测都起到一定的积极作用。

(4)压力拱理论：对于压力拱结构，其受力原理是岩石的抗压强度远大于其抗拉强度的承载特性，从而把拱结构上部压力转移到拱基。康红普等[5]指出巷道围岩自承载特征与关键承载圈密切相关，其应力分布越均匀，应力值越小，则巷道稳定性越好，这可作为巷道支护设计理论。缪协兴[6]指出巷道围岩压力拱特征，其实质是以自然平衡拱存在于巷道围岩实际介质中。谢广祥[7]提出了回采空间“应力壳”概念，其作用是承担与传递覆岩的荷载与上覆岩层压力，基本顶结构承担部分荷载；“应力壳”的主要影响因素是煤层采高、留设煤柱宽度及回采面推进速度。

1.2 近距离煤层底板破坏与下煤层回采巷道布置研究

采场底板受到强采动影响与采场应力集中引起滑移破坏的规律研究依托于工程技术手段和理论分析[8]。李树清等[9]针对近距离煤层群强采动中发生的双重卸压问题进行研究，双重卸压下煤层顶板多次破坏，裂隙扩展程度及范围大于单煤层开采时的情况。张平松等[10]运用震动波 CT 钻探钻孔技术收集、反演及处理采动各个时期底板的震动波段 CT 数据，得到了底板的动态破坏规律。施龙青等[11]建立了采场底板“四带”分区概念，从裂隙发展贯穿的角度推导得出了采场底板破坏带高度的计算公式。刘伟韬等[12]运用数值模拟软件 FLAC3D 模拟采场底板破坏深度，在采场底板破坏深度影响因素中回采面长度＞埋深＞采高。

在底板岩层破坏理论的研究方面，张金才等[13]对煤柱底板任意点的荷载进行计算，采用塑性滑移线场理论测算采场底板岩层塑性区的深度。张炜等[14]研究了近距离煤层上煤层留设煤柱均布荷载条件下，煤柱底板岩层从浅部到深部应力特征，随着深度的变化，底板中剪切应力和水平应力峰值和范围基本不变。张百胜等[15]认为近距离煤层上部煤柱底板应力传播具有非均匀特性，向采空区发展支承压力集中程度迅速降低。刘建军[16]研究了近距离煤层群下煤层回采巷道复杂应力环境，其稳定性不仅受到多重采动影响，而且受到留设的保护煤柱宽度影响。王广辉[17]研究了上下煤层同采条件下巷道布置方式，认为同采煤层应采用外错式，并给出了合理煤柱宽度。吴爱民[18]综合非连续变形数值分析与现场实测方法，研究多次采动影响下煤层回采巷道围岩大变形和破坏特征。

有关近距离煤层下层位煤层回采巷道布置方式的研究认为，下煤层回采巷道与上煤层煤柱的位置关系分为内错、外错、重叠三类。错距能保护回采巷道处于低应力区或破坏较小区域。采空区处于低应力区域，其围岩应力小于原岩应力。煤柱底板处于支承压力增高区，该区域的围岩应力大于原岩应力[19]。因此，为了合理设计下煤层回采巷道位置和控制围岩处于恒稳状态，使回采巷道位于低应力区，往往内错布置方式更合理。

1.3 综放开采研究

对于综采放顶煤，我国学者已取得一系列重要的研究成果[20]。伍永平等[21]研究了非对称回采面的支承压力对综放顶煤的预碎分区作用，得出上部破碎程度严重、中部破碎程度降低、下部破碎程度最低的结论。黄庆享等[22]研究了邻近回采面侧向支承压力集中引起的顶板岩体垂向裂隙现象，回采巷夹矸层位以上煤体沿软夹层向邻近采空区错动滑移机理。许磊等[23]采用数值模拟软件 UDEC 模拟了综放巷道高度为 3.5～8 m 时采动围岩动载裂隙场演化过程，综放巷道围岩破坏裂隙分为贯通区、发育区和微裂隙区三个区域；随着综放巷道高度增加，裂隙深度增加，且小裂隙逐渐发育扩展为大裂隙。王家臣等[24]通过综放下行开采区域分段，并结合段内上行放顶煤的综放工艺，构建液压支架力学平衡方程，得出回采段液压支架侧护板稳定荷载和滑动极限作用力。方新秋等[25]研究了支承压力集中引起的煤壁塑性区产生半圆弧状滑移面现象，而要煤壁支护稳定就需要控制滑移面。吴锋锋等[26]研究了综放组合液压支架的额定工作性能与稳定性，结果表明，初撑力的增加能增强组合液压支架的稳定性，而倾角的增加则使其稳定性下降，组合液压支架稳定性受初撑力、倾角、支柱迎山角、顶底板岩石强度等因素影响。吴晓宇等[27]探究了综放充填开采技术及机理，得出不同加载速率下矸石胶结充填体破坏规律。侯朝炯团队[28]研究了综放软煤回采巷道围岩的层状赋存特征，在围岩软弱破碎的物理特性下，巷道控制方案是采用高强锚杆(索)加固帮角，高阻让压控制围岩大变形，锚杆(索)强化顶板围岩。

1.4 偏应力研究

有关偏应力，在弹塑性力学中一点应力可以由9个应力分量来详细表征，其中包含3个正应力分量和6个剪应力分量；将这9个应力分量按照坐标规则排列而定义的量称为应力张量，并且可划分为球应力张量和偏应力张量两部分。球应力张量只能使岩体单元体积改变而不能使岩体单元形状改变，即岩体发生可恢复的弹性变形；偏应力张量只诱发岩体单元形状改变而不诱发体积的改变，即导致岩体的塑性破坏。

对于偏应力的研究，我国学者已取得了一些重要的成果。在实验室试验及理论方面，丁剑霆等[29]在π平面基础上，提出极限偏应力破坏准则的几何形态为正六边形，极限偏应力破坏准则形成的正六边形外切于Mises圆，Tresca破坏准则的六边形内接于Mises圆，两者方位角相差30°。杨光等[30]运用三轴物理压缩机调节粗粒料应力加载条件，研究其在偏应力和球应力往返加载条件下的变形特性，残余应变随着振次的增加单调累积；在同一振次条件下，随着动剪应力比的增大和围压的增加，所测得的残余应变增大。施维成等[31]运用TSW-40型真三轴仪进行粗粒土偏应力规律研究，只减小球应力将产生体积变化；但是在初期基本不产生偏应变，球应力减小到一定值，伴随体积增大与偏应变缓慢增大，直到后期加速增大。孙磊等[32]通过正常固结饱和软黏土偏应力和围压循环加载三轴试验，对比了围压不变情况下，偏应力和围压耦合对屈服变形的影响。李修磊等[33]提出三轴极限峰值偏应力的岩石非线性破坏强度准则，强度准则的预测值与文中15种岩石三轴强度非常接近，尤其是离散性较小岩石，相关系数在0.98以上，平均绝对误差小于4%。

在偏应力数值模拟研究方面，谢生荣等[34]基于深部开采、充填开采与沿空留巷条件分析回采巷道围岩偏应力的非对称演化规律，强调围岩控制重点是偏应力峰值带内的岩体。王俊峰等[35]为研究柔模混凝土沿空留巷围岩偏应力的演化特征，将沿空留巷围岩以偏应力峰值带与塑性区轮廓线为边界划分为两个区域。余伟健等[36]研究了多种应力情况下回采巷道围岩稳定性，对比了塑性区分布和偏应力分布相互关系，得到了在多种侧压系数下正对称失稳模型和角对称失稳模型；针对上述模型分别给出了各自的治理方案，并运用于现场实践。马念杰等[37]通过数值模拟和计算分析非均匀应力场条件下圆形巷道平衡时偏应力和塑性区范围，得出塑性区半径计算公式；认为在多种侧压系数下，偏应力场特征不同，导致多种形态各异的蝶形塑性区。潘岳等[38]认为回采巷道掘进引起巷道围岩应力场改变，偏应力产生并伴随能量耗散,在此基础上探讨了偏应力应变能生成与耗散问题,得到了巷道围岩偏应力应变能与地应力关联的计算方法。马振乾等[39]研究了近距离煤层破碎区域沿空掘巷围岩偏应力演化规律。综上所述,由于偏应力同时考虑了最大主应力、中间主应力和最小主应力三者之间的相互作用,所以可以科学地反映近距离双采空区下综放煤巷围岩应力演化与围岩变形破坏的相互关系。

1.5 研究内容及研究方法

1.5.1 研究内容

针对近距离双采空区下综放煤巷布置位置与围岩变形问题,开展研究内容如下。

(1) 近距离煤层双采空区多重采动底板破坏规律研究

基于弹塑性力学及底板应力分布与破坏理论,建立底板多重支承压力分布与破坏模型,研究近距离煤层双采空区多重采动的四阶段特征:上煤层一侧采空、上下煤层一侧双采空、上煤层两侧采空下煤层一侧采空、上下煤层两侧双采空。解算下煤层综放巷道上部两个已采工作面推进方向支承压力在底板分布规律与底板最大破坏深度及位置;解算四阶段采动结构侧向支承压力在底板分布规律与底板最大破坏深度及位置,揭示近距离双采空区下综放煤巷布置岩层的应力环境及破坏特征,明确下煤层综放巷道布置中水平错距与垂直错距。

(2) 近距离煤层双采空区覆岩关键块运移及其对底板岩层破坏机制与保护机制理论研究

基于 Winkler 地基理论,建立双层位坚硬岩层顶板复合承载结构及运移力学模型,计算复合破断关键块在煤壁内断裂位置,并分析其对下煤层回采巷道的破坏机制与保护机制。

(3) 近距离煤层双采空区多重采动底板支承压力与偏应力时空演化规律研究

利用 FLAC3D 软件内置的 FISH 语言,采用应变软化本构模型,研究近距离煤层双采空区多重采动下支承压力与偏应力的演化过程、集中程度、传播规律及转移特征,得出支承压力与偏应力对底板不同层位岩层的扰动与破坏规律,揭示近距离煤层双采空区多重采动底板支承压力与偏应力对下煤层综放煤巷围岩力学行为与变形破坏特征的影响机制。

(4) 近距离双采空区煤柱稳定性与下煤层巷道破裂顶板力学特征研究

构建双层位煤柱荷载与稳定性力学模型,分析双层位煤柱荷载、弹塑性变形、上下煤柱合理宽度及其稳定性,并分析上下煤柱宽度、煤柱厚度及煤柱两侧采空区宽度对煤柱稳定性的影响规律。构建下煤层裂化顶板力学模型,推导出裂化深度与相对裂化顶板弯矩表达式,并对比裂化顶板注浆前后锚杆(索)有效预应力场分布特征。

(5) 近距离双采空区下煤层回采巷道协调控制原理及方法

综合现场调研、理论建模、数值模拟、相似模拟和现场工程试验等多种研究方法,揭示近距离双采空区下综放巷道围岩的应力环境与围岩变形失稳机理,确定巷道的合理布置位置,提出巷道围岩控制的总体支护方案,并选取山西焦煤汾西矿业(集团)有限责任公司(以下简称汾西矿业)11103 综放工作面巷道 100 m 试验段进行工程试验,对巷道支护效果进行监测分析。

1.5.2 研究方法

(1) 现场调研

掌握双采空区下厚软煤层巷道地质生产资料、顶底板岩性、上下煤层采掘情况；现场调研预掘巷道邻近回采面巷道布置、支护方式及支护参数。

(2) 理论建模

① 建立底板多重支承压力分布与破坏模型，解算下煤层综放巷道上部两个已采工作面推进方向支承压力在底板分布规律与底板最大破坏深度及位置；解算四阶段采动结构侧向支承压力在底板分布规律与底板最大破坏深度及位置，分析近距离煤层双采空区多重采动的四阶段（上煤层一侧采空、上下煤层一侧双采空、上煤层两侧采空下煤层一侧采空、上下煤层两侧双采空）底板支承压力分布规律与破坏特征，揭示近距离双采空区下综放煤巷布置层位的应力环境及破坏特征。② 建立双层位坚硬岩层顶板复合承载结构及运移力学模型，计算双层位坚硬岩层顶板复合破断块在煤壁内断裂位置，阐明其对下煤层回采巷道的破坏机制与保护机制。③ 构建双层位煤柱荷载与稳定性力学模型，分析双层位煤柱荷载、弹塑性变形、上下煤柱合理宽度及稳定性。④ 构建下煤层裂化顶板力学模型，推导出裂化深度与相对裂化顶板弯矩表达式。

(3) 数值模拟

利用 FLAC3D 软件内置的 FISH 语言，采用应变软化本构模型，得出支承压力与偏应力对底板不同层位岩层的扰动规律，揭示近距离煤层双采空区多重采动底板支承压力与偏应力对下煤层综放煤巷围岩的力学行为与变形破坏特征的影响机制。

(4) 相似模拟试验和实验室试验

① 利用相似模拟的方法，以汾西矿业近距离煤层为研究背景，通过埋设压力传感器测定围岩的应力变化规律，分析近距离煤层煤柱两侧非对称双采空覆岩垮落特征与应力分布规律。② 通过破碎煤体注浆强度的室内试验，研究注浆压力、注浆量对注浆煤体强度的影响，为提高破碎巷道围岩注浆加固效果提供依据。

(5) 现场工程实践

在汾西矿业 11103 综放工作面巷道 100 m 试验段进行工程试验，结合矿压观测结果与支护体变形情况，验证支护方案的可行性。

第2章　矿井地质生产条件与现场监测

本章介绍了汾西矿业11103综放工作面地质生产条件与近距离煤层双采空区、多重采动及非对称开采采掘特征，并归纳分析了近距离煤层多重采动影响下综放工作面煤巷围岩变形破坏与支护结构破坏情况。对11103综放工作面回采巷道围岩结构及围岩强度进行现场观测，明确近距离煤层双采空区下11103综放工作面回采巷道围岩控制关键性难点，为理论分析研究和支护方案设计奠定基础。

2.1　工程概况与生产条件

2.1.1　工程概况

（1）煤层赋存特征

汾西矿业9[#]煤层的厚度均值为1.60 m；其上部为坚硬的K_2石灰岩，厚度为6.40～11.20 m，均值为7.00 m。10＋11[#]煤层在本区合并为一层，厚度为6.00～9.08 m，平均厚度为7.8 m，与9[#]煤层相距约1 m。9[#]、10＋11[#]煤层为整个井田内较完整可采煤层，其余为较零散或不可采煤层。9[#]煤层属于半亮煤，煤体易碎。11103工作面区域煤层柱状图如图2.1所示。汾西矿业一采区主采煤层是10＋11[#]煤层，其隶属石炭系太原组。11103回采面标高为＋745～＋773 m，该回采面对应的地面标高为＋926～＋1 014 m；煤层平均倾角为6.5°，为近水平煤层；煤层赋存较为复杂，夹矸为多层泥岩；煤层厚度均值为7.8 m。

（2）开采区段地质生产条件

11103工作面布置在10＋11[#]煤层下分层，煤层平均厚度为5.86 m。10＋11[#]煤层下伏岩层为6.1 m厚的砂泥岩，0.2 m厚的12[#]煤层，7.4 m厚的泥岩，3.4 m厚的细砂岩。由图2.2(a)可知，11103工作面长度为148 m，推进长度为800 m，其与9[#]煤层7102工作面内错12 m，与10＋11[#]煤层上分层7302工作面内错6 m。*A-A*剖面位置相对9[#]煤层，*B-B*剖面位置相对10＋11[#]煤层上分层，*C-C*剖面位置相对10＋11[#]煤层下分层。

由图2.2(b)可知，工作面开采顺序及开采煤层为：7102工作面，开采9[#]煤层，厚度1.6 m(开采时间1995—1996年)→7302工作面，开采10＋11[#]煤层上分层，厚度2.0 m(开采时间1998—1999年)→7104工作面，开采9[#]煤层，厚度1.6 m(开采时间2000—2001年)→11101综放工作面，开采10＋11[#]煤层，厚度7.8 m(开采时间2006—2007年)→预采11103工作面，开采10＋11[#]煤层下分层，厚度5.8 m。近距离煤层9[#]与10＋11[#]煤层的层间距为1 m，10＋11[#]煤层左侧采用分层综采，右侧11101工作面采用综放开采，全部垮落法管理顶板，机采高度为2.8 m，平均放顶煤高度为5.06 m，采放比1∶1.81；预采11103工作面上部9[#]煤层已采，10＋11[#]煤层上分层已采2 m，剩余5.86 m，预采用综采放顶煤开采方法，机采高度为2.8，平均放顶煤高度为3.06 m，采放比1∶1.09。综上所述，11103工作面

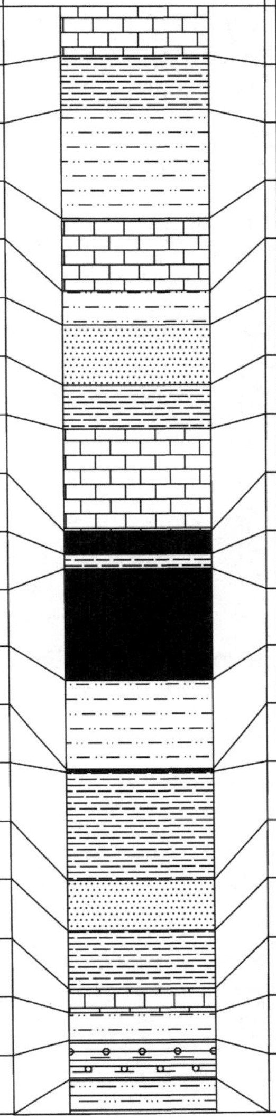

岩层名称	厚度/m	岩柱性状	岩性描述
K_4石灰岩	3.4		深灰色，厚层状，具均匀层理，见大量动物碎屑化石，坚硬
泥岩	3.7		土黄色，泥质结构，块状构造，岩石主要成分为黏土矿物，含少量铁质，呈红褐色
砂泥岩	7.5		成分以石英为主，长石次之，次棱角状，分选性中等，硅质胶结，含灰质，较致密
K_3石灰岩	5.0		深灰色，厚层状，具均匀层理，见大量动物碎屑化石，坚硬，局部相变为细砂岩
砂泥岩	2.3		硅质胶结，含灰质，较致密
细砂岩	4.1		成分主要为石英，含少量长石，次棱角状，分选性好，岩屑呈颗粒状、片状
泥岩	3.0		岩石弱硅化，断口有滑感，呈贝壳状，岩性软、易碎，产状不清
K_2石灰岩	7.0		深灰色，厚层状，具均匀层理，见少量不规则方解石充填裂隙，见大量动物碎屑化石，坚硬
9#煤层	1.6		以半亮煤为主，内含黄铁矿结核
泥岩	1.0		土黄色，泥质结构，块状构造，岩石主要成分为黏土矿物，含少量铁质，呈红褐色
10+11#煤层	7.8		以半亮煤为主，内含黄铁矿结核
砂泥岩	6.1		成分以石英为主，长石次之，次棱角状，分选性中等，硅质胶结，含灰质，较致密
12#煤层	0.2		以半亮煤为主，内含黄铁矿结核
泥岩	7.4		土黄色，泥质结构，块状构造，岩石主要成分为黏土矿物，含少量铁质，呈红褐色
细砂岩	3.4		成分主要为石英，含少量长石，次棱角状，分选性好，岩屑呈颗粒状、片状
泥岩	4.0		土黄色，泥质结构，块状构造，岩石主要成分为黏土矿物，含少量铁质，呈红褐色
石灰岩	1.6		浅灰色，厚层状，分选性中等，具波状层理，局部相变为粉砂岩、泥岩
砂质泥岩	1.9		砂质分布较均匀，较硬
铝土泥岩	2.7		浅灰色为主，次为紫红色、灰黄色，成分主要为高岭土、铝土矿，含少量粉砂及黄铁矿晶粒

图 2.1　11103 工作面区域煤层柱状图

具有双采空区、多重采动、非对称开采及综放开采的特征。

2.1.2　双采空区下综放区段煤巷矿压显现特点

近距离下煤层 11103 工作面运输巷布置在上部已采 9# 煤层、10＋11# 煤层上分层下部，顶板上部是双采空区，且邻近的 7102、7302、7104、11101 工作面已采。11103 工作面巷道围岩未采掘前就受到上煤层强采动与邻近工作面多重强采动影响，在掘进期间就出现巷道围岩局部破碎，加之上顶板为双采空区，锚杆(索)无锚固承载层，且受到侧向煤柱应力集中影响与本工作面综放强采动影响，巷道围岩与支护体易失稳失效，难以支护。本书基于上述工程背景，选取 100 m 试验段进行巷道支护研究分析。以 11103 工作面巷道的邻近

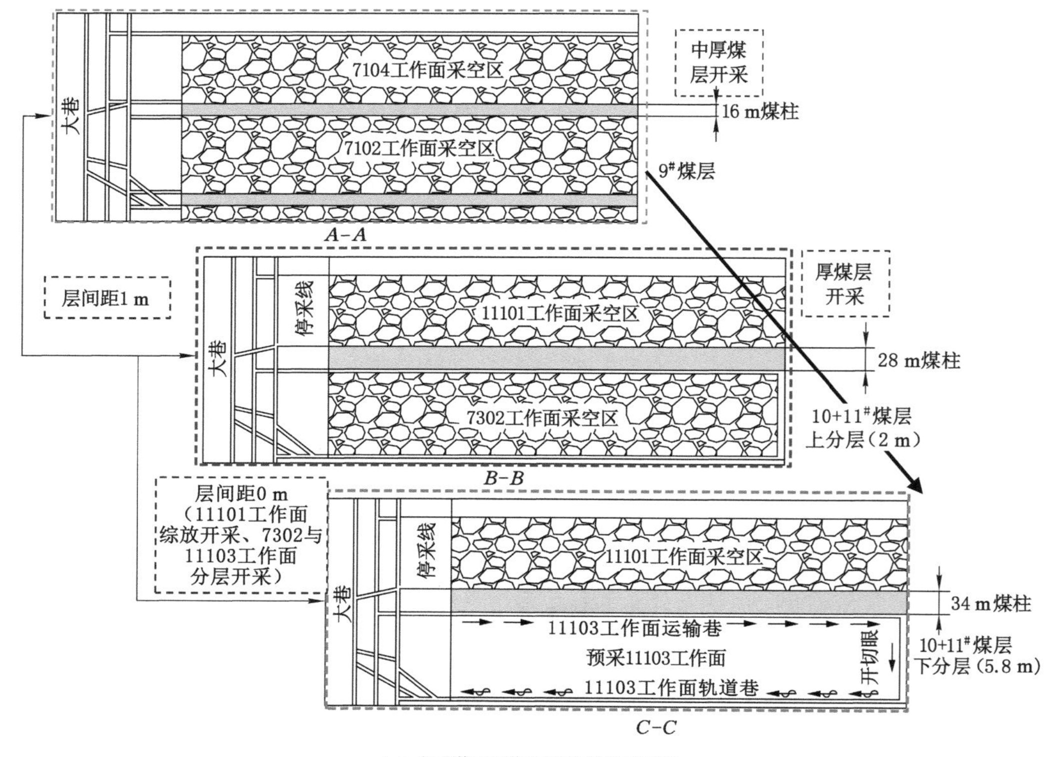

(a) 上下煤层工作面采掘情况平面图

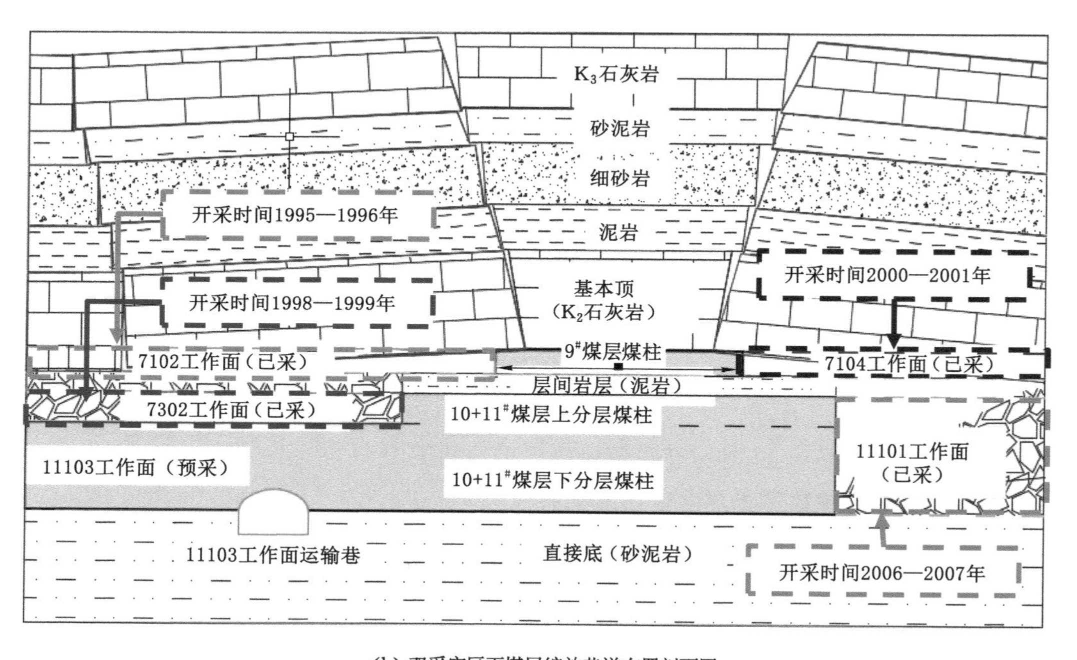

(b) 双采空区下煤层综放巷道布置剖面图

图 2.2　工作面采掘工程图

11101 工作面巷道围岩变形破坏情况为参考，如图 2.3 所示。

(a) 顶板破碎、钢带弯曲、锚索破断

(b) U型钢扭曲变形

(c) 巷道煤柱帮脱锚

(d) 巷道实体煤帮凹凸

图 2.3　邻近 11101 工作面巷道围岩变形破坏状况实测

(1) 巷道顶板围岩局部已极其破碎，整体凹凸不平，W 钢带严重弯曲撕裂、呈“V”形挤压破坏，顶板钢筋网严重变形形成网兜，锚杆托盘及锚索锁具损坏和失效，顶板下沉量较大。顶板破碎关键原因是受上部 9# 煤层 7102 工作面强采动影响与上部 10+11# 煤层上分层 7302 工作面强采动影响，且 9# 煤层与 10+11# 煤层层间距极小(1 m)，10+11# 煤层分层开采层间距为 0 m，上部煤层两次强采动影响对层间距极小的下煤层顶板造成严重破坏，顶板稳定性差；同时，近距离煤层两侧非对称开采巷道水平挤压错动变形显著，顶板岩层水平运动剧烈，支护结构因无法适应顶板强烈水平运动，U 型钢在水平和铅垂方向发生扭曲变形。

(2) 巷道煤柱帮围岩破碎外鼓，出现脱锚现象，网兜严重。巷道煤柱帮破碎是由于相邻工作面上、下煤层采空，双层位煤柱荷载增加，发生应力集中、叠加及转移时其支承压力对煤柱帮煤体破坏作用加大；同时，煤柱两侧工作面开采高度不同，7102、7302 工作面采煤高度总和为 3.6 m，7104、11101 工作面采煤高度总和为 9.4 m，煤柱两侧工作面非对称开采，11101 工作面采空区侧为卸压区域，且高度大于 7302 工作面采空区卸压空间高度，煤柱应力集中区域向巷道煤柱帮转移，围岩的拉剪破坏急剧扩展。

(3) 巷道实体煤帮围岩表层破碎，局部凸出。10+11# 煤层厚度为 7.8 m，属于厚煤层，煤层结构复杂，煤体内生裂隙发育，含 5～7 层厚度为 0.02～0.1 m 的泥岩夹矸。煤体强度偏软、力学性能较差，加之受本工作面综放强采动影响，工作面回采过程中引起的支承压力峰值高且范围大，已裂化破坏围岩裂隙发育，破碎程度剧增。

(4) 近距离煤层上、下煤层工作面开采时间长,下煤层围岩长期受到煤柱集中应力影响,随着时间延长工作面巷道围岩变形破坏程度及范围逐渐增大;而本煤层开采时期,巷道采掘时间长,双采空区下运输巷在持续应力影响下围岩变形破坏程度逐步增加,锚杆(索)支护强度逐渐降低。

2.2 地应力监测及围岩稳定性评价

地应力理论区别于结构力学、材料力学,地应力是引起地下采掘工程岩体变形与破坏的根本作用力。巷道所处的地应力环境是研究采掘工作面巷道围岩力学性质与进行数值模拟分析的必要前提,要科学合理地研究 11103 工作面巷道围岩变形与破坏作用力,就需要在矿井工程实践中测试 11103 工作面区域地应力。鉴于 11103 工作面受邻近工作面多重采动影响,此种情况更需要掌握其地应力分布特征、围岩强度与围岩结构,基于此才能更深入研究 11103 综放工作面巷道围岩稳定性与控制技术。

当今,适用于煤矿井下的地应力测试方法有水压致裂法和应力解除法。水压致裂法在井下能快速测量,且无须取心,可测定弹性模量与泊松比,但是其测试的精确程度取决于测试煤岩层的连续性、均匀性、完整性。而近距离煤层上煤层强采动对下煤层工作面巷道围岩已造成破坏,此种情况下水压致裂法不适用。应力解除法的适用环境及条件则更为广泛,不仅能进行准确可靠的地应力监测,而且能降低地应力测试的成本。本书结合近距离煤层 11103 工作面实际情况,采用应力解除空心包体法进行地应力测试,将空心包体装置安装在岩层中,如图 2.4 所示。

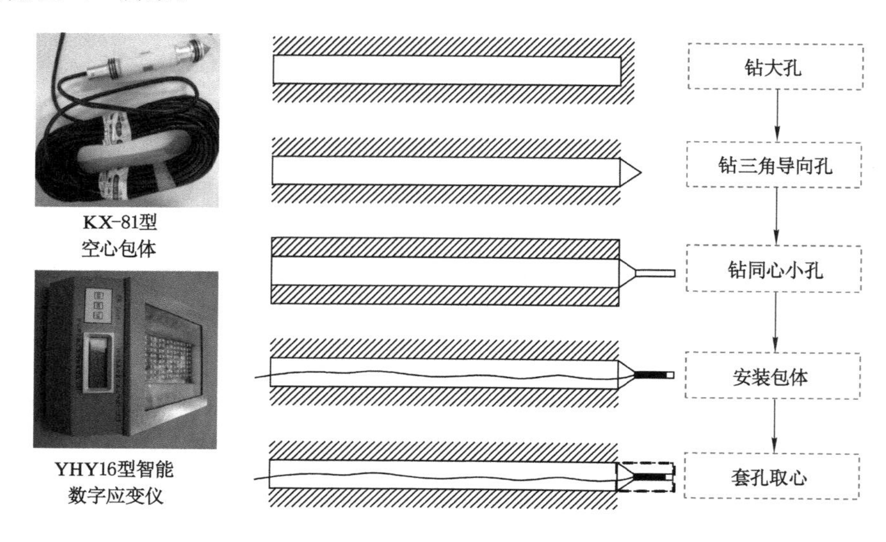

图 2.4 空心包体地应力测试装置及安装测试原理

在 11103 工作面选取具有代表性的区域布置三组测点。第 1 测点布置在 11103 工作面轨道巷 600 m(距开切眼距离,下同)处,测试区域邻近 11103 工作面未采动区域,埋深 220 m,巷高 3.0 m,巷宽 5.0 m;第 2 测点布置在 11103 工作面运输巷 40 m 处,测试区域邻近煤柱,埋深 231 m,巷高 2.8 m,巷宽 4.5 m;第 3 测点布置在 11103 工作面回风巷 400 m

处，测试区域邻近未采动区域，埋深 231 m，巷高 2.8 m，巷宽 4.5 m。

(1) 测点应力解除过程中应变变化

测点 1 空心包体应力解除监测曲线与布置方位如图 2.5 所示，测点 1 的钻孔深度为 12 m，应力解除深度为 300 mm，方位角为 183°，各个通道应变通过软件转换后获得的最大水平主应力 σ_H = 6.72 MPa、最小水平主应力 σ_h = 5.21 MPa、垂直应力 σ_v = 5.92 MPa。

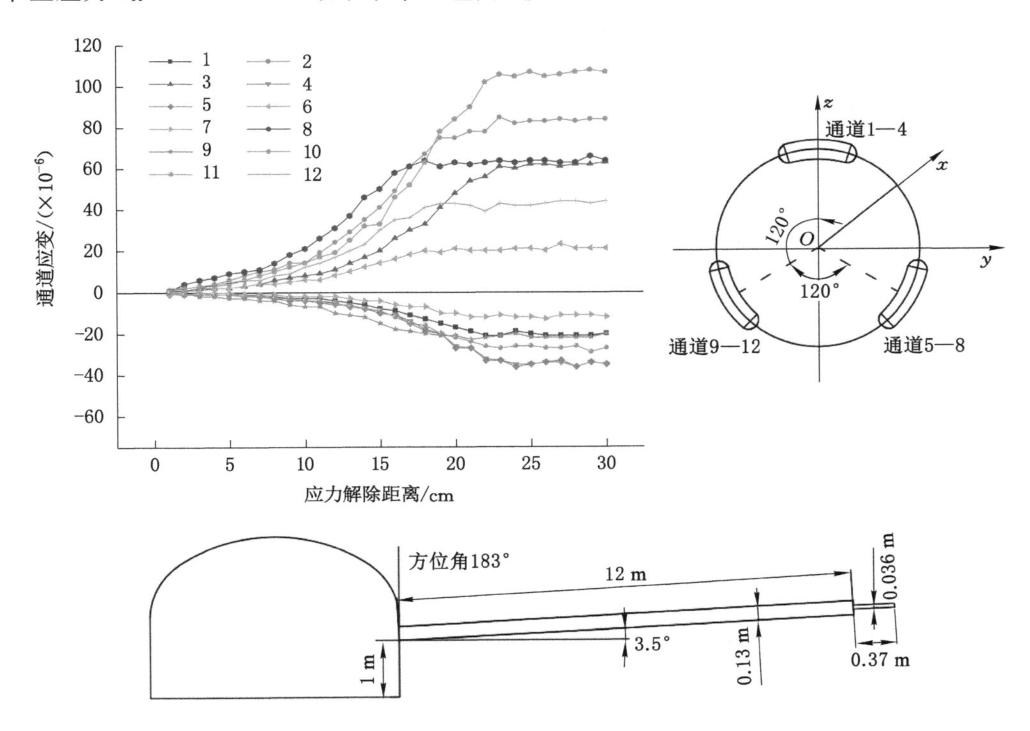

图 2.5　测点 1 空心包体应力解除监测曲线与布置方位

测点 2 空心包体应力解除监测曲线与布置方位如图 2.6 所示，测点 2 的钻孔深度为 12 m，应力解除深度为 320 mm，方位角为 91°，测点通道应变通过软件转换后获得的最大水平主应力 σ_H = 15.39 MPa、最小水平主应力 σ_h = 4.67 MPa、垂直应力 σ_v = 14.03 MPa。

测点 3 空心包体应力解除监测曲线与布置方位如图 2.7 所示，测点 3 的钻孔深度为 12 m，应力解除深度为 330 mm，方位角为 93°，测点通道应变通过软件转换后获得的最大水平主应力 σ_H = 6.11 MPa、最小水平主应力 σ_h = 4.01 MPa、垂直应力 σ_v = 4.02 MPa。

所测得的地应力大小和方向如表 2.1 所示。地应力测试结果表明：汾西矿业未采动区域最大水平主应力为 6.72 MPa，最小水平主应力为 5.21 MPa，垂直应力为 5.92 MPa，参照相关标准该区域属于低应力区域；邻近煤柱区域最大水平主应力为 15.39 MPa，最小水平主应力为 4.67 MPa，垂直应力为 14.03 MPa，属于高应力区域；邻近采空区区域最大水平主应力为 6.11 MPa，最小水平主应力为 4.01 MPa，垂直应力为 4.02 MPa，属于低应力区域。

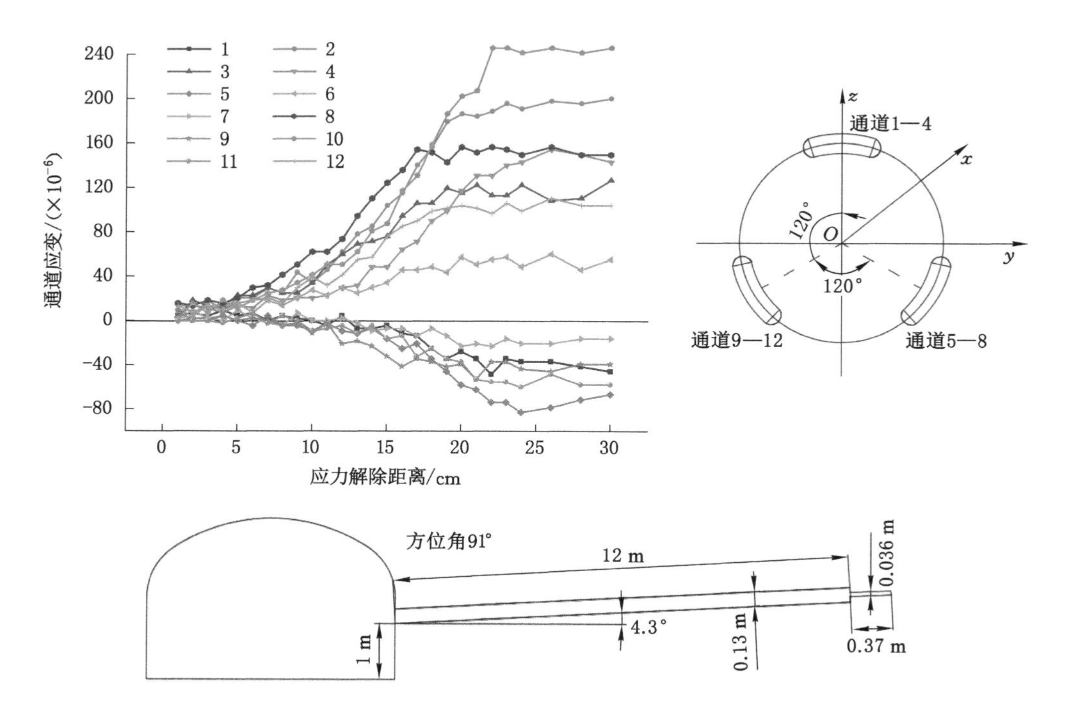

图 2.6　测点 2 空心包体应力解除监测曲线与布置方位

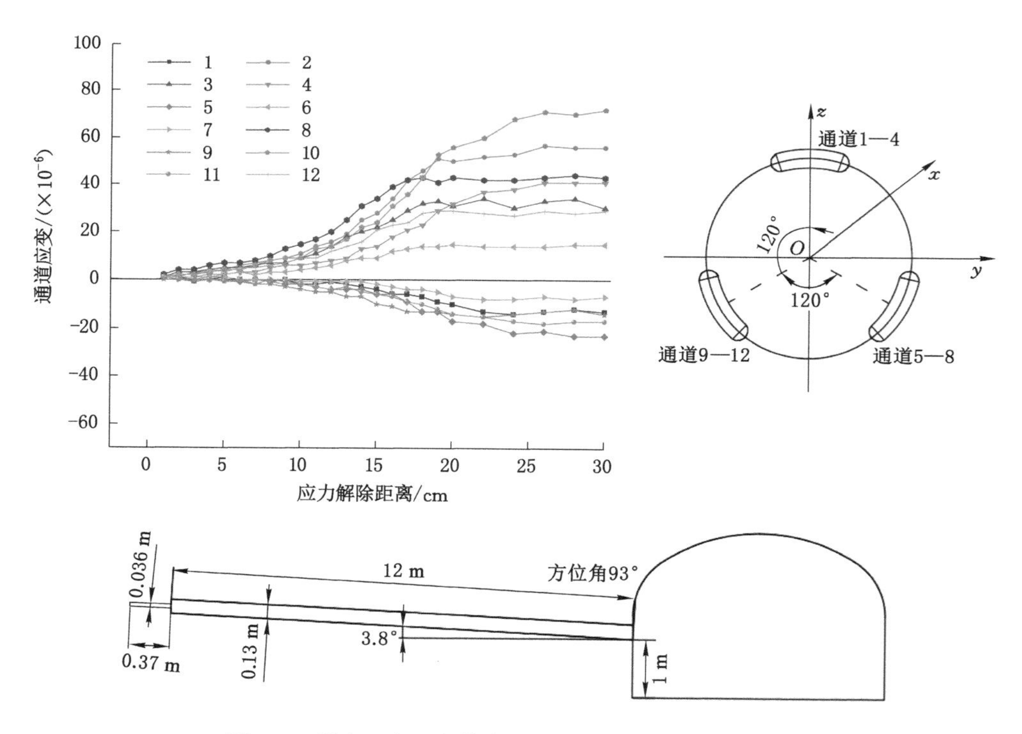

图 2.7　测点 3 空心包体应力解除监测曲线与布置方位

表 2.1　地应力大小和方向

测点	应力	应力值/MPa	方位角/(°)	倾角/(°)	钻孔深度/m	应力解除深度/mm
1	σ_H	6.72	183.1	−3.51	12	300
	σ_h	5.21	16.2	−87.54	12	
	σ_v	5.92	97.1	0.15	12	
2	σ_H	15.39	91.2	−3.47	12	320
	σ_h	4.67	22.4	−87.36	12	
	σ_v	14.03	190.3	1.96	12	
3	σ_H	6.11	93.2	−3.82	12	330
	σ_h	4.01	15.3	−83.88	12	
	σ_v	4.02	192.4	1.67	12	

(2) 煤岩体物理力学参数试验

煤岩体物理力学参数试验结果如表 2.2 所示。首先，在 11103 工作面附近测试区采集煤岩样，加工成标准试验样品，之后采用计算机控制电子万能试验机测定试样力学参数。9# 煤层上部的坚硬的 K_2 石灰岩岩层单轴抗压强度均值为 49.4 MPa，弹性模量均值为 24.35 GPa，泊松比均值为 0.22，属于较坚硬岩；9# 煤层上基本顶 K_2 石灰岩的初次来压步距的取值范围为 25～30 m，周期来压步距的取值范围为 15～18 m。10+11# 煤层以半亮煤为主，整层中上层位煤质偏好，整层中下层位煤质偏差，内含黄铁矿结核。10+11# 煤层单轴抗压强度均值为 12.5 MPa，弹性模量均值为 3.53 GPa，泊松比均值为 0.27。层间岩层为泥岩，单轴抗压强度取值范围为 15.6～19.2 MPa，均值为 17.2 MPa，弹性模量均值为 4.57 GPa，泊松比均值为 0.31。

表 2.2　煤岩体物理力学参数试验结果

试件名称	试件编号	直径 D/mm	高度 H/mm	单轴抗压强度/MPa	弹性模量/GPa	泊松比 μ
煤样	MD1	50.61	56.22	12.8	3.48	0.25
	MD2	50.53	58.86	12.6	3.62	0.31
	MD3	50.72	55.44	12.2	3.48	0.25
	平均值	50.62	56.84	12.5	3.53	0.27
岩样 1	YD1	51.26	100.31	48.9	24.06	0.23
	YD2	51.32	100.95	52.2	26.94	0.24
	YD3	50.24	100.13	47.1	22.04	0.20
	平均值	50.94	100.43	49.4	24.35	0.22
岩样 2	NY1	50.26	50.13	16.8	4.35	0.30
	NY2	50.34	50.31	19.2	5.11	0.32
	NY3	50.42	50.65	15.6	4.26	0.31
	平均值	50.34	50.33	17.2	4.57	0.31

2.3 近距离双采空区下综放煤巷研究的必要性与难点

基于现场调研的工程地质生产条件和地应力、围岩结构及围岩强度实测结果，可知11103工作面运输巷布置空间特征、应力影响特征及受采动影响特征：① 近距离煤层双采空区；② 邻近工作面多重采动多应力扰动；③ 双层位煤柱侧向集中应力；④ 破碎裂化围岩；⑤ 本工作面综放强采动。上述特征均在不同程度上增加巷道维护难度，如图2.8所示。此类巷道围岩控制存在的支护难点如下。

(1) 近距离煤层双采空区下综放煤巷

11103工作面运输巷上部为双采空区结构，受上部9#煤层7102工作面强采动影响与上部10+11#煤层上分层7302工作面强采动影响，且9#煤层与10+11#煤层层间距极小为1 m，10+11#厚煤层分层开采层间距为0 m。上部煤层两次强采动影响对层间距极小的下煤层顶板即上煤层底板造成严重破坏，巷道完整性差，而且双采空顶板无锚固承载层，锚杆(索)锚固效果差。

(2) 邻近工作面多重采动下巷道围岩多应力扰动

11103工作面运输巷属于近距离煤层中邻近工作面多重采动影响巷道。7102工作面、7302工作面、7104工作面、11101工作面均已采。多重采动过程中形成上煤层一侧采空、上下煤层一侧双采空、上煤层两侧采空下煤层一侧采空、上下煤层两侧双采空采动结构及多重采动影响，巷道受到多重应力持续或阶段叠加影响，巷道围岩受多应力扰动，强度降低，破坏范围与程度增加。

(3) 双层位煤柱侧向集中应力

11103工作面运输巷布置在双层位煤柱侧方底板，上部9#煤层遗留16 m煤柱，煤柱高度为1.6 m，下部10+11#煤层上分层遗留28 m煤柱，煤柱高度为2 m。巷道围岩受到煤柱侧向集中应力影响，巷道位置越靠近煤柱，所处应力水平越高，在高应力环境下巷道围岩稳定性差。

(4) 巷道围岩破碎裂化

11103工作面运输巷是近距离下煤层回采巷道，其布置位置为上煤层破碎底板岩层。

在采掘前，巷道已受到邻近工作面多重采动多应力影响与煤柱侧向集中应力影响，底板岩层为多重应力扰动与破坏裂化状态，岩体较破碎，裂隙发育，巷道掘进后出现顶板下沉、两帮外鼓、底板凸起，甚至出现W钢带严重弯曲撕裂、锚杆(索)脱落、U型钢扭曲变形等支护体损毁情况。

(5) 本工作面综放强采动影响

11103工作面采用综放开采工艺，属于高强度开采工作面，且巷道为厚软综放煤巷。煤层结构复杂，煤体内生裂隙发育，含5～7层厚度为0.02～0.1 m的泥岩夹矸。煤体强度偏软、力学性能较差，加之受本工作面综放强采动影响，工作面回采过程中引起的支承压力峰值高且范围大，已裂化破坏围岩裂隙发育，破碎程度剧增。

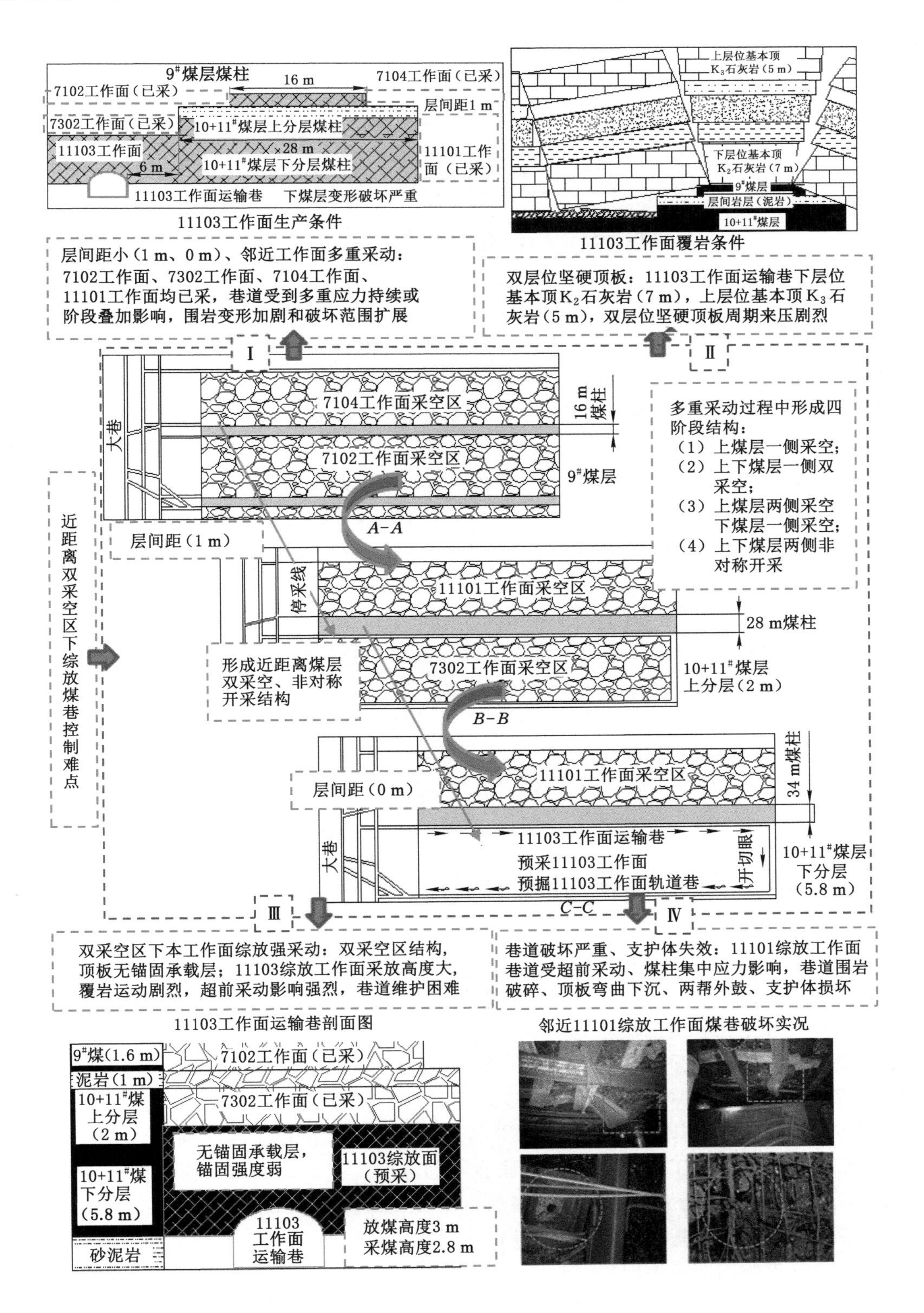

图 2.8　近距离煤层双采空区下 11103 综放工作面煤巷控制难点

第3章 近距离双采空区下综放煤巷围岩变形破坏力学机理

本章主要研究内容为近距离双采空区下综放煤巷围岩的应力环境及破坏力学机理，包含巷道未掘进前双采空区下底板多重应力分布及破坏特征、双层位坚硬基本顶破断位置、双层位煤柱稳定性及巷道掘进后裂化顶板弯矩：① 构建近距离双采空区多重采动四阶段（上煤层一侧采空、上下煤层一侧双采空、上煤层两侧采空下煤层一侧采空、上下煤层两侧双采空）底板多重支承压力分布与破坏模型，与传统底板破坏模型相比，认为采场底板破坏是工作面推进方向支承压力导致底板破坏与侧向支承压力导致底板破坏的结果，解算出下煤层综放巷道上部两个已采工作面推进方向支承压力在底板分布规律与底板最大破坏深度及位置；解算出四种采动结构侧向支承压力在底板分布规律与底板最大破坏深度及位置，揭示近距离双采空区下综放煤巷布置岩层的多重应力扰动与破坏特征，指导下煤层回采巷道布置。② 在 Winkler 地基条件下，建立近距离双采空区双层位坚硬岩层顶板复合承载结构破断及运移力学模型，解算出双层位坚硬岩层顶板在煤壁内断裂位置、跨空距离，阐明复合破断顶板的断裂尖端在上煤层一侧采空阶段、上下煤层一侧双采空阶段两次回转运移中对底板裂化破坏机理，得出煤柱侧方双层位基本顶破断块对近距离下煤层回采巷道的破坏机制与保护机制。③ 构建双层位煤柱荷载与稳定性力学模型，研究双层位煤柱荷载、上下煤柱稳定性及其影响因素；同时，构建下煤层裂化顶板力学模型，研究裂化深度与相对裂化顶板弯矩关系。

3.1 近距离双采空区下煤巷围岩多重应力与破坏模型构建及分析

近距离双采空区下 11103 综放工作面煤巷围岩受到多重采动应力扰动影响，其对围岩形成多次不同深度及程度的破坏，直接影响下煤层回采巷道布置位置与围岩支护控制。根据近距离双采空区多重采动形成的四种采场结构，建立底板多重应力分布与破坏模型，解算下煤层综放巷道上部已采 7102 工作面与 7302 工作面，其推进方向支承压力与侧向支承压力在下煤层底板分布规律与底板破坏轮廓线，得到下煤层上方两个工作面推进方向支承压力对下煤层 11103 综放工作面巷道侧的底板不同深度层位的叠加破坏与扩展破坏影响特征；解算下煤层综放巷道上部邻近已采 7104 工作面与 11101 工作面，其侧向支承压力在下煤层底板分布规律与底板破坏轮廓线，得到邻近两个工作面侧向支承压力对下煤层 11103 综放工作面巷道侧的底板不同深度层位的叠加破坏与扩展破坏影响特征。综合两次推进方向支承压力与四次侧向支承压力对下煤层 11103 综放工作面巷道侧的底板不同深度层位的叠加破坏与扩展破坏影响特征，揭示近距离双采空区下综放煤巷布置围岩的应力环境及破坏特征，指导近距离双采空区下11103综放工作面煤巷布置方式中水平错距与垂直错距的确定。

汾西矿业多重采动支承压力简化分布模型如图3.1所示，四次侧向支承压力分布为：① 7102工作面开采侧向支承压力；② 7302工作面开采侧向支承压力；③ 7104工作面开采侧向支承压力；④ 11101工作面开采侧向支承压力。两次推进方向支承压力分布为：① 7102工作面开采推进方向支承压力；② 7302工作面开采推进方向支承压力。要解算推进方向与侧向支承压力在底板分布规律，需要分别解算多重采动过程中煤柱（煤壁）支承压力与采空区支承压力。近距离上部9#煤层与下部10+11#煤层7102、7302、7104、11101工作面的开采涉及近距离煤层上煤层一侧采空、上下煤层一侧双采空、上煤层两侧采空下煤层一侧采空、上下煤层两侧双采空期间侧向煤壁（煤柱）支承压力峰值与峰值所处位置的变化，要得出整个支承压力曲线方程必须解算出多重应力扰动下煤柱（煤壁）极限平衡区变化。

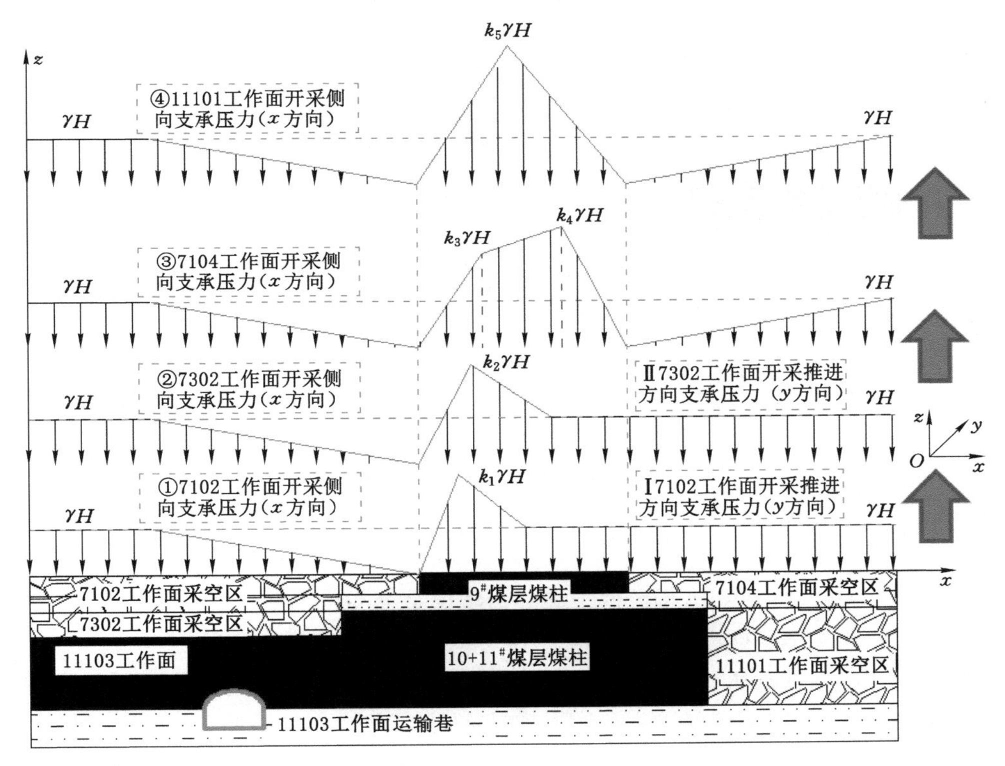

图3.1 多重采动中多重多态支承压力分布模型

3.1.1 传统底板破坏力学模型的缺陷

在底板岩层破坏理论的计算及推导方面，1963年，A. S. Vesic通过压膜试验提出岩土塑性滑移时的极限承载力的计算公式；而采场底板破坏计算模型是张金才等[13]对极限承载力计算公式的修改与补充，采用塑性滑移线场理论测算采场底板岩层塑性区的深度，其主要结论为：① 煤柱支承压力传递到采场底板并在极限平衡状态的滑移线与塑性破坏区边界轮廓线相互对应；② 采场底板滑移线由两曲线三分区构成，其中构成采场底板滑移线的两曲线分别为一组对数螺线与一组自煤壁塑性区与弹性区交界处为起点的放射线。孙建[40]基于矿山压力理论，构建了考虑煤层与岩层倾角的回采面侧向底板受力的力学模型，采用莫尔-库仑强度准则，推导了回采面侧向煤柱底板的最大破坏深度表达式。康健等[41]得出了近距离薄煤层同采底板支承压力的传递特征，并与工程实践相结合，提出同采双回采面合理的错距公式。施龙青等[11]构建了采场底板“四带”分区理念，从裂隙发展贯穿的角度进行机理推导得出采场底板破坏带高度的计算公式。

在上述研究中，底板破坏被认为是单一工作面推进方向煤壁支承压力或侧向煤壁（煤柱）支承压力引起的，而实际工程中工作面底板破坏应综合以下两个部分：一是工作面推进方向煤壁支承压力对底板的破坏，二是工作面侧向煤壁（煤柱）支承压力对底板的破坏，应同时考虑两者对底板的破坏深度及程度的叠加影响。

传统支承压力形成的底板破坏力学模型如图 3.2 和图 3.3 所示。

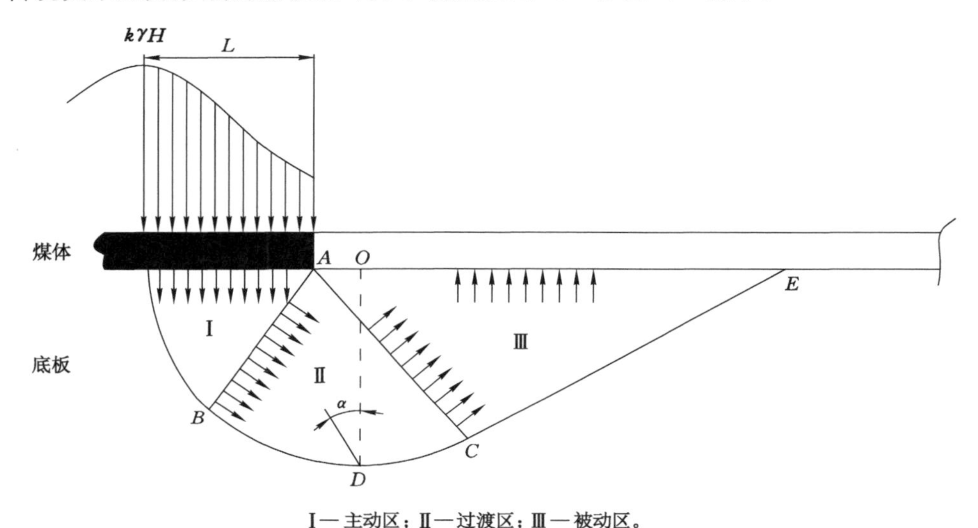

图 3.2　推进方向支承压力对底板破坏力学模型[42-43]

结合图 3.2 与图 3.3 可知，传统底板破坏力学模型存在以下缺陷：

（1）单一考虑工作面推进方向煤壁支承压力或侧向煤壁（煤柱）支承压力

实际采场底板破坏是工作面推进方向支承压力和侧向支承压力共同作用下形成的。在工作面强采动过程中，底板破坏受到工作面推进方向煤壁支承压力和侧向煤壁（煤柱）支承压力的影响。

（2）侧向支承压力未考虑煤柱两侧采空区支承压力

对采场侧向底板破坏深度的计算，仅仅考虑煤柱支承压力，未考虑煤柱两侧采空区支承压力。实际煤柱底板破坏受到煤柱支承压力与两侧采空区支承压力的叠加作用，叠加后支承压力对底板造成破坏的程度和范围大于煤柱支承压力对底板造成破坏的程度和范围。

（3）未考虑底板多重应力扰动破坏

在煤层由一侧采空（煤柱）阶段到两侧采空（煤柱）阶段的底板破坏中，应考虑多重应力扰动与破坏，包括一侧采空（煤柱）阶段工作面推进方向支承压力对底板的破坏、侧向支承压力对底板的破坏，两侧采空（煤柱）阶段工作面侧向支承压力对底板的破坏。

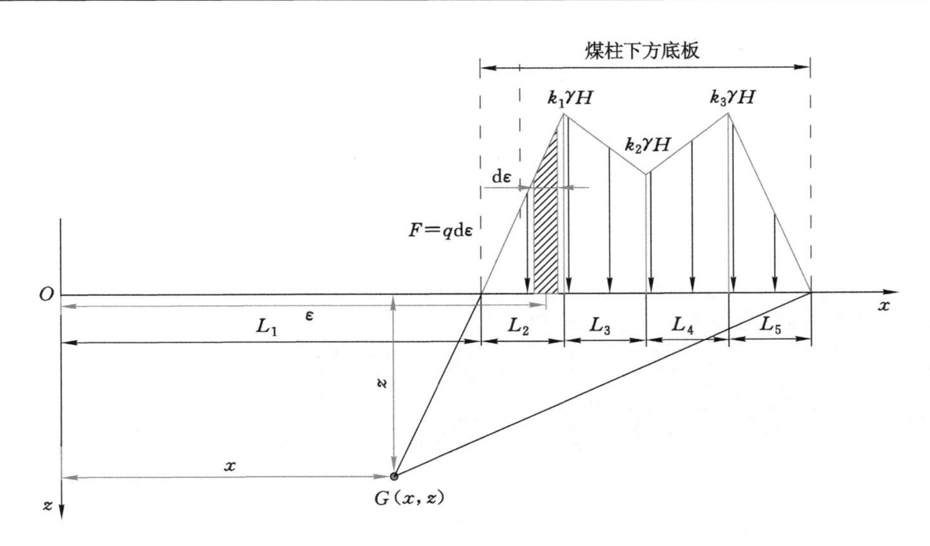

图 3.3　侧向煤柱支承压力在底板分布规律及破坏力学模型[44]

3.1.2　上煤层一侧采空底板应力分布及破坏力学模型

9# 煤层 7102 工作面开采后，形成上煤层一侧采空结构。相较研究的近距离双采空区下 11103 综放工作面巷道，7102 工作面为其上层位工作面。近距离煤层采用下行开采方式时，9# 煤层 7102 工作面开采矿压规律与单一煤层开采矿压规律相同，即对下煤层底板破坏规律相同。7102 工作面对下煤层 11103 综放工作面巷道围岩破坏力学模型分两个部分：一为工作面推进方向底板破坏力学模型；二为在工作面推进方向底板已破坏的情况下侧向支承压力对底板的再次破坏力学模型。解算过程为求解上煤层一侧采空推进方向应力分布公式与底板破坏深度，并将其映射到侧向底板，分析侧向底板支承压力分布，计算在推进方向上已破坏底板的再次破坏情况，给出底板破坏深度及破坏范围叠加与扩展区域。

(1) 9# 煤层 7102 工作面推进方向支承压力对底板破坏力学模型

9# 煤层 7102 工作面开采后，形成上煤层一侧采空结构，如图 3.4 所示。

① 推进方向煤壁（煤柱）不规则四边形应力分布

微单元的应力 F 可以用支承压力 σ_z 表达，应用极限平衡区理论，计算推进方向煤壁塑性区宽度 L_2 与弹性区宽度 L_1，并形成弹塑性区应力表达式，如图 3.5 所示。图中，y 轴方向为工作面推进方向，σ_z 为煤体支承压力（MPa），H 为工作面埋深（m），k_1 为一侧采空后工作面推进方向煤壁最大应力集中系数。在极限平衡区内任意提取微单元体 dy，建立极限平衡方程：

$$(\sigma_y + \mathrm{d}\sigma_y)C_1 - \sigma_y C_1 - 2f\sigma_z \mathrm{d}y = 0 \tag{3.1}$$

式中　σ_y——煤体水平应力，MPa；

f——煤体与顶底板的摩擦系数；

C_1——单元体厚度，m。

根据极限平衡区的煤体满足莫尔-库仑强度准则可得：

$$\sigma_z = R_c + \frac{1+\sin\varphi}{1-\sin\varphi}\sigma_y \tag{3.2}$$

式中　R_c——煤体单轴抗压强度，MPa；

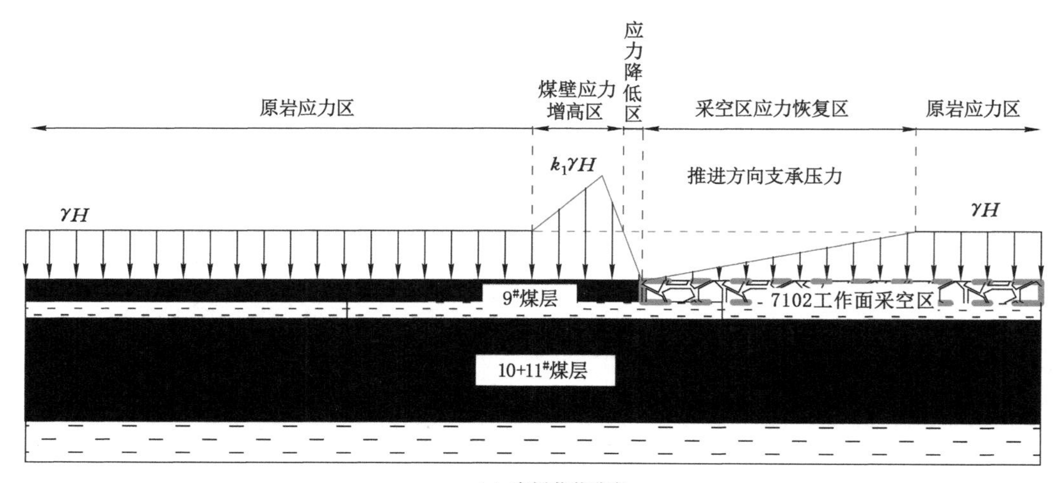

(a) 底板荷载分布

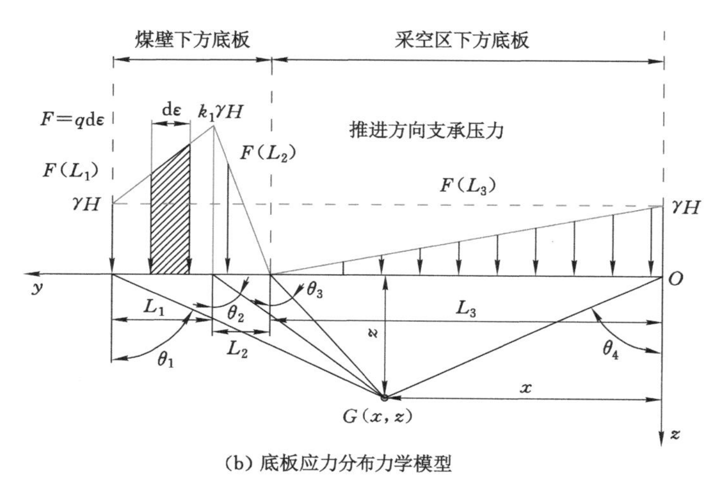

(b) 底板应力分布力学模型

图 3.4 上层位 7102 工作面推进方向支承压力对底板破坏力学模型

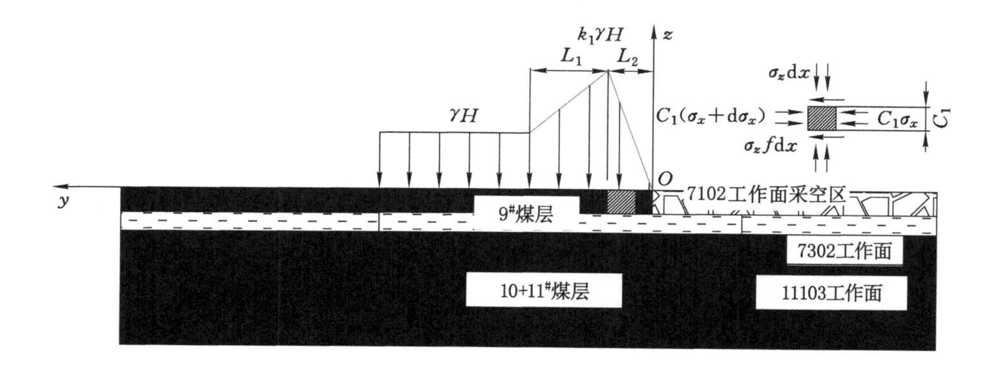

图 3.5 上煤层一侧采空推进方向煤壁应力分布模型

φ——煤体内摩擦角,(°)。

对式(3.2)求导可得:

$$\frac{\mathrm{d}\sigma_z}{\mathrm{d}\sigma_y} = \frac{1+\sin\varphi}{1-\sin\varphi} \tag{3.3}$$

将式(3.1)和式(3.3)联立求解,可得:

$$\ln\sigma_z = \frac{2fy}{C_1}\left(\frac{1+\sin\varphi}{1-\sin\varphi}\right) + C \tag{3.4}$$

其煤壁($y=0$)边界条件为:

$$\begin{cases} \sigma_z = F_0 \\ C = \ln F_0 \end{cases} \tag{3.5}$$

将式(3.5)代入式(3.4)整理可以得出:

$$\ln\sigma_z - \ln F_0 = \frac{2fy}{C_1}\left(\frac{1+\sin\varphi}{1-\sin\varphi}\right) \tag{3.6}$$

求解可得支承压力表达式:

$$\sigma_z = F_0 \mathrm{e}^{\frac{2fy}{C_1}\left(\frac{1+\sin\varphi}{1-\sin\varphi}\right)} \quad (0 \leqslant y \leqslant y_0) \tag{3.7}$$

支承压力峰值为 $k_1\gamma H$,可得支承压力峰值位置的横坐标 y_0:

$$y_0 = \frac{C_1}{2f}\frac{1-\sin\varphi}{1+\sin\varphi}\ln\left(\frac{k_1\gamma H}{F_0}\right) \tag{3.8}$$

在弹性区内,可得:

$$\begin{cases} \sigma_y = \lambda\sigma_z \\ \lambda = \dfrac{\mathrm{d}\sigma_y}{\mathrm{d}\sigma_z} = \dfrac{1+\sin\varphi}{1-\sin\varphi} \end{cases} \tag{3.9}$$

其弹性区与极限平衡区的边界条件为:

$$\sigma_z = k_1\gamma H \quad (y = y_0) \tag{3.10}$$

弹性区与原岩应力区的边界横坐标为 y_1,求解可得弹性区支承压力表达式:

$$\sigma_z = k_1\gamma H \mathrm{e}^{\frac{2\lambda f(y_0-y)}{C_1}} \quad (y_0 \leqslant y \leqslant y_1) \tag{3.11}$$

其弹性区与原岩应力区的边界条件为:

$$\sigma_z = \gamma H \quad (y = y_1) \tag{3.12}$$

则可得弹性区宽度表达式:

$$\gamma H = k_1\gamma H \mathrm{e}^{\frac{2\lambda f(y_0-y_1)}{C_1}} \tag{3.13}$$

$$y_1 = \frac{C_1}{2\lambda f}\ln k_1 + y_0 \tag{3.14}$$

综合上述,可得 9# 煤层 7102 工作面推进方向煤壁应力分布方程:

$$\begin{cases} \sigma_z = F_0 \mathrm{e}^{\frac{2fy}{C_1}\left(\frac{1+\sin\varphi}{1-\sin\varphi}\right)} & 0 \leqslant y \leqslant y_0 \\ \sigma_z = k_1\gamma H \mathrm{e}^{\frac{2\lambda f(y_0-y)}{C_1}} & y_0 \leqslant y \leqslant y_1 \\ \sigma_z = \gamma H & y_1 \leqslant y \end{cases} \tag{3.15}$$

根据汾西矿业地质资料,取岩石平均重度 $\gamma=25\ \mathrm{kN/m^3}$,9# 煤层 7102 工作面推进方向应力集中系数 $k_1=2.8$,采高为 1.6 m,埋深 $H=223.2$ m,取摩擦系数 $f=0.3$,煤壁荷载 $F_0=2.6$ MPa,取内摩擦角 $\varphi=25°$,求得推进方向煤壁不规则四边形支承压力分布方程:

$$\begin{cases} F(L_2) = F_0 e^{\frac{2fy}{C_1}\left(\frac{1+\sin\varphi}{1-\sin\varphi}\right)} & 0 \leqslant y \leqslant 1.94 \text{ m} \\ F(L_1) = k_1 \gamma H e^{\frac{2\lambda f(y_0 - y)}{C_1}} & 1.94 \text{ m} \leqslant y \leqslant 3.06 \text{ m} \end{cases} \tag{3.16}$$

② 推进方向煤壁(煤柱)不规则四边形应力与采空区应力在底板分布规律

依据极限平衡法中建立静力场的要求解算推进方向煤壁(煤柱)不规则四边形应力与采空区应力在底板分布规律。由弹性力学理论可知,作用在均质各向同性半无限体上的集中力 P,其在底板中任一点 $G(\theta,r)$ 引起的垂直应力 σ_z、水平应力 σ_y、剪应力 τ_{zy} 为:

$$\begin{cases} \sigma_z = \dfrac{2P\cos^3\theta}{\pi r} \\ \sigma_y = \dfrac{2P\sin^2\theta\cos\theta}{\pi r} \\ \tau_{zy} = \dfrac{2P\sin\theta\cos^2\theta}{\pi r} \end{cases} \tag{3.17}$$

以上结果可以通过叠加原理推广到半无限边界上。建立平面直角坐标系 O-yz,在平面直角坐标系中 G 点坐标可以表示为(y,z),原岩应力值为 γH(其中,γ 为岩石平均重度,kN/m^3;H 为埋深,m),煤壁应力峰值为 $k_1\gamma H$(k_1 为应力集中系数)。对工作面推进方向底板任一点应力影响较大的是煤壁应力增高区应力与煤壁应力降低区应力、采空区应力恢复区应力。工作面煤壁弹性区宽度为 L_1,工作面煤壁极限平衡区宽度为 L_2,采空区应力恢复区宽度为 L_3。

煤柱梯形线性(L_1)荷载作用在 G 点的应力增量:

$$\begin{cases} \sigma_z(L_1) = \dfrac{(\sin\theta_1\cos\theta_1 - \sin\theta_2\cos\theta_2 + \theta_1 - \theta_2)}{\pi}\displaystyle\int_{1.94}^{3.06} k_1\gamma H e^{\frac{2\lambda f(y_0 - y)}{C_1}} \\ \sigma_y(L_1) = \dfrac{[-\sin(\theta_1 - \theta_2)\cos(\theta_1 + \theta_2) + \theta_1 - \theta_2]\displaystyle\int_{1.94}^{3.06} k_1\gamma H e^{\frac{2\lambda f(y_0 - y)}{C_1}}}{\pi} \\ \tau_{zy}(L_1) = \dfrac{(\sin^2\theta_1 - \sin^2\theta_2)}{\pi}\displaystyle\int_{1.94}^{3.06} k_1\gamma H e^{\frac{2\lambda f(y_0 - y)}{C_1}} \end{cases} \tag{3.18}$$

煤柱三角形线性(L_2)荷载作用在 G 点的应力增量:

$$\begin{cases} \sigma_z(L_2) = \dfrac{(\sin\theta_2\cos\theta_2 - \sin\theta_3\cos\theta_3 + \theta_2 - \theta_3)}{\pi}\displaystyle\int_{0}^{1.94} F_0 e^{\frac{2fy}{C_1}\left(\frac{1+\sin\varphi}{1-\sin\varphi}\right)} \\ \sigma_x(L_2) = \dfrac{[-\sin(\theta_2 - \theta_3)\cos(\theta_2 + \theta_3) + \theta_2 - \theta_3]}{\pi}\displaystyle\int_{0}^{1.94} F_0 e^{\frac{2fy}{C_1}\left(\frac{1+\sin\varphi}{1-\sin\varphi}\right)} \\ \tau_{zx}(L_2) = \dfrac{(\sin^2\theta_2 - \sin^2\theta_3)}{\pi}\displaystyle\int_{0}^{1.94} F_0 e^{\frac{2fy}{C_1}\left(\frac{1+\sin\varphi}{1-\sin\varphi}\right)} \end{cases} \tag{3.19}$$

采空区三角形线性(L_3)荷载作用在 G 点的应力增量:

$$\begin{cases} \sigma_z(L_3) = \dfrac{\gamma H}{2\pi}(\sin\theta_4\cos\theta_4 - \sin\theta_3\cos\theta_3 + \theta_4 - \theta_3) \\ \sigma_x(L_3) = \dfrac{\gamma H}{2\pi}[-\sin(\theta_4 - \theta_3)\cos(\theta_4 + \theta_3) + \theta_4 - \theta_3] \\ \tau_{zx}(L_3) = \dfrac{\gamma H}{2\pi}(\sin^2\theta_4 - \sin^2\theta_3) \end{cases} \tag{3.20}$$

煤壁与采空区荷载共同作用在 G 点的应力增量:

$$
\begin{cases}
\sigma_z(L_1+L_2+L_3)=\dfrac{(\sin\theta_1\cos\theta_1-\sin\theta_2\cos\theta_2+\theta_1-\theta_2)}{\pi}\displaystyle\int_{1.94}^{3.06}k_1\gamma H e^{\frac{2\lambda f(y_0-y)}{C_1}}+ \\
\dfrac{(\sin\theta_2\cos\theta_2-\sin\theta_3\cos\theta_3+\theta_2-\theta_3)}{\pi}\displaystyle\int_0^{1.94}F_0 e^{\frac{2fy}{C_1}}\left(\frac{1+\sin\varphi}{1-\sin\varphi}\right)+ \\
\dfrac{\gamma H}{2\pi}(\sin\theta_4\cos\theta_4-\sin\theta_3\cos\theta_3+\theta_4-\theta_3) \\
\sigma_x(L_1+L_2+L_3)=\dfrac{[-\sin(\theta_1-\theta_2)\cos(\theta_1+\theta_2)+\theta_1-\theta_2]\displaystyle\int_{1.94}^{3.06}k_1\gamma H e^{\frac{2\lambda f(y_0-y)}{C_1}}}{\pi}+ \\
\dfrac{[-\sin(\theta_2-\theta_3)\cos(\theta_2+\theta_3)+\theta_2-\theta_3]}{\pi}\displaystyle\int_0^{1.94}F_0 e^{\frac{2fy}{C_1}}\left(\frac{1+\sin\varphi}{1-\sin\varphi}\right)+ \\
\dfrac{\gamma H}{2\pi}[-\sin(\theta_4-\theta_3)\cos(\theta_4+\theta_3)+\theta_4-\theta_3] \\
\tau_{zx}(L_1+L_2+L_3)=\dfrac{(\sin^2\theta_1-\sin^2\theta_2)}{\pi}\displaystyle\int_{1.94}^{3.06}k_1\gamma H e^{\frac{2\lambda f(y_0-y)}{C_1}}+ \\
\dfrac{(\sin^2\theta_2-\sin^2\theta_3)}{\pi}\displaystyle\int_0^{1.94}F_0 e^{\frac{2fy}{C_1}}\left(\frac{1+\sin\varphi}{1-\sin\varphi}\right)+\dfrac{\gamma H}{2\pi}(\sin^2\theta_4-\sin^2\theta_3)
\end{cases}
\tag{3.21}
$$

式中　σ_1——最大主应力；

σ_3——最小主应力。

$$
\begin{cases}
\sigma_1=\dfrac{\sigma_x+\sigma_z}{2}+\sqrt{\left(\dfrac{\sigma_x-\sigma_z}{2}\right)^2+\tau_{xz}^2} \\
\sigma_3=\dfrac{\sigma_x+\sigma_z}{2}-\sqrt{\left(\dfrac{\sigma_x-\sigma_z}{2}\right)^2+\tau_{xz}^2}
\end{cases}
\tag{3.22}
$$

底板岩层 G 点受煤壁应力增高区、煤壁应力降低区、采空区应力恢复区的应力及自重作用，将式(3.21)代入式(3.22)即可解得 $\sigma_1(G)$、$\sigma_3(G)$：

$$
\begin{cases}
\sigma_1(G)=\gamma h_z+\dfrac{[\theta_1-\theta_2+\sin(\theta_1-\theta_2)]}{\pi}\displaystyle\int_{1.94}^{3.06}k_1\gamma H e^{\frac{2\lambda f(y_0-y)}{C_1}}+ \\
[\theta_2-\theta_3+\sin(\theta_2-\theta_3)]\displaystyle\int_0^{1.94}F_0 e^{\frac{2fy}{C_1}}\left(\frac{1+\sin\varphi}{1-\sin\varphi}\right)+[\theta_4-\theta_3+\sin(\theta_4-\theta_3)]\dfrac{\gamma H}{2\pi} \\
\sigma_3(G)=\gamma h_z+\dfrac{[\theta_1-\theta_2-\sin(\theta_1-\theta_2)]}{\pi}\displaystyle\int_{1.94}^{3.06}k_1\gamma H e^{\frac{2\lambda f(y_0-y)}{C_1}}+ \\
\dfrac{[\theta_2-\theta_3-\sin(\theta_2-\theta_3)]}{\pi}\displaystyle\int_0^{1.94}F_0 e^{\frac{2fy}{C_1}}\left(\frac{1+\sin\varphi}{1-\sin\varphi}\right)+[\theta_4-\theta_3-\sin(\theta_4-\theta_3)]\dfrac{\gamma H}{2\pi}
\end{cases}
\tag{3.23}
$$

底板岩层破坏服从莫尔-库仑强度准则，其中抗拉强度与主应力的关系式为：

$$
\sigma_1\geqslant R_t\tan^2\left(45^\circ+\frac{\varphi}{2}\right)+\frac{1+\sin\varphi}{1-\sin\varphi}\sigma_3 \tag{3.24}
$$

将式(3.21)代入式(3.22)并求导，即可解得底板破坏深度 $h_z(t_1)$：

$$
h_z(t_1)\leqslant\frac{\sin(\theta_1-\theta_2)\displaystyle\int_{1.94}^{3.06}k_1\gamma H e^{\frac{2\lambda f(y_0-y)}{C_1}}+\sin(\theta_2-\theta_3)\int_0^{1.94}F_0 e^{\frac{2fy}{C_1}}\left(\frac{1+\sin\varphi}{1-\sin\varphi}\right)+\frac{\gamma H}{2}\sin(\theta_4-\theta_3)}{\pi\gamma\sin\varphi}-
$$

$$
\frac{(\theta_1-\theta_2)\displaystyle\int_{1.94}^{3.06}k_1\gamma H e^{\frac{2\lambda f(y_0-y)}{C_1}}+(\theta_2-\theta_3)\int_0^{1.94}F_0 e^{\frac{2fy}{C_1}}\left(\frac{1+\sin\varphi}{1-\sin\varphi}\right)+\frac{\gamma H}{2}(\theta_4-\theta_3)}{\pi\gamma}-
$$

$$\frac{R_{\mathrm{t}}\tan^2\left(45^\circ+\dfrac{\varphi}{2}\right)(1-\sin\varphi)}{2\gamma\sin\varphi} \tag{3.25}$$

根据汾西矿业相关地质资料，取采空区线性荷载宽度 $L_3=40$ m，取内摩擦角 $\varphi=20^\circ\sim25^\circ$，单轴抗拉强度 $R_{\mathrm{t}}=0.40\sim0.44$ MPa，求得 7102 工作面推进方向支承压力对底板破坏深度 $h_z(t_1)$ 最大值为 5.76 m。

实际工程中，工作面推进方向支承压力对底板破坏是一个动态连续的过程，本书认为，其底板破坏轮廓线如图 3.6 所示，在底板形成的破坏轮廓线为 OAM，它是在连续采动过程中工作面推进方向支承压力对底板破坏最大深度的连线。

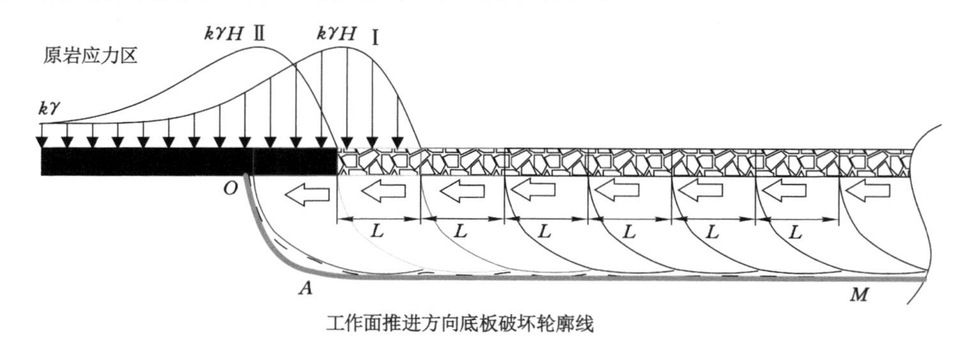

图 3.6　工作面连续推进方向底板破坏模型

如图 3.7 所示，与传统底板破坏模型不同，工作面推进方向支承压力与侧向支承压力对底板的破坏轮廓线是一条直线与一条弧形线的交线。侧向支承压力对底板的破坏是在工作面推进方向已破坏底板的基础上再次破坏，出现叠加破坏区域。

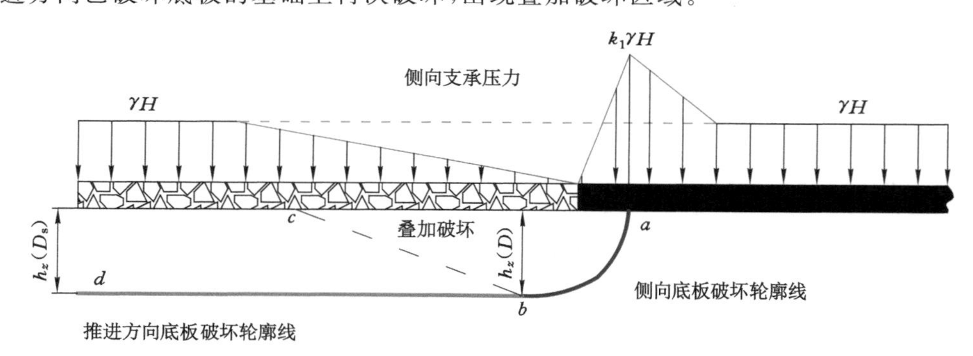

图 3.7　底板破坏轮廓线(推进方向与侧向底板破坏的结合)

(2) 9# 煤层 7102 工作面侧向支承压力对底板破坏力学模型

建立侧向支承压力对已破坏底板破坏力学模型，如图 3.8 所示，根据极限平衡法解算静力平衡方程，对底板任意点 N 列出应力增量方程。工作面煤壁弹性区宽度为 x_1，工作面煤壁极限平衡区宽度为 x_0，采空区应力恢复区宽度为 l_1。

① 侧向煤壁(煤柱)不规则四边形应力分布

微单元的应力 f 可以用支承压力 σ_z 表达，应用极限平衡区理论，计算侧向煤壁极限平衡区宽度 x_0 与弹性区宽度 x_1，形成弹塑性区应力表达式。

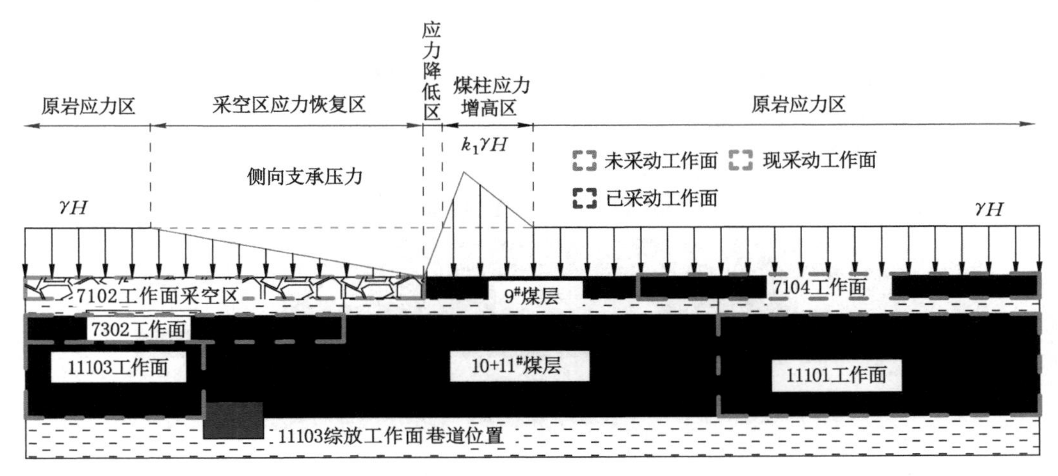

(a) 底板荷载分布

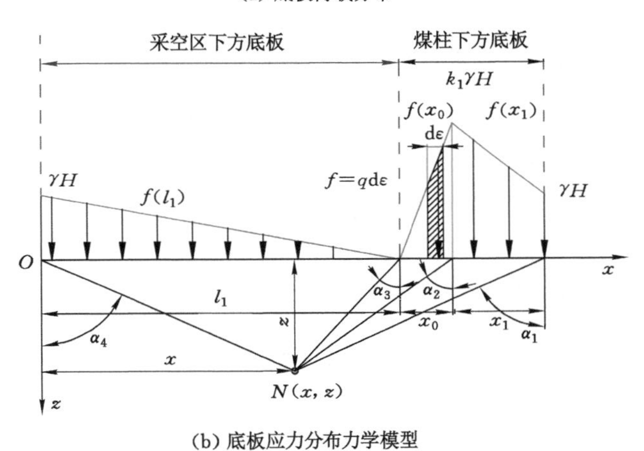

(b) 底板应力分布力学模型

图3.8　上层位7102工作面侧向支承压力对底板破坏力学模型

如图3.9所示，x轴方向为工作面侧向，σ_z为煤体支承压力（MPa），k_1为一侧采空煤壁侧向最大应力集中系数。在极限平衡区内任意提取微单元体dx，建立极限平衡方程：

$$(\sigma_x + d\sigma_x)C_1 - \sigma_x C_1 - 2f\sigma_z dx = 0 \tag{3.26}$$

式中　σ_x——煤体水平应力，MPa；

f——煤体与顶底板的摩擦系数；

C_1——单元体厚度，m。

根据极限平衡区煤体满足莫尔-库仑强度准则可得：

$$\sigma_z = R_c + \frac{1+\sin\varphi}{1-\sin\varphi}\sigma_x \tag{3.27}$$

式中　R_c——煤体单轴抗压强度，MPa；

φ——煤体内摩擦角，(°)。

对式(3.27)求导可得：

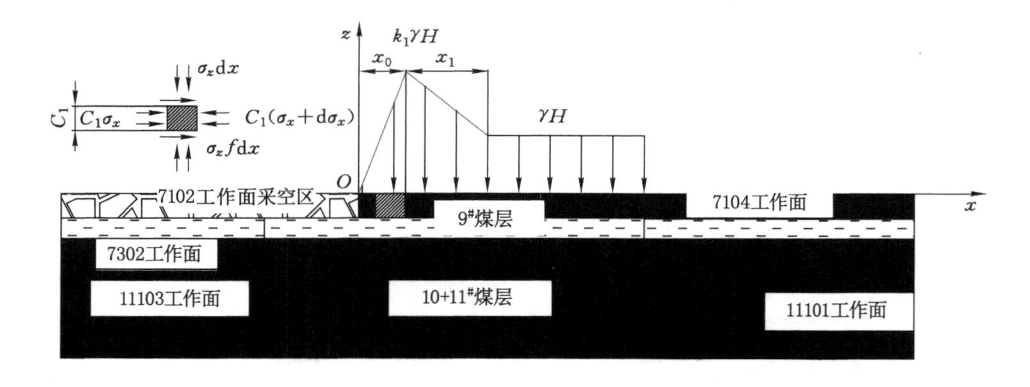

图 3.9　上煤层一侧采空煤壁侧向支承压力分布模型

$$\frac{d\sigma_z}{d\sigma_x}=\frac{1+\sin\varphi}{1-\sin\varphi} \tag{3.28}$$

将式(3.26)、式(3.28)联立求解，可得：

$$\ln\sigma_z=\frac{2fx}{C_1}\left(\frac{1+\sin\varphi}{1-\sin\varphi}\right)+C \tag{3.29}$$

其煤壁($x=0$)边界条件为：

$$\begin{cases}\sigma_z=F_0\\ C=\ln F_0\end{cases} \tag{3.30}$$

将式(3.30)代入式(3.29)整理可以得出：

$$\ln\sigma_z-\ln F_0=\frac{2fx}{C_1}\left(\frac{1+\sin\varphi}{1-\sin\varphi}\right) \tag{3.31}$$

求解可得支承压力表达式：

$$\sigma_z=F_0 e^{\frac{2fx}{C_1}\left(\frac{1+\sin\varphi}{1-\sin\varphi}\right)}\quad(0\leqslant x\leqslant x_0) \tag{3.32}$$

支承压力峰值为 $k_1\gamma H$，可得支承压力峰值位置的横坐标 x_0：

$$x_0=\frac{C_1}{2f}\frac{1-\sin\varphi}{1+\sin\varphi}\ln\left(\frac{k_1\gamma H}{F_0}\right) \tag{3.33}$$

在弹性区内，可得：

$$\begin{cases}\sigma_x=\lambda\sigma_z\\ \lambda=\dfrac{d\sigma_x}{d\sigma_z}=\dfrac{1+\sin\varphi}{1-\sin\varphi}\end{cases} \tag{3.34}$$

其弹性区与极限平衡区的边界条件为：

$$\sigma_z=k_1\gamma H\quad(x=x_0) \tag{3.35}$$

弹性区与原岩应力区的边界横坐标为 x_1，求解可得弹性区支承压力表达式：

$$\sigma_z=k_1\gamma H e^{\frac{2\lambda f(x_0-x)}{C_1}}\quad(x_0\leqslant x\leqslant x_1) \tag{3.36}$$

其弹性区与原岩应力区的边界条件为：

$$\sigma_z=\gamma H\quad(x=x_1) \tag{3.37}$$

则可得弹性区宽度表达式：

$$\gamma H = k_1 \gamma H \mathrm{e}^{\frac{2\lambda f(x_0 - x_1)}{C_1}} \tag{3.38}$$

$$x_1 = \frac{C_1}{2\lambda f} \ln k_1 + x_0 \tag{3.39}$$

综合上述，可得9#煤层7102工作面侧向煤壁应力分布方程：

$$\begin{cases} \sigma_z = F_0 \mathrm{e}^{\frac{2fx}{C_1}\left(\frac{1+\sin\varphi}{1-\sin\varphi}\right)} & 0 \leqslant x \leqslant x_0 \\ \sigma_z = k_1 \gamma H \mathrm{e}^{\frac{2\lambda f(x_0 - x)}{C_1}} & x_0 \leqslant x \leqslant x_1 \\ \sigma_z = \gamma H & x_1 \leqslant x \end{cases} \tag{3.40}$$

9#煤层7102工作面侧向煤壁应力集中系数$k_1=2.5$，求得侧向煤壁不规则四边形应力分布方程：

$$\begin{cases} f(x_0) = F_0 \mathrm{e}^{\frac{2fx}{C_1}\left(\frac{1+\sin\varphi}{1-\sin\varphi}\right)} & 0 \leqslant x \leqslant 1.82\ \mathrm{m} \\ f(x_1) = k_1 \gamma H \mathrm{e}^{\frac{2\lambda f(x_0 - x)}{C_1}} & 1.82\ \mathrm{m} \leqslant x \leqslant 2.81\ \mathrm{m} \end{cases} \tag{3.41}$$

② 侧向煤壁(煤柱)不规则四边形应力与采空区应力在底板分布规律

依据极限平衡法中建立静力场的要求解算推进方向煤壁(煤柱)不规则四边形应力与采空区应力在底板分布规律。结合式(3.41)，采空区应力按线性荷载计算，可得到底板应力分布方程。

煤柱梯形线性(x_1)荷载作用在N点的应力增量：

$$\begin{cases} \sigma_z(x_1) = \dfrac{(\sin\alpha_1\cos\alpha_1 - \sin\alpha_2\cos\alpha_2 + \alpha_1 - \alpha_2)}{\pi} \displaystyle\int_{1.82}^{2.81} k_1 \gamma H \mathrm{e}^{\frac{2\lambda f(x_0 - x)}{C_1}} \\ \sigma_x(x_1) = \dfrac{[-\sin(\alpha_1 - \alpha_2)\cos(\alpha_1 + \alpha_2) + \alpha_1 - \alpha_2]\displaystyle\int_{1.82}^{2.81} k_1 \gamma H \mathrm{e}^{\frac{2\lambda f(x_0 - x)}{C_1}}}{\pi} \\ \tau_{zx}(x_1) = \dfrac{(\sin^2\alpha_1 - \sin^2\alpha_2)}{\pi} \displaystyle\int_{1.82}^{2.81} k_1 \gamma H \mathrm{e}^{\frac{2\lambda f(x_0 - x)}{C_1}} \end{cases} \tag{3.42}$$

煤柱三角形线性(x_0)荷载作用在N点的应力增量：

$$\begin{cases} \sigma_z(x_0) = \dfrac{(\sin\alpha_2\cos\alpha_2 - \sin\alpha_3\cos\alpha_3 + \alpha_2 - \alpha_3)}{\pi} \displaystyle\int_0^{1.82} F_0 \mathrm{e}^{\frac{2fx}{C_1}\left(\frac{1+\sin\varphi}{1-\sin\varphi}\right)} \\ \sigma_x(x_0) = \dfrac{[-\sin(\alpha_2 - \alpha_3)\cos(\alpha_2 + \alpha_3) + \alpha_2 - \alpha_3]}{\pi} \displaystyle\int_0^{1.82} F_0 \mathrm{e}^{\frac{2fx}{C_1}\left(\frac{1+\sin\varphi}{1-\sin\varphi}\right)} \\ \tau_{zx}(x_0) = \dfrac{(\sin^2\alpha_2 - \sin^2\alpha_3)}{\pi} \displaystyle\int_0^{1.82} F_0 \mathrm{e}^{\frac{2fx}{C_1}\left(\frac{1+\sin\varphi}{1-\sin\varphi}\right)} \end{cases} \tag{3.43}$$

采空区三角形线性(l_1)荷载作用在N点的应力增量：

$$\begin{cases} \sigma_z(l_1) = \dfrac{\gamma H}{2\pi}(\sin\alpha_4\cos\alpha_4 - \sin\alpha_3\cos\alpha_3 + \alpha_4 - \alpha_3) \\ \sigma_x(l_1) = \dfrac{\gamma H}{2\pi}[-\sin(\alpha_4 - \alpha_3)\cos(\alpha_4 + \alpha_3) + \alpha_4 - \alpha_3] \\ \tau_{zx}(l_1) = \dfrac{\gamma H}{2\pi}(\sin^2\alpha_4 - \sin^2\alpha_3) \end{cases} \tag{3.44}$$

结合式(3.42)至式(3.44)，煤壁与采空区荷载共同作用在N点的应力增量：

$$
\begin{cases}
\sigma_z(l_1+x_0+x_1)=\dfrac{(\sin\alpha_1\cos\alpha_1-\sin\alpha_2\cos\alpha_2+\alpha_1-\alpha_2)}{\pi}\displaystyle\int_{1.82}^{2.81}k_1\gamma H\mathrm{e}^{\frac{2\lambda f(x_0-x)}{C_1}}+\\
\dfrac{(\sin\alpha_2\cos\alpha_2-\sin\alpha_3\cos\alpha_3+\alpha_2-\alpha_3)}{\pi}\displaystyle\int_0^{1.82}F_0\mathrm{e}^{\frac{2fx}{C_1}\left(\frac{1+\sin\varphi}{1-\sin\varphi}\right)}+\\
\dfrac{\gamma H}{2\pi}(\sin\alpha_4\cos\alpha_4-\sin\alpha_3\cos\alpha_3+\alpha_4-\alpha_3)\\
\sigma_x(l_1+x_0+x_1)=\dfrac{[-\sin(\alpha_1-\alpha_2)\cos(\alpha_1+\alpha_2)+\alpha_1-\alpha_2]\displaystyle\int_{1.82}^{2.81}k_1\gamma H\mathrm{e}^{\frac{2\lambda f(x_0-x)}{C_1}}}{\pi}+\\
\dfrac{[-\sin(\alpha_2-\alpha_3)\cos(\alpha_2+\alpha_3)+\alpha_2-\alpha_3]}{\pi}\displaystyle\int_0^{1.82}F_0\mathrm{e}^{\frac{2fx}{C_1}\left(\frac{1+\sin\varphi}{1-\sin\varphi}\right)}+\\
\dfrac{\gamma H}{2\pi}[-\sin(\alpha_4-\alpha_3)\cos(\alpha_4+\alpha_3)+\alpha_4-\alpha_3]\\
\tau_{zx}(l_1+x_0+x_1)=\dfrac{(\sin^2\alpha_1-\sin^2\alpha_2)}{\pi}\displaystyle\int_{1.82}^{2.81}k_1\gamma H\mathrm{e}^{\frac{2\lambda f(x_0-x)}{C_1}}+\\
\dfrac{(\sin^2\alpha_2-\sin^2\alpha_3)}{\pi}\displaystyle\int_0^{1.82}F_0\mathrm{e}^{\frac{2fx}{C_1}\left(\frac{1+\sin\varphi}{1-\sin\varphi}\right)}+\dfrac{\gamma H}{2\pi}(\sin^2\alpha_4-\sin^2\alpha_3)
\end{cases}
\tag{3.45}
$$

将式(3.45)中水平应力、垂直应力与剪应力代入其与最大、最小主应力关系式，可得最大、最小主应力方程：

$$
\begin{cases}
\sigma_1(N)=\gamma h_z+\dfrac{[\alpha_1-\alpha_2+\sin(\alpha_1-\alpha_2)]}{\pi}\displaystyle\int_{1.82}^{2.81}k_1\gamma H\mathrm{e}^{\frac{2\lambda f(x_0-x)}{C_1}}+\\
\dfrac{[\alpha_3-\alpha_2+\sin(\alpha_3-\alpha_2)]}{\pi}\displaystyle\int_0^{1.82}F_0\mathrm{e}^{\frac{2fx}{C_1}\left(\frac{1+\sin\varphi}{1-\sin\varphi}\right)}+[\alpha_4-\alpha_3+\sin(\alpha_4-\alpha_3)]\dfrac{\gamma H}{2\pi}\\
\sigma_3(N)=\gamma h_z+\dfrac{[\alpha_1-\alpha_2-\sin(\alpha_1-\alpha_2)]}{\pi}\displaystyle\int_{1.82}^{2.81}k_1\gamma H\mathrm{e}^{\frac{2\lambda f(x_0-x)}{C_1}}+\\
\dfrac{[\alpha_3-\alpha_2-\sin(\alpha_3-\alpha_2)]}{\pi}\displaystyle\int_0^{1.82}F_0\mathrm{e}^{\frac{2fx}{C_1}\left(\frac{1+\sin\varphi}{1-\sin\varphi}\right)}+[\alpha_4-\alpha_3-\sin(\alpha_4-\alpha_3)]\dfrac{\gamma H}{2\pi}
\end{cases}
\tag{3.46}
$$

底板岩层破坏服从莫尔-库仑强度准则，代入式(3.46)，可得底板破坏深度 $h_z(c_1)$ 表达式：

$$
\begin{aligned}
h_z(c_1)\leqslant\;&\frac{\sin(\alpha_1-\alpha_2)\displaystyle\int_{1.82}^{2.81}k_1\gamma H\mathrm{e}^{\frac{2\lambda f(x_0-x)}{C_1}}+\sin(\alpha_3-\alpha_2)\displaystyle\int_0^{1.82}F_0\mathrm{e}^{\frac{2fx}{C_1}\left(\frac{1+\sin\varphi}{1-\sin\varphi}\right)}+\dfrac{\gamma H}{2}\sin(\alpha_4-\alpha_3)}{\pi\gamma\sin\varphi}-\\
&\frac{(\alpha_1-\alpha_2)\displaystyle\int_{1.82}^{2.81}k_1\gamma H\mathrm{e}^{\frac{2\lambda f(x_0-x)}{C_1}}+(\alpha_3-\alpha_2)\displaystyle\int_0^{1.82}F_0\mathrm{e}^{\frac{2fx}{C_1}\left(\frac{1+\sin\varphi}{1-\sin\varphi}\right)}+\dfrac{\gamma H}{2}(\alpha_4-\alpha_3)}{\pi\gamma}-\\
&\frac{R_t\tan^2\left(45^\circ+\dfrac{\varphi}{2}\right)(1-\sin\varphi)}{2\gamma\sin\varphi}
\end{aligned}
\tag{3.47}
$$

底板岩层最大破坏深度到工作面侧向端部的距离为 $L_z(c_1)$，采空区内底板破坏区沿水平方向的最大长度为 $l_z(c_1)$：

$$
\begin{cases}
L_z(c_1)=h_z(c_1)\tan\varphi\\
l_z(c_1)=\dfrac{2h_z(c_1)\sin\left(\dfrac{\pi}{4}+\dfrac{\varphi}{2}\right)\mathrm{e}^{\left(\frac{\pi}{4}-\frac{\varphi}{2}\right)\tan\varphi}}{\cos\varphi}
\end{cases}
\tag{3.48}
$$

根据汾西矿业地质资料，9# 煤层 7102 工作面侧向煤壁极限平衡区宽度 x_0 为 1.82 m，应力集中系数为 2.5，取采空区线性荷载宽度 $l_3=40$ m，取内摩擦角 $\varphi=20°\sim25°$，单轴抗拉强度 $R_t=0.40\sim0.44$ MPa，求得上煤层一侧采空阶段，7102 工作面侧向支承压力对底板破坏深度 $h_z(c_1)$ 最大值为 4.75 m(位于距 7102 工作面侧向端部水平距离为 2.21 m 位置)，采空区内底板破坏区沿水平方向的长度为 11.52 m。

3.1.3　上下煤层一侧双采空底板应力分布及破坏力学模型

10＋11# 煤层上分层 7302 工作面开采后，形成上下煤层一侧双采空结构。相对研究的近距离双采空区下 11103 综放工作面巷道，7302 工作面为其上分层工作面。7302 工作面开采条件是在 9# 煤层 7102 工作面采空区下，上下工作面的层间距为 1 m；7302 工作面开采厚度为 2 m，处于 7102 工作面底板破坏深度范围内；7302 工作面开采采动区间下移，与 7102 工作面相比，其对下煤层 11103 综放工作面巷道围岩的破坏影响范围更近。

7302 工作面对下煤层综放巷道围岩破坏力学模型也分两个部分：一为工作面推进方向底板破坏力学模型；二为在工作面推进方向底板已损伤的情况下侧向支承压力对底板的再次破坏模型。解算过程：① 求解上煤层一侧采空推进方向应力分布公式与底板破坏深度，并将其映射到侧向底板，分析侧向底板支承压力分布，计算在推进方向上已破坏底板的再次破坏，给出 7302 工作面底板破坏深度及破坏范围叠加与扩展区域。② 在工作面推进方向与侧向出现 7102、7302 工作面底板破坏深度的叠加与扩展。

(1) 下煤层上分层 7302 工作面推进方向支承压力对底板破坏力学模型

如图 3.10 所示，建立 7302 工作面推进方向支承压力对底板破坏力学模型。

7302 工作面在已采 7102 工作面采空区下开采，上覆基本顶已发生破断，周期来压强度降低，煤壁(煤柱)应力集中程度降低。

7302 工作面推进方向煤壁支承压力方程的求解过程与 7102 工作面推进方向煤壁支承压力方程相同。由于篇幅问题，此处省略推导过程，得出 10＋11# 煤层上分层 7302 工作面推进方向煤壁应力分布方程：

$$\begin{cases}\sigma_z = F_1 \mathrm{e}^{\frac{2fy}{C_2}\left(\frac{1+\sin\varphi}{1-\sin\varphi}\right)} & 0 \leqslant y \leqslant y_0 \\ \sigma_z = k_2 \gamma H \mathrm{e}^{\frac{2\lambda f(y_0-y)}{C_2}} & y_0 \leqslant y \leqslant y_1 \\ \sigma_z = \gamma H & y_1 \leqslant y\end{cases} \tag{3.49}$$

根据汾西矿业地质资料，7302 工作面推进方向应力集中系数 $k_2=2.8$，采高为 2.0 m，埋深 $H=226.2$ m，取摩擦系数 $f=0.3$，煤壁荷载 $F_1=2.6$ MPa，取内摩擦角 $\varphi=25°$，求得推进方向煤壁不规则四边形应力分布方程。

$$\begin{cases}F(L_5) = F_1 \mathrm{e}^{\frac{2fy}{C_2}\left(\frac{1+\sin\varphi}{1-\sin\varphi}\right)} & 0 \leqslant y \leqslant 2.44\ \mathrm{m} \\ F(L_4) = k_2 \gamma H \mathrm{e}^{\frac{2\lambda f(y_0-y)}{C_2}} & 2.44\ \mathrm{m} \leqslant y \leqslant 3.84\ \mathrm{m}\end{cases} \tag{3.50}$$

7302 工作面推进方向煤壁(煤柱)不规则四边形应力与采空区应力在底板分布方程如下。

煤柱梯形线性(L_4)荷载作用在 G 点的应力增量：

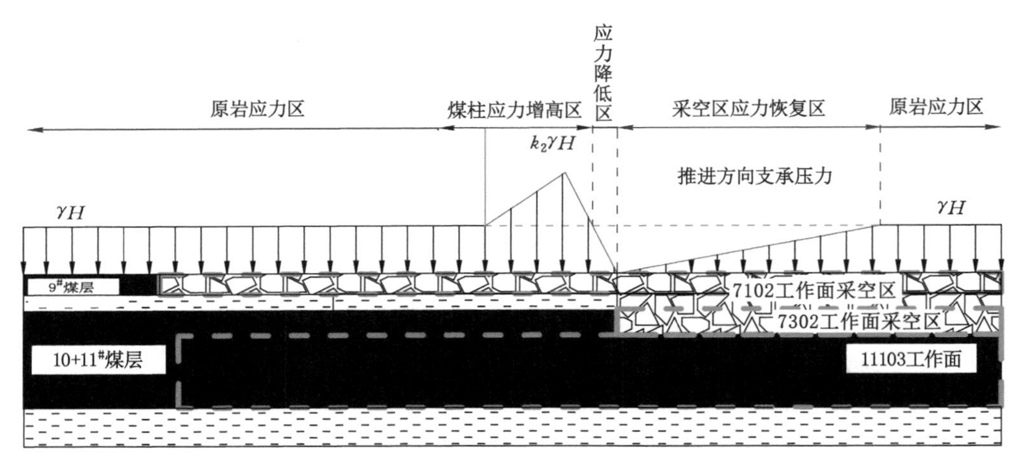

(a) 底板荷载分布

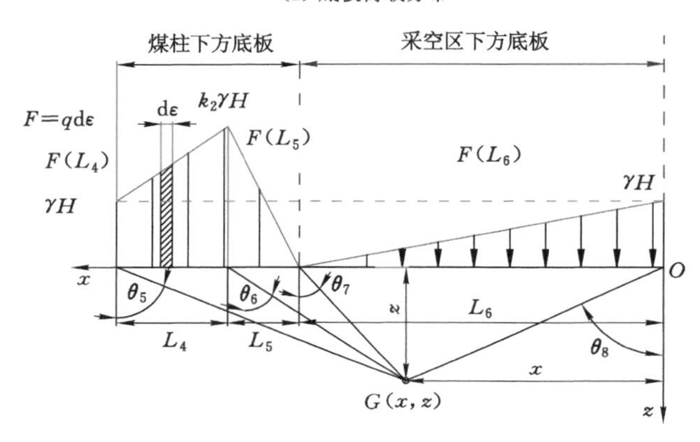

(b) 底板应力分布力学模型

图 3.10　7302 工作面推进方向支承压力对底板破坏力学模型

$$\begin{cases}\sigma_z(L_4)=\dfrac{(\sin\theta_5\cos\theta_5-\sin\theta_6\cos\theta_6+\theta_5-\theta_6)}{\pi}\displaystyle\int_{2.44}^{3.84}k_2\gamma H\mathrm{e}^{\frac{2\lambda f(y_0-y)}{C_2}}\\ \sigma_y(L_4)=\dfrac{[-\sin(\theta_5-\theta_6)\cos(\theta_5+\theta_6)+\theta_5-\theta_6]\displaystyle\int_{2.44}^{3.84}k_2\gamma H\mathrm{e}^{\frac{2\lambda f(y_0-y)}{C_2}}}{\pi}\\ \tau_{zy}(L_4)=\dfrac{(\sin^2\theta_5-\sin^2\theta_6)}{\pi}\displaystyle\int_{2.44}^{3.84}k_2\gamma H\mathrm{e}^{\frac{2\lambda f(y_0-y)}{C_2}}\end{cases}\tag{3.51}$$

煤柱三角形线性(L_5)荷载作用在 G 点的应力增量：

$$\begin{cases}\sigma_z(L_5)=\dfrac{(\sin\theta_6\cos\theta_6-\sin\theta_7\cos\theta_7+\theta_6-\theta_7)}{\pi}\displaystyle\int_{0}^{2.44}F_1\mathrm{e}^{\frac{2fy}{C_2}\left(\frac{1+\sin\varphi}{1-\sin\varphi}\right)}\\ \sigma_x(L_5)=\dfrac{[-\sin(\theta_6-\theta_7)\cos(\theta_6+\theta_7)+\theta_6-\theta_7]}{\pi}\displaystyle\int_{0}^{2.44}F_1\mathrm{e}^{\frac{2fy}{C_2}\left(\frac{1+\sin\varphi}{1-\sin\varphi}\right)}\\ \tau_{zx}(L_5)=\dfrac{(\sin^2\theta_6-\sin^2\theta_7)}{\pi}\displaystyle\int_{0}^{2.44}F_1\mathrm{e}^{\frac{2fy}{C_2}\left(\frac{1+\sin\varphi}{1-\sin\varphi}\right)}\end{cases}\tag{3.52}$$

采空区三角形线性(L_6)荷载作用在 G 点的应力增量：

$$\begin{cases} \sigma_z(L_6)=\dfrac{\gamma H}{2\pi}(\sin\theta_8\cos\theta_8-\sin\theta_7\cos\theta_7+\theta_8-\theta_7) \\ \sigma_x(L_6)=\dfrac{\gamma H}{2\pi}[-\sin(\theta_8-\theta_7)\cos(\theta_8+\theta_7)+\theta_8-\theta_7] \\ \tau_{zx}(L_6)=\dfrac{\gamma H}{2\pi}(\sin^2\theta_8-\sin^2\theta_7) \end{cases} \tag{3.53}$$

煤壁与采空区荷载共同作用在G点的应力增量：

$$\begin{cases} \sigma_z(L_4+L_5+L_6)=\dfrac{(\sin\theta_5\cos\theta_5-\sin\theta_6\cos\theta_6+\theta_5-\theta_6)}{\pi}\displaystyle\int_{2.44}^{3.84}k_2\gamma H e^{\frac{2\lambda f(y_0-y)}{C_2}}+ \\ \dfrac{(\sin\theta_6\cos\theta_6-\sin\theta_7\cos\theta_7+\theta_6-\theta_7)}{\pi}\displaystyle\int_0^{2.44}F_1 e^{\frac{2fy}{C_2}(\frac{1+\sin\varphi}{1-\sin\varphi})}+\dfrac{\gamma H}{2\pi}(\sin\theta_8\cos\theta_8-\sin\theta_7\cos\theta_7+\theta_8-\theta_7) \\ \sigma_y(L_4+L_5+L_6)=\dfrac{[-\sin(\theta_5-\theta_6)\cos(\theta_5+\theta_6)+\theta_5-\theta_6]\displaystyle\int_{2.44}^{3.84}k_2\gamma H e^{\frac{2\lambda f(y_0-y)}{C_2}}}{\pi}+ \\ \dfrac{[-\sin(\theta_6-\theta_7)\cos(\theta_6+\theta_7)+\theta_6-\theta_7]}{\pi}\displaystyle\int_0^{2.44}F_1 e^{\frac{2fy}{C_2}(\frac{1+\sin\varphi}{1-\sin\varphi})}+\dfrac{\gamma H}{2\pi}[-\sin(\theta_8-\theta_7)\cos(\theta_8+\theta_7)+\theta_8-\theta_7] \\ \tau_{zx}(L_4+L_5+L_6)=\dfrac{(\sin^2\theta_5-\sin^2\theta_6)}{\pi}\displaystyle\int_{2.44}^{3.84}k_2\gamma H e^{\frac{2\lambda f(y_0-y)}{C_2}}+ \\ \dfrac{(\sin^2\theta_6-\sin^2\theta_7)}{\pi}\displaystyle\int_0^{2.44}F_1 e^{\frac{2fy}{C_2}(\frac{1+\sin\varphi}{1-\sin\varphi})}+\dfrac{\gamma H}{2\pi}(\sin^2\theta_8-\sin^2\theta_7) \end{cases} \tag{3.54}$$

将式(3.54)中水平应力、垂直应力与剪应力代入其与最大、最小主应力关系式，可得最大、最小主应力方程：

$$\begin{cases} \sigma_1(G)=\gamma h_z+\dfrac{[\theta_5-\theta_6+\sin(\theta_5-\theta_6)]}{\pi}\displaystyle\int_{2.44}^{3.84}k_2\gamma H e^{\frac{2\lambda f(y_0-y)}{C_2}}+ \\ \dfrac{[\theta_6-\theta_7+\sin(\theta_6-\theta_7)]}{\pi}\displaystyle\int_0^{2.44}F_1 e^{\frac{2fy}{C_2}(\frac{1+\sin\varphi}{1-\sin\varphi})}+[\theta_8-\theta_7+\sin(\theta_8-\theta_7)]\dfrac{\gamma H}{2\pi} \\ \sigma_3(G)=\gamma h_z+\dfrac{[\theta_5-\theta_6-\sin(\theta_5-\theta_6)]}{\pi}\displaystyle\int_{2.44}^{3.84}k_2\gamma H e^{\frac{2\lambda f(y_0-y)}{C_2}}+ \\ \dfrac{[\theta_6-\theta_7-\sin(\theta_6-\theta_7)]}{\pi}\displaystyle\int_0^{2.44}F_1 e^{\frac{2fy}{C_2}(\frac{1+\sin\varphi}{1-\sin\varphi})}+[\theta_8-\theta_7-\sin(\theta_8-\theta_7)]\dfrac{\gamma H}{2\pi} \end{cases} \tag{3.55}$$

底板岩层破坏服从莫尔-库仑强度准则，代入式(3.55)，可得下煤层上分层7302工作面推进方向底板破坏深度$h_z(t_2)$表达式：

$$h_z(t_2)\leqslant\frac{\sin(\theta_5-\theta_6)\displaystyle\int_{2.44}^{3.84}k_2\gamma H e^{\frac{2\lambda f(y_0-y)}{C_2}}+\sin(\theta_6-\theta_7)\int_0^{2.44}F_1 e^{\frac{2fy}{C_2}(\frac{1+\sin\varphi}{1-\sin\varphi})}+\dfrac{\gamma H}{2}\sin(\theta_8-\theta_7)}{\pi\gamma\sin\varphi}-$$
$$\frac{(\theta_5-\theta_6)\displaystyle\int_{2.44}^{3.84}k_2\gamma H e^{\frac{2\lambda f(y_0-y)}{C_2}}+(\theta_6-\theta_7)\int_0^{2.44}F_1 e^{\frac{2fy}{C_2}(\frac{1+\sin\varphi}{1-\sin\varphi})}+\dfrac{\gamma H}{2}(\theta_8-\theta_7)}{\pi\gamma}-$$
$$\frac{R_t\tan^2\left(45^\circ+\dfrac{\varphi}{2}\right)(1-\sin\varphi)}{2\gamma\sin\varphi} \tag{3.56}$$

根据汾西矿业地质资料，取采空区线性荷载宽度$L_6=40$ m，取内摩擦角$\varphi=25^\circ$，采高为2 m，单轴抗拉强度$R_t=0.40\sim0.44$ MPa，求得下煤层上分层7302工作面推进方向底板破

坏深度 $h_z(t_2)$ 最大值为 5.87 m。

(2) 下煤层上分层 7302 工作面侧向支承压力对底板破坏力学模型

7302 工作面侧向支承压力对底板破坏是在工作面推进方向对底板破坏的基础上再次破坏。如图 3.11 所示，建立下煤层上分层 7302 工作面侧向支承压力对底板破坏力学模型。

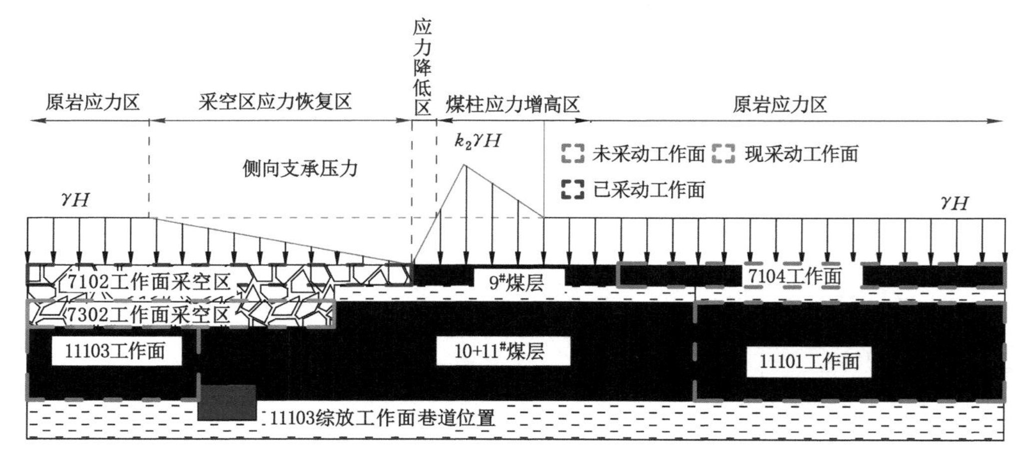

(a) 底板荷载分布

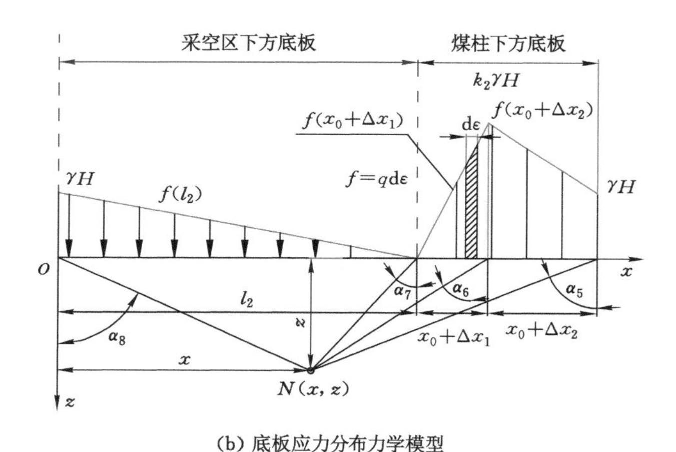

(b) 底板应力分布力学模型

图 3.11 7302 工作面侧向支承压力对底板破坏力学模型

① 侧向煤壁(煤柱)塑性区扩展下其不规则四边形应力分布

如图 3.12 所示，9# 煤层煤壁(煤柱)受 7102 工作面开采侧向支承压力扰动加载下，浅部煤壁屈服后形成塑性区宽度为 x_0；7302 工作面开采侧向支承压力再次扰动加载下，9# 煤层煤壁(煤柱)塑性区向内侧深部扩展，扩展宽度为 Δx_1。7302 工作面开采侧向煤壁(煤柱)塑性区扩展下其不规则四边形应力分布与 7102 工作面开采侧向支承压力分布不同，其对底板破坏范围及程度不同。

9# 煤层煤壁塑性区宽度增加并向煤体深部方向延伸后的支承压力表达式：

$$\sigma_z = F_0 e^{\frac{2fx}{C_1+C_2}\left(\frac{1+\sin\varphi}{1-\sin\varphi}\right)} \quad (0 \leqslant x \leqslant x_0 + \Delta x_1) \tag{3.57}$$

支承压力峰值为 $k_2\gamma H$，可得支承压力峰值位置的横坐标 $x_0 + \Delta x_1$：

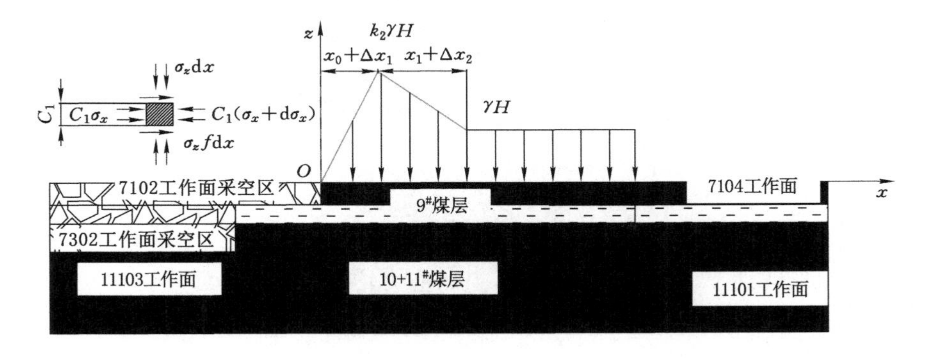

图 3.12　上下煤层一侧双采空煤壁弹塑性区模型

$$x_0+\Delta x_1=\frac{C_1+C_2}{2f}\,\frac{1-\sin\varphi}{1+\sin\varphi}\ln\left(\frac{k_2\gamma H}{F_0}\right) \tag{3.58}$$

弹性区与原岩应力区的边界横坐标为 $x_1+\Delta x_2$，求解可得弹性区支承压力表达式：

$$\sigma_z=k_2\gamma H\,\mathrm{e}^{\frac{2\lambda f(x_0+\Delta x_1-x)}{C_1+C_2}}\quad(x_0+\Delta x_1\leqslant x\leqslant x_1+\Delta x_2) \tag{3.59}$$

则可得弹性区宽度表达式：

$$\gamma H=k_2\gamma H\,\mathrm{e}^{\frac{2\lambda f[x_0+\Delta x_1-(x_1+\Delta x_2)]}{C_1+C_2}} \tag{3.60}$$

$$x_0+\Delta x_1-(x_1+\Delta x_2)=\frac{C_1+C_2}{2\lambda f}\ln k_2 \tag{3.61}$$

综上所述，可得 10＋11# 煤层上分层 7302 工作面侧向煤壁应力分布方程：

$$\begin{cases}\sigma_z=F_0\,\mathrm{e}^{\frac{2fx}{C_1+C_2}\left(\frac{1+\sin\varphi}{1-\sin\varphi}\right)} & 0\leqslant x\leqslant x_0+\Delta x_1\\ \sigma_z=k_2\gamma H\,\mathrm{e}^{\frac{2\lambda f(x_0+\Delta x_1-x)}{C_1+C_2}} & x_0+\Delta x_1\leqslant x\leqslant x_1+\Delta x_2\\ \sigma_z=\gamma H & x_1+\Delta x_2\leqslant x\end{cases} \tag{3.62}$$

10＋11# 煤层上分层 7302 工作面侧向煤壁应力集中系数 $k_1=2.5$，求得侧向煤壁不规则四边形应力分布方程。

$$\begin{cases}f(x_0+\Delta x_1)=F_0\,\mathrm{e}^{\frac{2fx}{C_1+C_2}\left(\frac{1+\sin\varphi}{1-\sin\varphi}\right)} & 0\leqslant x\leqslant 4.12\ \mathrm{m}\\ f(x_1+\Delta x_2)=k_2\gamma H\,\mathrm{e}^{\frac{2\lambda f(x_0+\Delta x_1-x)}{C_1+C_2}} & 4.12\ \mathrm{m}\leqslant x\leqslant 6.35\ \mathrm{m}\end{cases} \tag{3.63}$$

② 上下煤层一侧双采空侧向底板应力分布与底板破坏力学模型

依据极限平衡法中建立静力场的要求解算推进方向煤壁(煤柱)不规则四边形应力与采空区应力在底板分布规律。结合式(3.63)，采空区应力按线性荷载计算，可得到底板应力分布方程。

煤柱梯形线性 $(x_1+\Delta x_2)$ 荷载作用在 N 点的应力增量：

$$\begin{cases}\sigma_z(x_1+\Delta x_2)=\dfrac{(\sin\alpha_5\cos\alpha_5-\sin\alpha_6\cos\alpha_6+\alpha_5-\alpha_6)}{\pi}\displaystyle\int_{4.12}^{6.35}k_2\gamma H\,\mathrm{e}^{\frac{2\lambda f(x_0+\Delta x_1-x)}{C_1+C_2}}\\ \sigma_x(x_1+\Delta x_2)=\dfrac{[-\sin(\alpha_5-\alpha_6)\cos(\alpha_5+\alpha_6)+\alpha_5-\alpha_6]}{\pi}\displaystyle\int_{4.12}^{6.35}k_2\gamma H\,\mathrm{e}^{\frac{2\lambda f(x_0+\Delta x_1-x)}{C_1+C_2}}\\ \tau_{zx}(x_1+\Delta x_2)=\dfrac{(\sin^2\alpha_5-\sin^2\alpha_6)}{\pi}\displaystyle\int_{4.12}^{6.35}k_2\gamma H\,\mathrm{e}^{\frac{2\lambda f(x_0+\Delta x_1-x)}{C_1+C_2}}\end{cases} \tag{3.64}$$

煤柱三角形线性 $(x_0+\Delta x_1)$ 荷载作用在 N 点的应力增量：

$$\begin{cases}\sigma_z(x_0+\Delta x_1)=\dfrac{(\sin\alpha_6\cos\alpha_6-\sin\alpha_7\cos\alpha_7+\alpha_6-\alpha_7)}{\pi}\displaystyle\int_0^{4.12}F_0 e^{\frac{2fx}{C_1+C_2}}\left(\frac{1+\sin\varphi}{1-\sin\varphi}\right)\\ \sigma_x(x_0+\Delta x_1)=\dfrac{[-\sin(\alpha_6-\alpha_7)\cos(\alpha_6+\alpha_7)+\alpha_6-\alpha_7]}{\pi}\displaystyle\int_0^{4.12}F_0 e^{\frac{2fx}{C_1+C_2}}\left(\frac{1+\sin\varphi}{1-\sin\varphi}\right)\\ \tau_{zx}(x_0+\Delta x_1)=\dfrac{(\sin^2\alpha_6-\sin^2\alpha_7)}{\pi}\displaystyle\int_0^{4.12}F_0 e^{\frac{2fx}{C_1+C_2}}\left(\frac{1+\sin\varphi}{1-\sin\varphi}\right)\end{cases}\tag{3.65}$$

采空区三角形线性（l_2）荷载作用在 N 点的应力增量：

$$\begin{cases}\sigma_z(l_2)=\dfrac{\gamma H}{2\pi}(\sin\alpha_8\cos\alpha_8-\sin\alpha_7\cos\alpha_7+\alpha_8-\alpha_7)\\ \sigma_x(l_2)=\dfrac{\gamma H}{2\pi}[-\sin(\alpha_8-\alpha_7)\cos(\alpha_8+\alpha_7)+\alpha_8-\alpha_7]\\ \tau_{zx}(l_2)=\dfrac{\gamma H}{2\pi}(\sin^2\alpha_8-\sin^2\alpha_7)\end{cases}\tag{3.66}$$

结合式(3.64)至式(3.66)，煤壁与采空区荷载共同作用在 N 点的应力增量：

$$\begin{cases}\sigma_z(l_2+x_0+\Delta x_1+x_1+\Delta x_2)=\dfrac{(\sin\alpha_5\cos\alpha_5-\sin\alpha_6\cos\alpha_6+\alpha_5-\alpha_6)}{\pi}\displaystyle\int_{4.12}^{6.35}k_2\gamma H e^{\frac{2\lambda f(x_0+\Delta x_1-x)}{C_1+C_2}}+\\ \dfrac{(\sin\alpha_6\cos\alpha_6-\sin\alpha_7\cos\alpha_7+\alpha_6-\alpha_7)}{\pi}\displaystyle\int_0^{4.12}F_0 e^{\frac{2fx}{C_1+C_2}}\left(\frac{1+\sin\varphi}{1-\sin\varphi}\right)+\\ \dfrac{\gamma H}{2\pi}(\sin\alpha_8\cos\alpha_8-\sin\alpha_7\cos\alpha_7+\alpha_8-\alpha_7)\\ \sigma_x(l_2+x_0+\Delta x_1+x_1+\Delta x_2)=\dfrac{[-\sin(\alpha_5-\alpha_6)\cos(\alpha_5+\alpha_6)+\alpha_5-\alpha_6]}{\pi}\displaystyle\int_{4.12}^{6.35}k_2\gamma H e^{\frac{2\lambda f(x_0+\Delta x_1-x)}{C_1+C_2}}+\\ \dfrac{[-\sin(\alpha_6-\alpha_7)\cos(\alpha_6+\alpha_7)+\alpha_6-\alpha_7]}{\pi}\displaystyle\int_0^{4.12}F_0 e^{\frac{2fx}{C_1+C_2}}\left(\frac{1+\sin\varphi}{1-\sin\varphi}\right)+\\ \dfrac{\gamma H}{2\pi}[-\sin(\alpha_8-\alpha_7)\cos(\alpha_8+\alpha_7)+\alpha_8-\alpha_7]\\ \tau_{zx}(l_2+x_0+\Delta x_1+x_1+\Delta x_2)=\dfrac{(\sin^2\alpha_5-\sin^2\alpha_6)}{\pi}\displaystyle\int_{4.12}^{6.35}k_2\gamma H e^{\frac{2\lambda f(x_0+\Delta x_1-x)}{C_1+C_2}}+\\ \dfrac{(\sin^2\alpha_6-\sin^2\alpha_7)}{\pi}\displaystyle\int_0^{4.12}F_0 e^{\frac{2fx}{C_1+C_2}}\left(\frac{1+\sin\varphi}{1-\sin\varphi}\right)+\dfrac{\gamma H}{2\pi}(\sin^2\alpha_8-\sin^2\alpha_7)\end{cases}\tag{3.67}$$

将式(3.67)中水平应力、垂直应力与剪应力代入其与最大、最小主应力关系式，可得最大、最小主应力方程：

$$\begin{cases}\sigma_1(N)=\gamma h_z+\dfrac{[\alpha_5-\alpha_6+\sin(\alpha_5-\alpha_6)]}{\pi}\displaystyle\int_{4.12}^{6.35}k_2\gamma H e^{\frac{2\lambda f(x_0+\Delta x_1-x)}{C_1+C_2}}+\\ \dfrac{[\alpha_6-\alpha_7+\sin(\alpha_6-\alpha_7)]}{\pi}\displaystyle\int_0^{4.12}F_0 e^{\frac{2fx}{C_1+C_2}}\left(\frac{1+\sin\varphi}{1-\sin\varphi}\right)+[\alpha_8-\alpha_7+\sin(\alpha_8-\alpha_7)]\dfrac{\gamma H}{2\pi}\\ \sigma_3(N)=\gamma h_z+\dfrac{[\alpha_5-\alpha_6-\sin(\alpha_5-\alpha_6)]}{\pi}\displaystyle\int_{4.12}^{6.35}k_2\gamma H e^{\frac{2\lambda f(x_0+\Delta x_1-x)}{C_1+C_2}}+\\ \dfrac{[\alpha_6-\alpha_7-\sin(\alpha_6-\alpha_7)]}{\pi}\displaystyle\int_0^{4.12}F_0 e^{\frac{2fx}{C_1+C_2}}\left(\frac{1+\sin\varphi}{1-\sin\varphi}\right)+[\alpha_8-\alpha_7-\sin(\alpha_8-\alpha_7)]\dfrac{\gamma H}{2\pi}\end{cases}\tag{3.68}$$

底板岩层破坏服从莫尔-库仑强度准则，代入式(3.68)，可得底板破坏深度$h_z(c_2)$表达式：

$$h_z(c_2) \leqslant \frac{\sin(\alpha_5-\alpha_6)\int_{4.12}^{6.35} k_2\gamma H e^{\frac{2\lambda f(x_0+\Delta x_1-x)}{C_1+C_2}} + \sin(\alpha_6-\alpha_7)\int_0^{4.12} F_0 e^{\frac{2fx}{C_1+C_2}\left(\frac{1+\sin\varphi}{1-\sin\varphi}\right)} + \frac{\gamma H}{2}\sin(\alpha_8-\alpha_7)}{\pi\gamma\sin\varphi} -$$

$$\frac{(\alpha_5-\alpha_6)\int_{4.12}^{6.35} k_2\gamma H e^{\frac{2\lambda f(x_0+\Delta x_1-x)}{C_1+C_2}} + (\alpha_6-\alpha_7)\int_0^{4.12} F_0 e^{\frac{2fx}{C_1+C_2}\left(\frac{1+\sin\varphi}{1-\sin\varphi}\right)} + \frac{\gamma H}{2}(\alpha_8-\alpha_7)}{\pi\gamma} -$$

$$\frac{R_t\tan^2\left(45°+\frac{\varphi}{2}\right)(1-\sin\varphi)}{2\gamma\sin\varphi} \tag{3.69}$$

底板岩层最大破坏深度到工作面侧向端部的距离为$L_z(c_2)$，采空区内底板破坏区沿水平方向的最大长度为$l_z(c_2)$：

$$\begin{cases} L_z(c_2) = h_z(c_2)\tan\varphi \\ l_z(c_2) = \dfrac{2h_z(c_2)\sin\left(\dfrac{\pi}{4}+\dfrac{\varphi}{2}\right)e^{\left(\frac{\pi}{4}-\frac{\varphi}{2}\right)\tan\varphi}}{\cos\varphi} \end{cases} \tag{3.70}$$

根据汾西矿业地质资料，10＋11#煤层上分层7302工作面侧向煤壁塑性区宽度$x_0+\Delta x_1$为4.12 m，应力集中系数为2.5，取采空区线性荷载宽度$l_2=40$ m，取内摩擦角$\varphi=20°\sim25°$，单轴抗拉强度$R_t=0.40\sim0.44$ MPa，求得上下煤层一侧双采空阶段，工作面侧向支承压力对双采空区下底板破坏深度$h_z(c_2)$最大值为6.44 m(位于距工作面侧向端部距离为3 m位置)，采空区内底板破坏区沿水平方向的长度为15.6 m。

3.1.4　上煤层两侧采空下煤层一侧采空底板应力分布及破坏力学模型

9#煤层7104工作面开采后，形成上煤层两侧采空下煤层一侧采空结构。相对研究的近距离双采空区下11103综放工作面巷道，7104工作面为其上层位邻近工作面。7104工作面与7102工作面是9#煤层煤柱两侧工作面。两侧工作面开采后，形成煤柱，且煤柱应力集中程度增加，其对侧向下煤层11103综放工作面巷道围岩的破坏影响范围增加幅度较大，扩大了煤柱侧向破坏叠加与扩展区域。

7104工作面推进方向支承压力只能对7104工作面底板造成破坏，而7104工作面对下煤层综放工作面巷道围岩破坏是煤柱侧向支承压力导致的。解算过程：① 分析煤柱支承压力分布，并结合煤柱支承压力与煤柱两侧采空区支承压力，求解上煤层两侧采空下煤层一侧采空底板应力分布公式与底板破坏深度。② 分析7102、7302、7104工作面底板破坏深度的叠加与扩展。

(1) 上煤层两侧采空下煤层一侧采空侧向底板应力分布力学模型

根据汾西矿业开采情况，7104工作面开采后9#煤层两侧采空(煤柱)，遗留16 m煤柱，其与上煤层一侧采空和上下煤层一侧双采空相比，煤柱应力集中程度极大增加，且应力峰值由单峰值变为双峰值，如图3.13所示。

煤柱侧向支承压力扰动加载下，7102工作面采空区侧浅部煤壁塑性区宽度($x_0+\Delta x_1$)向内侧深部扩展，扩展宽度为Δx_3，7104工作面采空区侧煤壁塑性区宽度为x_3。上煤层两侧采空下煤层一侧采空底板支承压力与上煤层一侧采空和上下煤层一侧双采空底板支承压力相比，应考虑两侧采空区支承压力与煤柱支承压力(图3.14)。

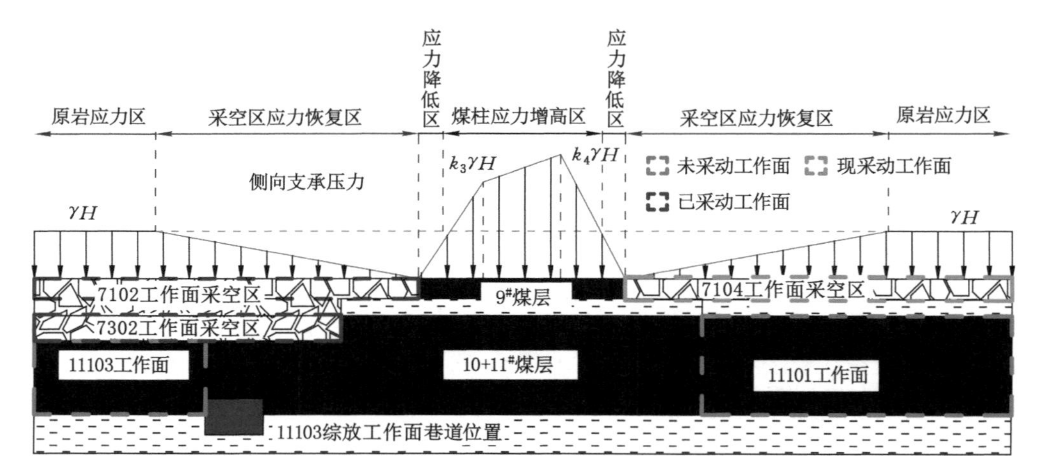

(a) 底板荷载分布

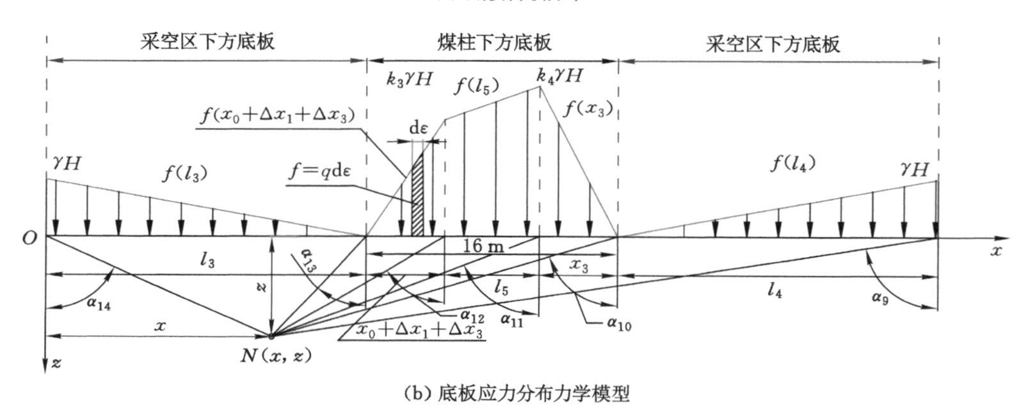

(b) 底板应力分布力学模型

图 3.13　7104 工作面底板应力分布模型

上煤层两侧采空后，两侧应力叠加，求解可得 7102 工作面采空区侧煤壁支承压力表达式：

$$\sigma_z = k_2 \gamma H \mathrm{e}^{\frac{2\lambda f(x-x_0-\Delta x_1)}{C_1+C_2}} + \gamma H \quad (0 \leqslant x \leqslant x_0 + \Delta x_1 + \Delta x_3) \tag{3.71}$$

支承压力峰值为 $k_3\gamma H$，可得支承压力峰值位置的横坐标 $x_0 + \Delta x_1 + \Delta x_3$。

$$k_3 \gamma H = k_2 \gamma H \mathrm{e}^{\frac{2\lambda f(x-x_0-\Delta x_1)}{C_1+C_2}} + \gamma H \tag{3.72}$$

求解可得 Δx_3 表达式：

$$\Delta x_3 = \frac{\ln \dfrac{k_3 - 1}{k_2}(C_1 + C_2)}{2\lambda f} \tag{3.73}$$

煤柱宽度较小，煤柱两侧为塑性区，中部为弹性区，弹性区的支承压力约等于塑性区支承压力峰值，求解可得弹性区支承压力表达式：

$$\sigma_z = k_2 \gamma H \mathrm{e}^{\frac{2\lambda f(x_0+\Delta x_1-x)}{C_1+C_2}} + k_1 \gamma H \mathrm{e}^{\frac{2\lambda f(x_0-x)}{C_1}} \quad (x_0 + \Delta x_1 + \Delta x_3 \leqslant x \leqslant 16 - x_3) \tag{3.74}$$

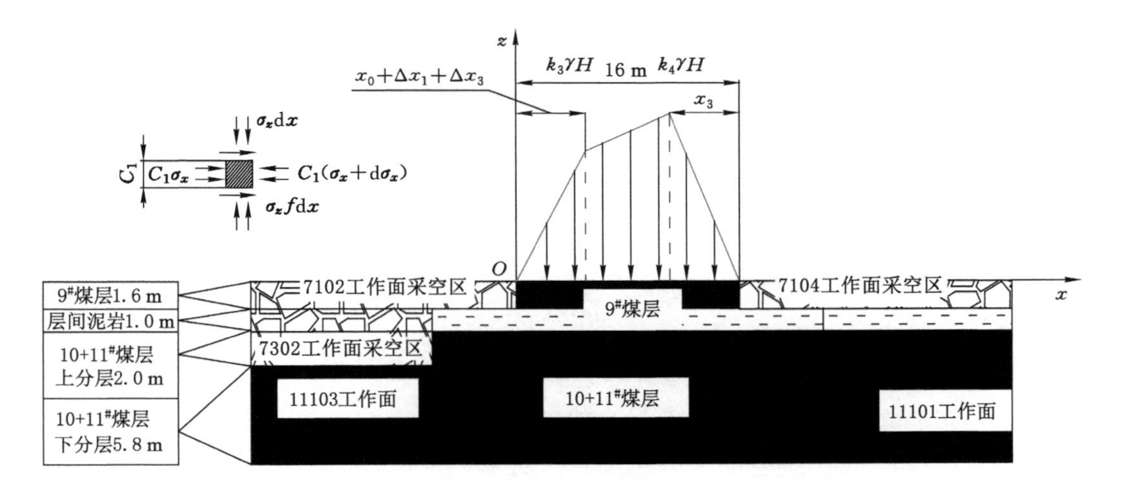

图 3.14　上煤层两侧采空下煤层一侧采空侧向煤壁弹塑性区模型

煤柱右侧极限平衡区支承压力表达式：

$$\sigma_z = F_0 \mathrm{e}^{\frac{2f(16-x)}{C_1}\left(\frac{1+\sin\varphi}{1-\sin\varphi}\right)} + \gamma H \quad (16 - x_3 \leqslant x \leqslant 16\ \mathrm{m}) \tag{3.75}$$

支承压力峰值为 $k_4\gamma H$，可得支承压力峰值位置的横坐标 x_3。

$$k_4\gamma H = F_0 \mathrm{e}^{\frac{2f(16-x_3)}{C_1}\left(\frac{1+\sin\varphi}{1-\sin\varphi}\right)} + \gamma H \tag{3.76}$$

求解可得 x_3 表达式：

$$x_3 = 16 - \frac{\ln \dfrac{k_4\gamma H - \gamma H}{F_0} C_1}{2\lambda f} \tag{3.77}$$

可得上煤层两侧采空下煤层一侧采空阶段应力分布：

$$\begin{cases} \sigma_z = k_2\gamma H \mathrm{e}^{\frac{2\lambda f(x-x_0-\Delta x_1)}{C_1+C_2}} + \gamma H & 0 \leqslant x \leqslant x_0 + \Delta x_1 + \Delta x_3 \\ \sigma_z = k_2\gamma H \mathrm{e}^{\frac{2\lambda f(x_0+\Delta x_1-x)}{C_1+C_2}} + k_1\gamma H \mathrm{e}^{\frac{2\lambda f(x_0-x)}{C_1}} & x_0 + \Delta x_1 + \Delta x_3 \leqslant x \leqslant 16 - x_3 \\ \sigma_z = F_0 \mathrm{e}^{\frac{2f(16-x)}{C_1}\left(\frac{1+\sin\varphi}{1-\sin\varphi}\right)} + \gamma H & 16 - x_3 \leqslant x \leqslant 16\ \mathrm{m} \end{cases} \tag{3.78}$$

上煤层两侧采空下煤层一侧采空结构，7102 工作面采空区侧向煤壁应力集中系数 $k_3 = 4.2$，7104 工作面采空区侧向煤壁应力集中系数 $k_4 = 4.32$，求得侧向煤柱不规则梯形应力分布方程。

$$\begin{cases} f(x_0 + \Delta x_1 + \Delta x_3) = k_2\gamma H \mathrm{e}^{\frac{2\lambda f(x-x_0-\Delta x_1)}{C_1+C_2}} + \gamma H & 0 \leqslant x \leqslant 5.44\ \mathrm{m} \\ f(l_5) = F_0 \mathrm{e}^{\frac{2f(x_0+\Delta x_1+\Delta x_3)}{C_1+C_2}\left(\frac{1+\sin\varphi}{1-\sin\varphi}\right)} + k_1\gamma H \mathrm{e}^{\frac{2\lambda f(\Delta x_1+\Delta x_3)}{C_1}} & 5.44\ \mathrm{m} \leqslant x \leqslant 11.84\ \mathrm{m} \\ f(x_3) = F_0 \mathrm{e}^{\frac{2f(16-x)}{C_1}\left(\frac{1+\sin\varphi}{1-\sin\varphi}\right)} + \gamma H & 11.84\ \mathrm{m} \leqslant x \leqslant 16\ \mathrm{m} \end{cases} \tag{3.79}$$

(2) 上煤层两侧采空下煤层一侧采空侧向底板应力分布与底板破坏力学模型

依据极限平衡法中建立静力场的要求解算推进方向煤柱不规则梯形应力与两侧采空区应力在底板分布规律。结合式(3.79)，两侧采空区应力按线性荷载计算，可得到底板应力分布方程。

① 煤柱三角形线性（$x_0+\Delta x_1+\Delta x_3$）荷载作用在 N 点的应力增量：

$$\begin{cases}\sigma_z(x_1+\Delta x_2+\Delta x_3)=\dfrac{(\sin\alpha_{12}\cos\alpha_{12}-\sin\alpha_{13}\cos\alpha_{13}+\alpha_{12}-\alpha_{13})}{\pi}\cdot \\ \displaystyle\int_0^{5.44}\left[k_2\gamma H\mathrm{e}^{\frac{2\lambda f(x-x_0-\Delta x_1)}{C_1+C_2}}+\gamma H\right] \\ \sigma_x(x_1+\Delta x_2+\Delta x_3)=\dfrac{[-\sin(\alpha_{12}-\alpha_{13})\cos(\alpha_{12}+\alpha_{13})+\alpha_{12}-\alpha_{13}]}{\pi}\cdot \\ \displaystyle\int_0^{5.44}\left[k_2\gamma H\mathrm{e}^{\frac{2\lambda f(x-x_0-\Delta x_1)}{C_1+C_2}}+\gamma H\right] \\ \tau_{zx}(x_1+\Delta x_2+\Delta x_3)=\dfrac{(\sin^2\alpha_{12}-\sin^2\alpha_{13})}{\pi}\displaystyle\int_0^{5.44}\left[k_2\gamma H\mathrm{e}^{\frac{2\lambda f(x-x_0-\Delta x_1)}{C_1+C_2}}+\gamma H\right]\end{cases}\tag{3.80}$$

② 煤柱梯形线性(l_5)荷载作用在 N 点的应力增量：

$$\begin{cases}\sigma_z(l_5)=\dfrac{(\sin\alpha_{11}\cos\alpha_{11}-\sin\alpha_{12}\cos\alpha_{12}+\alpha_{11}-\alpha_{12})}{\pi}\cdot \\ \displaystyle\int_{5.44}^{11.84}\left[F_0\mathrm{e}^{\frac{2f(x_0+\Delta x_1+\Delta x_3)}{C_1+C_2}\left(\frac{1+\sin\varphi}{1-\sin\varphi}\right)}+k_1\gamma H\mathrm{e}^{\frac{2\lambda f(\Delta x_1+\Delta x_3)}{C_1}}\right] \\ \sigma_x(l_5)=\dfrac{[-\sin(\alpha_{11}-\alpha_{12})\cos(\alpha_{11}+\alpha_{12})+\alpha_{11}-\alpha_{12}]}{\pi}\cdot \\ \displaystyle\int_{5.44}^{11.84}\left[F_0\mathrm{e}^{\frac{2f(x_0+\Delta x_1+\Delta x_3)}{C_1+C_2}\left(\frac{1+\sin\varphi}{1-\sin\varphi}\right)}+k_1\gamma H\mathrm{e}^{\frac{2\lambda f(\Delta x_1+\Delta x_3)}{C_1}}\right] \\ \tau_{zx}(l_5)=\dfrac{(\sin^2\alpha_{11}-\sin^2\alpha_{12})}{\pi}\displaystyle\int_{5.44}^{11.84}\left[F_0\mathrm{e}^{\frac{2f(x_0+\Delta x_1+\Delta x_3)}{C_1+C_2}\left(\frac{1+\sin\varphi}{1-\sin\varphi}\right)}+k_1\gamma H\mathrm{e}^{\frac{2\lambda f(\Delta x_1+\Delta x_3)}{C_1}}\right]\end{cases}\tag{3.81}$$

③ 煤柱三角形线性(x_3)荷载作用在 N 点的应力增量：

$$\begin{cases}\sigma_z(x_3)=\dfrac{(\sin\alpha_{10}\cos\alpha_{10}-\sin\alpha_{11}\cos\alpha_{11}+\alpha_{10}-\alpha_{11})}{\pi}\displaystyle\int_{11.84}^{16}\left[F_0\mathrm{e}^{\frac{2f(16-x)}{C_1}\left(\frac{1+\sin\varphi}{1-\sin\varphi}\right)}+\gamma H\right] \\ \sigma_x(x_3)=\dfrac{[-\sin(\alpha_{10}-\alpha_{11})\cos(\alpha_{10}+\alpha_{11})+\alpha_{10}-\alpha_{11}]}{\pi}\displaystyle\int_{11.84}^{16}\left[F_0\mathrm{e}^{\frac{2f(16-x)}{C_1}\left(\frac{1+\sin\varphi}{1-\sin\varphi}\right)}+\gamma H\right] \\ \tau_{zx}(x_3)=\dfrac{(\sin^2\alpha_{10}-\sin^2\alpha_{11})}{\pi}\displaystyle\int_{11.84}^{16}\left[F_0\mathrm{e}^{\frac{2f(16-x)}{C_1}\left(\frac{1+\sin\varphi}{1-\sin\varphi}\right)}+\gamma H\right]\end{cases}\tag{3.82}$$

④ 采空区三角形线性(l_4)荷载作用在 N 点的应力增量：

$$\begin{cases}\sigma_z(l_4)=\dfrac{\gamma H}{2\pi}(\sin\alpha_{10}\cos\alpha_{10}-\sin\alpha_9\cos\alpha_9+\alpha_{10}-\alpha_9) \\ \sigma_x(l_4)=\dfrac{\gamma H}{2\pi}[-\sin(\alpha_{10}-\alpha_9)\cos(\alpha_{10}+\alpha_9)+\alpha_{10}-\alpha_9] \\ \tau_{zx}(l_4)=\dfrac{\gamma H}{2\pi}(\sin^2\alpha_{10}-\sin^2\alpha_9)\end{cases}\tag{3.83}$$

⑤ 采空区三角形线性(l_3)荷载作用在 N 点的应力增量：

$$\begin{cases}\sigma_z(l_3)=\dfrac{\gamma H}{2\pi}(\sin\alpha_{14}\cos\alpha_{14}-\sin\alpha_{13}\cos\alpha_{13}+\alpha_{14}-\alpha_{13})\\ \sigma_x(l_3)=\dfrac{\gamma H}{2\pi}[-\sin(\alpha_{14}-\alpha_{13})\cos(\alpha_{14}+\alpha_{13})+\alpha_{14}-\alpha_{13}]\\ \tau_{zx}(l_3)=\dfrac{\gamma H}{2\pi}(\sin^2\alpha_{14}-\sin^2\alpha_{13})\end{cases}\tag{3.84}$$

结合式(3.80)至式(3.84)，煤柱与两侧采空区荷载共同作用在 N 点的应力增量：

$$\begin{cases}\sigma_z(l_3+x_1+\Delta x_2+\Delta x_3+l_5+x_3+l_4)=\dfrac{\gamma H}{2\pi}(\sin\alpha_{14}\cos\alpha_{14}-\sin\alpha_{13}\cos\alpha_{13}+\alpha_{14}-\alpha_{13})+\\ \dfrac{(\sin\alpha_{12}\cos\alpha_{12}-\sin\alpha_{13}\cos\alpha_{13}+\alpha_{12}-\alpha_{13})}{\pi}\displaystyle\int_0^{5.44}[k_2\gamma H\mathrm{e}^{\frac{2\lambda f(x-x_0-\Delta x_1)}{C_1+C_2}}+\gamma H]+\\ \dfrac{(\sin\alpha_{11}\cos\alpha_{11}-\sin\alpha_{12}\cos\alpha_{12}+\alpha_{11}-\alpha_{12})}{\pi}\displaystyle\int_{5.44}^{11.84}[F_0\mathrm{e}^{\frac{2f(x_0+\Delta x_1+\Delta x_3)}{C_1+C_2}(\frac{1+\sin\varphi}{1-\sin\varphi})}+k_1\gamma H\mathrm{e}^{\frac{2\lambda f(\Delta x_1+\Delta x_3)}{C_1}}]+\\ \dfrac{(\sin\alpha_{10}\cos\alpha_{10}-\sin\alpha_{11}\cos\alpha_{11}+\alpha_{10}-\alpha_{11})}{\pi}\displaystyle\int_{11.84}^{16}[F_0\mathrm{e}^{\frac{2f(16-x)}{C_1}(\frac{1+\sin\varphi}{1-\sin\varphi})}+\gamma H]+\\ \dfrac{\gamma H}{2\pi}(\sin\alpha_{10}\cos\alpha_{10}-\sin\alpha_9\cos\alpha_9+\alpha_{10}-\alpha_9)\\ \sigma_x(l_3+x_1+\Delta x_2+\Delta x_3+l_5+x_3+l_4)=\dfrac{\gamma H}{2\pi}[-\sin(\alpha_{14}-\alpha_{13})\cos(\alpha_{14}+\alpha_{13})+\alpha_{14}-\alpha_{13}]+\\ \dfrac{[-\sin(\alpha_{12}-\alpha_{13})\cos(\alpha_{12}+\alpha_{13})+\alpha_{12}-\alpha_{13}]}{\pi}\displaystyle\int_0^{5.44}[k_2\gamma H\mathrm{e}^{\frac{2\lambda f(x-x_0-\Delta x_1)}{C_1+C_2}}+\gamma H]+\\ \dfrac{[-\sin(\alpha_{11}-\alpha_{12})\cos(\alpha_{11}+\alpha_{12})+\alpha_{11}-\alpha_{12}]}{\pi}\displaystyle\int_{5.44}^{11.84}[F_0\mathrm{e}^{\frac{2f(x_0+\Delta x_1+\Delta x_3)}{C_1+C_2}(\frac{1+\sin\varphi}{1-\sin\varphi})}+k_1\gamma H\mathrm{e}^{\frac{2\lambda f(\Delta x_1+\Delta x_3)}{C_1}}]+\\ \dfrac{[-\sin(\alpha_{10}-\alpha_{11})\cos(\alpha_{10}+\alpha_{11})+\alpha_{10}-\alpha_{11}]}{\pi}\displaystyle\int_{11.84}^{16}[F_0\mathrm{e}^{\frac{2f(16-x)}{C_1}(\frac{1+\sin\varphi}{1-\sin\varphi})}+\gamma H]+\\ \dfrac{\gamma H}{2\pi}[-\sin(\alpha_{10}-\alpha_9)\cos(\alpha_{10}+\alpha_9)+\alpha_{10}-\alpha_9]\\ \tau_{zx}(l_3+x_1+\Delta x_2+\Delta x_3+l_5+x_3+l_4)=\dfrac{\gamma H}{2\pi}(\sin^2\alpha_{14}-\sin^2\alpha_{13})+\\ \dfrac{(\sin^2\alpha_{12}-\sin^2\alpha_{13})}{\pi}\displaystyle\int_0^{5.44}[k_2\gamma H\mathrm{e}^{\frac{2\lambda f(x-x_0-\Delta x_1)}{C_1+C_2}}+\gamma H]+\\ \dfrac{(\sin^2\alpha_{11}-\sin^2\alpha_{12})}{\pi}\displaystyle\int_{5.44}^{11.84}[F_0\mathrm{e}^{\frac{2f(x_0+\Delta x_1+\Delta x_3)}{C_1+C_2}(\frac{1+\sin\varphi}{1-\sin\varphi})}+k_1\gamma H\mathrm{e}^{\frac{2\lambda f(\Delta x_1+\Delta x_3)}{C_1}}]+\\ \dfrac{(\sin^2\alpha_{10}-\sin^2\alpha_{11})}{\pi}\displaystyle\int_{11.84}^{16}[F_0\mathrm{e}^{\frac{2f(16-x)}{C_1}(\frac{1+\sin\varphi}{1-\sin\varphi})}+\gamma H]+\\ \dfrac{\gamma H}{2\pi}(\sin^2\alpha_{10}-\sin^2\alpha_9)\end{cases}\tag{3.85}$$

将式(3.85)中水平应力、垂直应力与剪应力代入其与最大、最小主应力关系式，可得最大、最小主应力方程：

$$
\begin{cases}
\sigma_1(N)=\gamma h_z+\dfrac{[\alpha_{12}-\alpha_{13}+\sin(\alpha_{12}-\alpha_{13})]}{\pi}\displaystyle\int_0^{5.44}[k_2\gamma H\mathrm{e}^{\frac{2\lambda f(x-x_0-\Delta x_1)}{C_1+C_2}}+\gamma H]+\\
\dfrac{[\alpha_{11}-\alpha_{12}+\sin(\alpha_{11}-\alpha_{12})]}{\pi}\displaystyle\int_{5.44}^{11.84}[F_0\mathrm{e}^{\frac{2f(x_0+\Delta x_1+\Delta x_3)}{C_1+C_2}(\frac{1+\sin\varphi}{1-\sin\varphi})}+k_1\gamma H\mathrm{e}^{\frac{2\lambda f(\Delta x_1+\Delta x_3)}{C_1}}]+\\
\dfrac{[\alpha_{10}-\alpha_{11}+\sin(\alpha_{10}-\alpha_{11})]}{\pi}\displaystyle\int_{11.84}^{16}[F_0\mathrm{e}^{\frac{2f(16-x)}{C_1}(\frac{1+\sin\varphi}{1-\sin\varphi})}+\gamma H]+\\
[\alpha_{14}-\alpha_{13}+\sin(\alpha_{14}-\alpha_{13})+\alpha_{10}-\alpha_9+\sin(\alpha_{10}-\alpha_9)]\dfrac{\gamma H}{2\pi}\\
\sigma_3(N)=\gamma h_z+\dfrac{[\alpha_{12}-\alpha_{13}-\sin(\alpha_{12}-\alpha_{13})]}{\pi}\displaystyle\int_0^{5.44}[k_2\gamma H\mathrm{e}^{\frac{2\lambda f(x-x_0-\Delta x_1)}{C_1+C_2}}+\gamma H]+\\
\dfrac{[\alpha_{11}-\alpha_{12}-\sin(\alpha_{11}-\alpha_{12})]}{\pi}\displaystyle\int_{5.44}^{11.84}[F_0\mathrm{e}^{\frac{2f(x_0+\Delta x_1+\Delta x_3)}{C_1+C_2}(\frac{1+\sin\varphi}{1-\sin\varphi})}+k_1\gamma H\mathrm{e}^{\frac{2\lambda f(\Delta x_1+\Delta x_3)}{C_1}}]+\\
\dfrac{[\alpha_{10}-\alpha_{11}-\sin(\alpha_{10}-\alpha_{11})]}{\pi}\displaystyle\int_{11.84}^{16}[F_0\mathrm{e}^{\frac{2f(16-x)}{C_1}(\frac{1+\sin\varphi}{1-\sin\varphi})}+\gamma H]+\\
[\alpha_{14}-\alpha_{13}-\sin(\alpha_{14}-\alpha_{13})+\alpha_{10}-\alpha_9-\sin(\alpha_{10}-\alpha_9)]\dfrac{\gamma H}{2\pi}
\end{cases}
\tag{3.86}
$$

底板岩层破坏服从莫尔-库仑强度准则，代入式(3.86)，可得底板破坏深度$h_z(c_3)$表达式：

$$
h_z(c_3)\leqslant\frac{\begin{gathered}\sin(\alpha_{12}-\alpha_{13})\int_0^{5.44}[k_2\gamma H\mathrm{e}^{\frac{2\lambda f(x-x_0-\Delta x_1)}{C_1+C_2}}+\gamma H]+\\ \sin(\alpha_{11}-\alpha_{12})\int_{5.44}^{11.84}[F_0\mathrm{e}^{\frac{2f(x_0+\Delta x_1+\Delta x_3)}{C_1+C_2}(\frac{1+\sin\varphi}{1-\sin\varphi})}+k_1\gamma H\mathrm{e}^{\frac{2\lambda f(\Delta x_1+\Delta x_3)}{C_1}}]+\\ \sin(\alpha_{10}-\alpha_{11})\int_{11.84}^{16}[F_0\mathrm{e}^{\frac{2f(16-x)}{C_1}(\frac{1+\sin\varphi}{1-\sin\varphi})}+\gamma H]+\frac{\gamma H}{2}\sin(\alpha_{14}-\alpha_{13})+\frac{\gamma H}{2}\sin(\alpha_{10}-\alpha_9)\end{gathered}}{\pi\gamma\sin\varphi}-
$$

$$
\frac{\begin{gathered}(\alpha_{12}-\alpha_{13})\int_0^{5.44}[k_2\gamma H\mathrm{e}^{\frac{2\lambda f(x-x_0-\Delta x_1)}{C_1+C_2}}+\gamma H]+\\ (\alpha_{11}-\alpha_{12})\int_{5.44}^{11.84}[F_0\mathrm{e}^{\frac{2f(x_0+\Delta x_1+\Delta x_3)}{C_1+C_2}(\frac{1+\sin\varphi}{1-\sin\varphi})}+k_1\gamma H\mathrm{e}^{\frac{2\lambda f(\Delta x_1+\Delta x_3)}{C_1}}]+\\ (\alpha_{10}-\alpha_{11})\int_{11.84}^{16}[F_0\mathrm{e}^{\frac{2f(16-x)}{C_1}(\frac{1+\sin\varphi}{1-\sin\varphi})}+\gamma H]+\frac{\gamma H}{2}(\alpha_{14}-\alpha_{13})+\frac{\gamma H}{2}\sin(\alpha_{10}-\alpha_9)\end{gathered}}{\pi\gamma}-
$$

$$
\frac{R_t\tan^2\left(45^\circ+\dfrac{\varphi}{2}\right)(1-\sin\varphi)}{2\gamma\sin\varphi}
\tag{3.87}
$$

底板岩层最大破坏深度到工作面侧向端部的距离为$L_z(c_3)$，采空区内底板破坏区沿水平方向的最大长度为$l_z(c_3)$：

$$
\begin{cases}
L_z(c_3)=h_z(c_3)\tan\varphi\\
l_z(c_3)=\dfrac{2h_z(c_3)\sin\left(\dfrac{\pi}{4}+\dfrac{\varphi}{2}\right)\mathrm{e}^{(\frac{\pi}{4}-\frac{\varphi}{2})\tan\varphi}}{\cos\varphi}
\end{cases}
\tag{3.88}
$$

根据汾西矿业地质资料，9[#]煤层上层位邻近 7104 工作面开采后，煤柱两侧采空，煤柱宽 16 m。7102 工作面采空区侧向煤壁塑性区宽度$x_0+\Delta x_1+\Delta x_3$为 5.44 m，应力集中系数为 4.2，取内摩擦角 $\varphi=18^\circ \sim 22^\circ$，单轴抗拉强度 $R_t=0.38 \sim 0.42$ MPa，求得该阶段侧向支承压力对双采空区下底板破坏深度 $h_z(c_3)$ 最大值为 8.96 m（位于距工作面侧向端部距离为 4.17 m 位置），采空区内底板破坏区沿水平方向长度为 21.7 m。

3.1.5　上下煤层两侧双采空底板应力分布及破坏力学模型

10＋11# 煤层 11101 综放工作面开采后，形成上下煤层两侧双采空结构。相对研究的近距离双采空区下 11103 综放工作面巷道，11101 综放工作面为其邻近工作面，如图 3.15 所示。

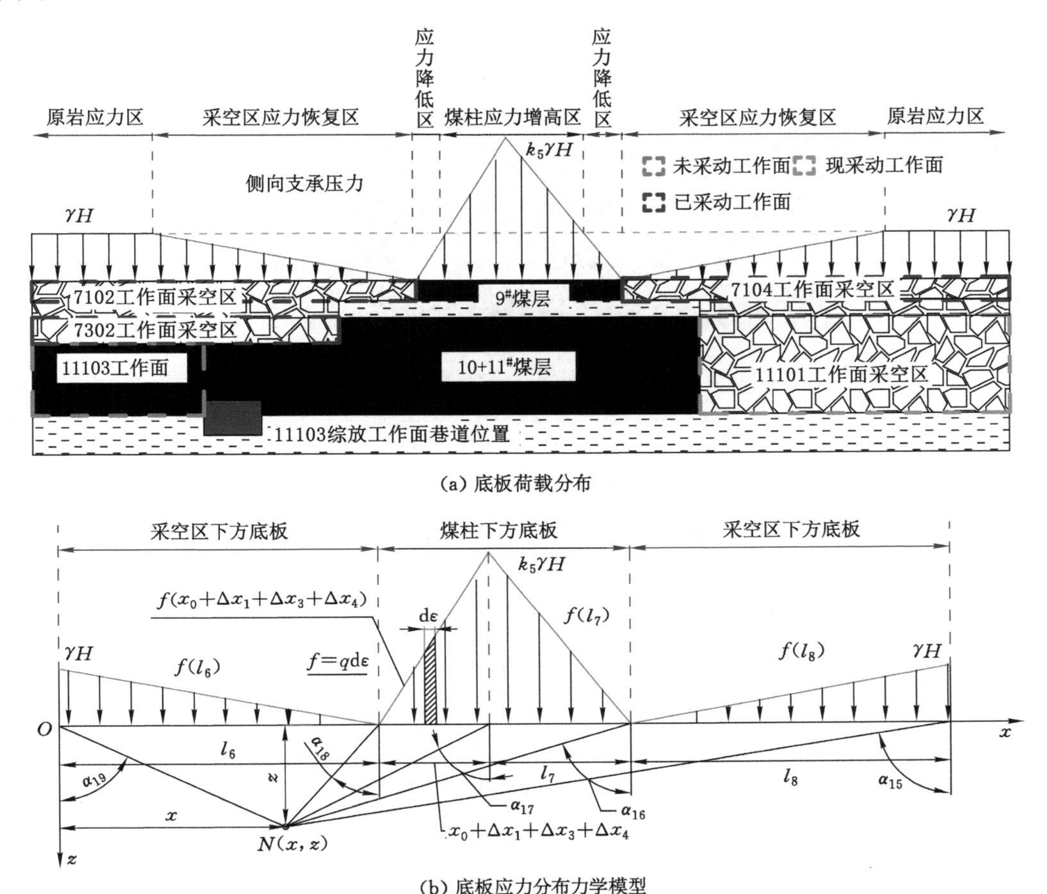

图 3.15　上下煤层两侧双采空底板应力分布模型

11101 工作面与 7302 工作面是 10＋11# 煤层煤柱两侧工作面，两工作面采高不同，7302 工作面是 10＋11# 煤层上分层工作面（上层开采 2 m），11101 工作面是 10＋11# 煤层综放工作面（整层开采 7.8 m）。综放强采动下，9# 煤层煤柱整体进入塑性状态，10＋11# 煤层上分层煤柱大部分进入塑性状态。11101 工作面对 11103 综放工作面巷道围岩破坏是煤柱侧向支承压力对底板的破坏。解算过程为：① 分析煤柱支承压力分布，并结合煤柱支承压力与煤柱两侧采空区支承压力，求解上下煤层两侧双采空底板应力分布公式与底板破坏深度。② 分析 7102、7302、7104、11101 工作面底板破坏深度的叠加与扩展区域。

（1）上下煤层两侧双采空阶段应力分布力学模型

根据汾西矿业开采情况，9[#] 煤层遗留 16 m 煤柱，10+11[#] 煤层 11101 综放工作面开采后与 10+11[#] 煤层上分层 7302 工作面形成 10+11[#] 煤层上分层两侧采空结构，遗留 28 m 煤柱，9[#] 煤层 16 m 煤柱整体进入塑性状态，10+11[#] 煤层上分层 28 m 煤柱大部分进入塑性状态，9[#] 煤层 16 m 煤柱应力峰值由双峰值变为单峰值，如图 3.16 所示。

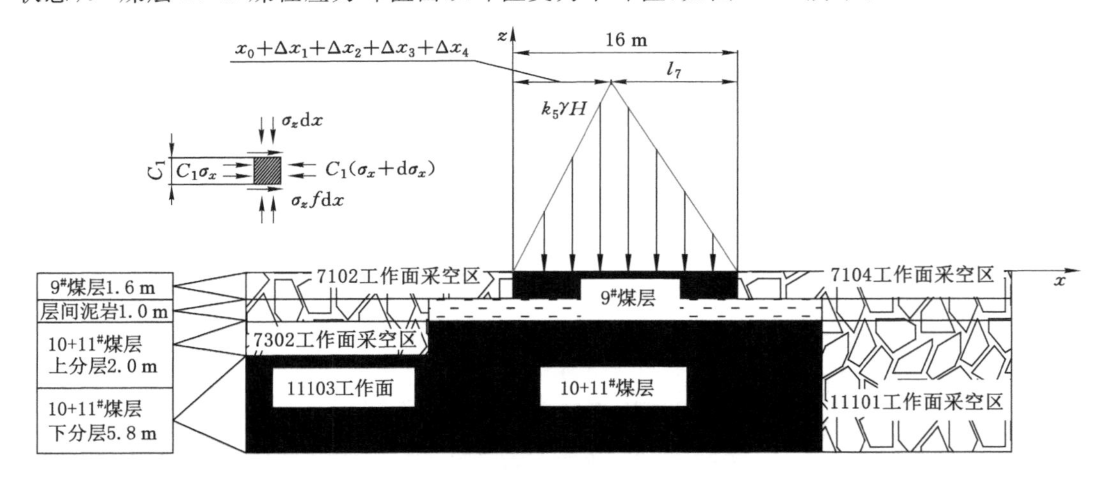

图 3.16　上下煤层两侧双采空煤壁弹塑性区模型

11101 综放工作面强采动下，煤柱受侧向支承压力扰动加载，7102 工作面采空区侧浅部煤壁塑性区宽度（$x_0+\Delta x_1+\Delta x_3$）向内侧深部扩展，扩展宽度为 Δx_4。上下煤层两侧双采空与上煤层一侧采空和上煤层两侧采空下煤层一侧采空底板支承压力相比，应考虑煤柱两侧工作面不同采厚条件下煤壁应力峰值偏移分布特征。

上下煤层两侧双采空后，两侧应力叠加，求解可得 7102 工作面采空区侧煤壁支承压力表达式：

$$\sigma_z = k_2\gamma H \mathrm{e}^{\frac{2\lambda f(x-x_0-\Delta x_1)}{C_1+C_3}} + k_1\gamma H \mathrm{e}^{\frac{2\lambda f(x-x_0)}{C_1}} + \gamma H \quad (0 \leqslant x \leqslant x_0+\Delta x_1+\Delta x_3+\Delta x_4) \tag{3.89}$$

支承压力峰值为 $k_5\gamma H$，可得支承压力峰值位置的横坐标 $x_0+\Delta x_1+\Delta x_3+\Delta x_4$。

$$k_5\gamma H = k_2\gamma H \mathrm{e}^{\frac{2\lambda f(\Delta x_3+\Delta x_4)}{C_1+C_3}} + k_1\gamma H \mathrm{e}^{\frac{2\lambda f(\Delta x_1+\Delta x_3+\Delta x_4)}{C_1}} + \gamma H \tag{3.90}$$

求解可得 Δx_4 表达式：

$$\ln k_5 = \frac{2\lambda f(\Delta x_3+\Delta x_4)}{C_1+C_3}\ln k_2 + \frac{2\lambda f(\Delta x_1+\Delta x_3+\Delta x_4)}{C_1}\ln k_1 \tag{3.91}$$

右侧极限平衡区支承压力表达式：

$$\sigma_z = F_0 \mathrm{e}^{\frac{2f(16-x)}{C_1+C_3}\left(\frac{1+\sin\varphi}{1-\sin\varphi}\right)} + \gamma H \quad 16-(x_0+\Delta x_1+\Delta x_3+\Delta x_4) \leqslant x \leqslant 16\ \mathrm{m} \tag{3.92}$$

可得上下煤层两侧双采空阶段应力分布：

$$\begin{cases} \sigma_z = k_2\gamma H \mathrm{e}^{\frac{2\lambda f(x-x_0-\Delta x_1)}{C_1+C_3}} + k_1\gamma H \mathrm{e}^{\frac{2\lambda f(x-x_0)}{C_1}} + \gamma H & 0 \leqslant x \leqslant x_0+\Delta x_1+\Delta x_3+\Delta x_4 \\ \sigma_z = F_0 \mathrm{e}^{\frac{2f(16-x)}{C_1+C_3}\left(\frac{1+\sin\varphi}{1-\sin\varphi}\right)} + \gamma H & 16-(x_0+\Delta x_1+\Delta x_3+\Delta x_4) \leqslant x \leqslant 16\ \mathrm{m} \end{cases} \tag{3.93}$$

上下煤层两侧采空结构，煤柱单应力峰值的应力集中系数 $k_5=4.42$，求得侧向煤柱不规则三角形应力分布方程。

$$\begin{cases} f(x_0+\Delta x_1+\Delta x_3+\Delta x_4)=k_2\gamma H\mathrm{e}^{\frac{2\lambda f(x-x_0-\Delta x_1)}{C_1+C_3}}+k_1\gamma H\mathrm{e}^{\frac{2\lambda f(x-x_0)}{C_1}}+\gamma H & 0\leqslant x\leqslant 6.54\ \mathrm{m} \\ f(l_7)=F_0\mathrm{e}^{\frac{2f(16-x)}{C_1+C_3}\left(\frac{1+\sin\varphi}{1-\sin\varphi}\right)}+\gamma H & 6.54\ \mathrm{m}\leqslant x\leqslant 16\ \mathrm{m} \end{cases} \tag{3.94}$$

(2) 上下煤层两侧双采空侧向底板应力分布与底板破坏力学模型

依据极限平衡法中建立静力场的要求解算推进方向煤柱不规则三角形应力与两侧采空区应力在底板分布规律。结合式(3.94),两侧采空区应力按线性荷载计算,可得到底板应力分布方程。

① 煤柱三角形线性 $(x_1+\Delta x_2+\Delta x_3+\Delta x_4)$ 荷载作用在 N 点的应力增量:

$$\begin{cases} \sigma_z(x_1+\Delta x_2+\Delta x_3+\Delta x_4)=\dfrac{(\sin\alpha_{17}\cos\alpha_{17}-\sin\alpha_{18}\cos\alpha_{18}+\alpha_{17}-\alpha_{18})}{\pi}\displaystyle\int_0^{6.54}\left[k_2\gamma H\mathrm{e}^{\frac{2\lambda f(x-x_0-\Delta x_1)}{C_1+C_3}}+k_1\gamma H\mathrm{e}^{\frac{2\lambda f(x-x_0)}{C_1}}+\gamma H\right] \\ \sigma_x(x_1+\Delta x_2+\Delta x_3+\Delta x_4)=\dfrac{[-\sin(\alpha_{17}-\alpha_{18})\cos(\alpha_{17}+\alpha_{18})+\alpha_{17}-\alpha_{18}]}{\pi}\displaystyle\int_0^{6.54}\left[k_2\gamma H\mathrm{e}^{\frac{2\lambda f(x-x_0-\Delta x_1)}{C_1+C_3}}+k_1\gamma H\mathrm{e}^{\frac{2\lambda f(x-x_0)}{C_1}}+\gamma H\right] \\ \tau_{zx}(x_1+\Delta x_2+\Delta x_3+\Delta x_4)=\dfrac{(\sin^2\alpha_{17}-\sin^2\alpha_{18})}{\pi}\displaystyle\int_0^{6.54}\left[k_2\gamma H\mathrm{e}^{\frac{2\lambda f(x-x_0-\Delta x_1)}{C_1+C_3}}+k_1\gamma H\mathrm{e}^{\frac{2\lambda f(x-x_0)}{C_1}}+\gamma H\right] \end{cases} \tag{3.95}$$

② 煤柱三角形线性 (l_7) 荷载作用在 N 点的应力增量:

$$\begin{cases} \sigma_z(l_7)=\dfrac{(\sin\alpha_{16}\cos\alpha_{16}-\sin\alpha_{17}\cos\alpha_{17}+\alpha_{16}-\alpha_{17})}{\pi}\displaystyle\int_{6.54}^{16}\left[F_0\mathrm{e}^{\frac{2f(16-x)}{C_1+C_3}\left(\frac{1+\sin\varphi}{1-\sin\varphi}\right)}+\gamma H\right] \\ \sigma_x(l_7)=\dfrac{[-\sin(\alpha_{16}-\alpha_{17})\cos(\alpha_{16}+\alpha_{17})+\alpha_{16}-\alpha_{17}]}{\pi}\displaystyle\int_{6.54}^{16}\left[F_0\mathrm{e}^{\frac{2f(16-x)}{C_1+C_3}\left(\frac{1+\sin\varphi}{1-\sin\varphi}\right)}+\gamma H\right] \\ \tau_{zx}(l_7)=\dfrac{(\sin^2\alpha_{16}-\sin^2\alpha_{17})}{\pi}\displaystyle\int_{6.54}^{16}\left[F_0\mathrm{e}^{\frac{2f(16-x)}{C_1+C_3}\left(\frac{1+\sin\varphi}{1-\sin\varphi}\right)}+\gamma H\right] \end{cases} \tag{3.96}$$

③ 采空区三角形线性 (l_8) 荷载作用在 N 点的应力增量:

$$\begin{cases} \sigma_z(l_8)=\dfrac{\gamma H}{2\pi}(\sin\alpha_{15}\cos\alpha_{15}-\sin\alpha_{16}\cos\alpha_{16}+\alpha_{15}-\alpha_{16}) \\ \sigma_x(l_8)=\dfrac{\gamma H}{2\pi}[-\sin(\alpha_{15}-\alpha_{16})\cos(\alpha_{15}+\alpha_{16})+\alpha_{15}-\alpha_{16}] \\ \tau_{zx}(l_8)=\dfrac{\gamma H}{2\pi}(\sin^2\alpha_{15}-\sin^2\alpha_{16}) \end{cases} \tag{3.97}$$

④ 采空区三角形线性 (l_6) 荷载作用在 N 点的应力增量:

$$\begin{cases} \sigma_z(l_6)=\dfrac{\gamma H}{2\pi}(\sin\alpha_{19}\cos\alpha_{19}-\sin\alpha_{18}\cos\alpha_{18}+\alpha_{19}-\alpha_{18}) \\ \sigma_x(l_6)=\dfrac{\gamma H}{2\pi}[-\sin(\alpha_{19}-\alpha_{18})\cos(\alpha_{19}+\alpha_{18})+\alpha_{19}-\alpha_{18}] \\ \tau_{zx}(l_6)=\dfrac{\gamma H}{2\pi}(\sin^2\alpha_{19}-\sin^2\alpha_{18}) \end{cases} \tag{3.98}$$

结合式(3.95)至式(3.98),煤柱与两侧采空区荷载共同作用在 N 点的应力增量:

$$\begin{cases}\sigma_z(l_6+x_1+\Delta x_2+\Delta x_3+\Delta x_4+l_7+l_8)=\dfrac{\gamma H}{2\pi}(\sin\alpha_{19}\cos\alpha_{19}-\sin\alpha_{18}\cos\alpha_{18}+\alpha_{19}-\alpha_{18})+\\ \dfrac{(\sin\alpha_{17}\cos\alpha_{17}-\sin\alpha_{18}\cos\alpha_{18}+\alpha_{17}-\alpha_{18})}{\pi}\displaystyle\int_0^{6.54}[k_2\gamma H e^{\frac{2\lambda f(x-x_0-\Delta x_1)}{C_1+C_3}}+k_1\gamma H e^{\frac{2\lambda f(x-x_0)}{C_1}}+\gamma H]+\\ \dfrac{(\sin\alpha_{16}\cos\alpha_{16}-\sin\alpha_{17}\cos\alpha_{17}+\alpha_{16}-\alpha_{17})}{\pi}\displaystyle\int_{6.54}^{16}[F_0 e^{\frac{2f(16-x)}{C_1+C_3}(\frac{1+\sin\varphi}{1-\sin\varphi})}+\gamma H]+\\ \dfrac{\gamma H}{2\pi}(\sin\alpha_{15}\cos\alpha_{15}-\sin\alpha_{16}\cos\alpha_{16}+\alpha_{15}-\alpha_{16})\\ \sigma_x(l_6+x_1+\Delta x_2+\Delta x_3+\Delta x_4+l_7+l_8)=\dfrac{\gamma H}{2\pi}[-\sin(\alpha_{19}-\alpha_{18})\cos(\alpha_{19}+\alpha_{18})+\alpha_{19}-\alpha_{18}]+\\ \dfrac{[-\sin(\alpha_{17}-\alpha_{18})\cos(\alpha_{17}+\alpha_{18})+\alpha_{17}-\alpha_{18}]}{\pi}\displaystyle\int_0^{6.54}[k_2\gamma H e^{\frac{2\lambda f(x-x_0-\Delta x_1)}{C_1+C_3}}+k_1\gamma H e^{\frac{2\lambda f(x-x_0)}{C_1}}+\gamma H]+\\ \dfrac{[-\sin(\alpha_{16}-\alpha_{17})\cos(\alpha_{16}+\alpha_{17})+\alpha_{16}-\alpha_{17}]}{\pi}\displaystyle\int_{6.54}^{16}[F_0 e^{\frac{2f(16-x)}{C_1+C_3}(\frac{1+\sin\varphi}{1-\sin\varphi})}+\gamma H]+\\ \dfrac{\gamma H}{2\pi}[-\sin(\alpha_{15}-\alpha_{16})\cos(\alpha_{15}+\alpha_{16})+\alpha_{15}-\alpha_{16}]\\ \tau_{zx}(l_6+x_1+\Delta x_2+\Delta x_3+\Delta x_4+l_7+l_8)=\dfrac{\gamma H}{2\pi}(\sin^2\alpha_{19}-\sin^2\alpha_{18})+\\ \dfrac{(\sin^2\alpha_{17}-\sin^2\alpha_{18})}{\pi}\displaystyle\int_0^{6.54}[k_2\gamma H e^{\frac{2\lambda f(x-x_0-\Delta x_1)}{C_1+C_3}}+k_1\gamma H e^{\frac{2\lambda f(x-x_0)}{C_1}}+\gamma H]+\\ \dfrac{(\sin^2\alpha_{16}-\sin^2\alpha_{17})}{\pi}\displaystyle\int_{6.54}^{16}[F_0 e^{\frac{2f(16-x)}{C_1+C_3}(\frac{1+\sin\varphi}{1-\sin\varphi})}+\gamma H]+\\ \dfrac{\gamma H}{2\pi}(\sin^2\alpha_{15}-\sin^2\alpha_{16})\end{cases}\tag{3.99}$$

将式(3.99)中水平应力、垂直应力与剪应力代入其与最大、最小主应力关系式,可得最大、最小主应力方程:

$$\begin{cases}\sigma_1(N)=\gamma h_z+\dfrac{[\alpha_{17}-\alpha_{18}+\sin(\alpha_{17}-\alpha_{18})]}{\pi}\displaystyle\int_0^{6.54}[k_2\gamma H e^{\frac{2\lambda f(x-x_0-\Delta x_1)}{C_1+C_3}}+k_1\gamma H e^{\frac{2\lambda f(x-x_0)}{C_1}}+\gamma H]+\\ \dfrac{[\alpha_{16}-\alpha_{17}+\sin(\alpha_{16}-\alpha_{17})]}{\pi}\displaystyle\int_{6.54}^{16}[F_0 e^{\frac{2f(16-x)}{C_1+C_3}(\frac{1+\sin\varphi}{1-\sin\varphi})}+\gamma H]+\\ [\alpha_{19}-\alpha_{18}+\sin(\alpha_{19}-\alpha_{18})+\alpha_{15}-\alpha_{16}+\sin(\alpha_{15}-\alpha_{16})]\dfrac{\gamma H}{2\pi}\\ \sigma_3(N)=\gamma h_z+\dfrac{[\alpha_{17}-\alpha_{18}-\sin(\alpha_{17}-\alpha_{18})]}{\pi}\displaystyle\int_0^{6.54}[k_2\gamma H e^{\frac{2\lambda f(x-x_0-\Delta x_1)}{C_1+C_3}}+k_1\gamma H e^{\frac{2\lambda f(x-x_0)}{C_1}}+\gamma H]+\\ \dfrac{[\alpha_{16}-\alpha_{17}-\sin(\alpha_{16}-\alpha_{17})]}{\pi}\displaystyle\int_{6.54}^{16}[F_0 e^{\frac{2f(16-x)}{C_1+C_3}(\frac{1+\sin\varphi}{1-\sin\varphi})}+\gamma H]+\\ [\alpha_{19}-\alpha_{18}-\sin(\alpha_{19}-\alpha_{18})+\alpha_{15}-\alpha_{16}-\sin(\alpha_{15}-\alpha_{16})]\dfrac{\gamma H}{2\pi}\end{cases}\tag{3.100}$$

底板岩层破坏服从莫尔-库仑强度准则,代入式(3.100),可得底板破坏深度$h_z(c_4)$表达式:

$$
h_z(c_4) \leqslant \frac{\begin{gathered}\sin(\alpha_{17}-\alpha_{18})\int_0^{6.54}[k_2\gamma H \mathrm{e}^{\frac{2\lambda f(x-x_0-\Delta x_1)}{C_1+C_3}} + k_1\gamma H \mathrm{e}^{\frac{2\lambda f(x_1-x_0)}{C_1}} + \gamma H]+ \\ \sin(\alpha_{16}-\alpha_{17})\int_{6.54}^{16}[F_0 \mathrm{e}^{\frac{2f(16-x)}{C_1+C_3}(\frac{1+\sin\varphi}{1-\sin\varphi})} + \gamma H]+ \\ \frac{\gamma H}{2}\sin(\alpha_{19}-\alpha_{18}) + \frac{\gamma H}{2}\sin(\alpha_{15}-\alpha_{16})\end{gathered}}{\pi\gamma\sin\varphi} -
$$

$$
\frac{\begin{gathered}(\alpha_{17}-\alpha_{18})\int_0^{6.54}[k_2\gamma H \mathrm{e}^{\frac{2\lambda f(x-x_0-\Delta x_1)}{C_1+C_3}} + k_1\gamma H \mathrm{e}^{\frac{2\lambda f(x_1-x_0)}{C_1}} + \gamma H]+ \\ (\alpha_{16}-\alpha_{17})\int_{6.54}^{16}[F_0 \mathrm{e}^{\frac{2f(16-x)}{C_1+C_3}(\frac{1+\sin\varphi}{1-\sin\varphi})} + \gamma H]+\frac{\gamma H}{2}\sin(\alpha_{19}-\alpha_{18}) + \frac{\gamma H}{2}\sin(\alpha_{15}-\alpha_{16})\end{gathered}}{\pi\gamma} -
$$

$$
\frac{R_t\tan^2\left(45^\circ+\frac{\varphi}{2}\right)(1-\sin\varphi)}{2\gamma\sin\varphi} \tag{3.101}
$$

底板岩层最大破坏深度到工作面侧向端部的距离为 $L_z(c_4)$，采空区内底板破坏区沿水平方向的最大长度为 $l_z(c_4)$：

$$
\begin{cases} L_z(c_4) = h_z(c_4)\tan\varphi \\ l_z(c_4) = \dfrac{2h_z(c_4)\sin\left(\dfrac{\pi}{4}+\dfrac{\varphi}{2}\right)\mathrm{e}^{\left(\frac{\pi}{4}-\frac{\varphi}{2}\right)\tan\varphi}}{\cos\varphi} \end{cases} \tag{3.102}
$$

根据汾西矿业地质资料，10＋11# 煤层 11101 综放工作面开采后，煤柱两侧双采空，9# 煤层煤柱宽度为 16 m，10＋11# 煤层上分层煤柱宽度为 28 m，应力集中系数为 4.42，取采空区线性荷载宽度 $l_6=40$ m、$l_7=40$ m，取内摩擦角 $\varphi=18°\sim22°$，单轴抗拉强度 $R_t=0.38\sim0.42$ MPa，求得上下煤层两侧双采空阶段，工作面侧向支承压力对双采空区下底板破坏深度 $h_z(c_4)$ 最大值为 7.90 m（位于距工作面侧向端部距离为 3.69 m 位置），采空区内底板破坏区沿水平方向的长度为 19.2 m。

3.1.6　基于底板多重应力扰动与破坏模型下煤层 11103 工作面巷道布置位置研究

以汾西矿业近距离双采空区下煤层 11103 综放工作面煤巷围岩（即上煤层底板）在多重采动下的多重应力扰动与破坏范围为研究对象，利用以上建立的上煤层一侧采空底板应力分布及破坏力学模型、上下煤层一侧双采空底板应力分布及破坏力学模型、上煤层两侧采空下煤层一侧采空底板应力分布及破坏力学模型、上下煤层两侧双采空底板应力分布及破坏力学模型，综合分析近距离双采空区下煤层 11103 综放工作面煤巷围岩在多重采动中多重多态支承压力分布规律，并结合多重采动中上层位工作面与上分层工作面推进方向和侧向破坏规律、邻近工作面侧向破坏规律，共同揭示近距离双采空区下综放煤巷围岩的复杂应力环境及破坏范围，合理指导下煤层巷道布置。

(1) 上煤层一侧采空底板多重应力扰动及破坏计算结果分析

研究 7102 工作面开采后底板多重应力扰动与破坏特征分两个部分，一为 7102 工作面推进方向支承压力对底板应力扰动与破坏特征，二为在 7102 工作面推进方向底板已破坏的情况下侧向支承压力对底板应力扰动与破坏特征，如图 3.17 所示。

结合汾西矿业地质开采条件，并经过理论计算和分析，7102 工作面推进方向支承压力对底板破坏深度为 $h_z(t_1)$ 为 5.76 m，7102 工作面侧向支承压力对采空区侧向煤壁底板破坏

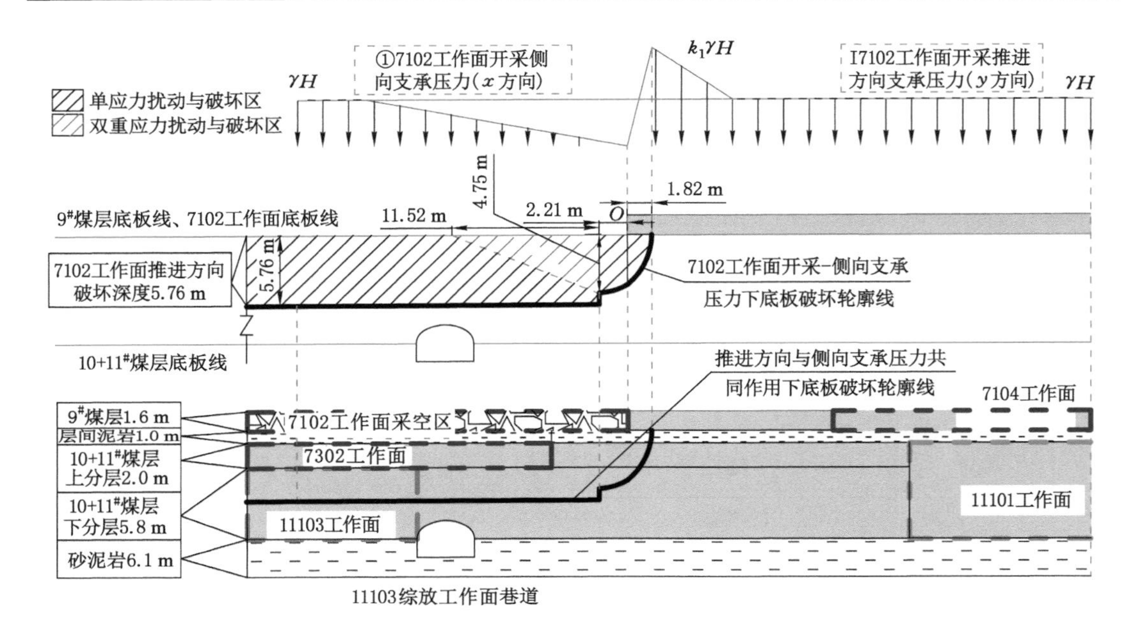

图 3.17　7102 工作面采动后底板多重应力扰动与破坏特征

深度 $h_z(c_1)$最大值为 4.75 m，位于距 7102 工作面侧向端部水平距离为 2.21 m 位置，采空区内底板破坏区沿水平方向的长度为 11.52 m。两者结合得到 7102 工作面推进方向与侧向支承压力对底板破坏轮廓线，其呈现“横钩”形态，工作面侧向与推进方向支承压力扰动与破坏的交汇区位于下煤层 11103 综放工作面煤巷煤柱帮上部区域。

(2) 上下煤层一侧双采空底板多重应力扰动及破坏计算结果分析

7302 工作面在 7102 工作面采空区下进行开采，7102 工作面与 7302 工作面的层间距为 1 m。研究 7302 工作面对下煤层 11103 综放工作面巷道围岩破坏力学模型也分两个部分，一为 7302 工作面推进方向支承压力对底板应力扰动与破坏特征，二为在 7302 工作面推进方向底板已破坏的情况下侧向支承压力对底板应力扰动与破坏特征，如图 3.18 所示。

结合汾西矿业地质开采条件，并经过理论计算和分析，7302 工作面是 10＋11# 煤层上分层工作面，10＋11# 煤层总厚度为 7.8 m，7302 工作面采高为 2.0 m。7302 工作面与 11103 工作面层间距为零。7302 工作面推进方向支承压力对底板破坏深度 $h_z(t_2)$最大值为 5.87 m，工作面侧向支承压力对底板破坏深度 $h_z(c_2)$最大值为 6.44 m，位于距工作面侧向端部距离为 3 m 位置，采空区内底板破坏区沿水平方向的长度为 15.6 m，得到 7302 工作面推进方向与侧向支承压力对底板破坏轮廓线，其呈现“横折钩”形态。综放巷道围岩在上下煤层一侧双采空过程中，上分层工作面与上层位工作面在推进方向与侧向破坏区域出现叠加区(2.76 m)与扩展区域(3.11 m)。推进方向双重应力扰动区受到 7102 工作面、7302 工作面两侧推进方向支承压力扰动，主要影响下煤层 11103 综放工作面煤巷顶板深部围岩；侧向三重应力扰动叠加区受 7102 工作面推进方向与侧向支承压力扰动、7302 工作面侧向支承压力扰动，主要影响下煤层 11103 综放工作面煤巷煤柱帮深部围岩。单应力扰动区向下方和侧方扩展，主要影响下煤层 11103 综放工作面煤巷顶板与煤柱帮浅部围岩。

(3) 上煤层两侧采空下煤层一侧采空底板多重应力扰动及破坏计算结果分析

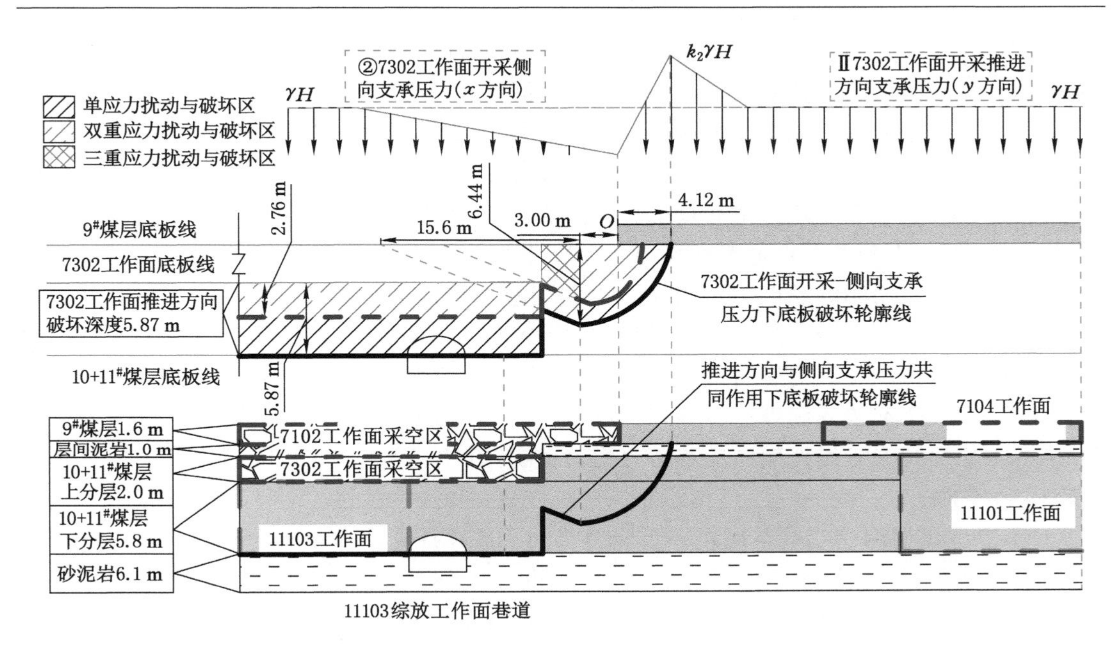

图3.18　7302工作面采动后底板多重应力扰动与破坏特征

研究7104工作面对11103综放工作面巷道围岩破坏力学特征，需研究两侧采空煤柱侧向支承压力对底板应力扰动与破坏特征，如图3.19所示。

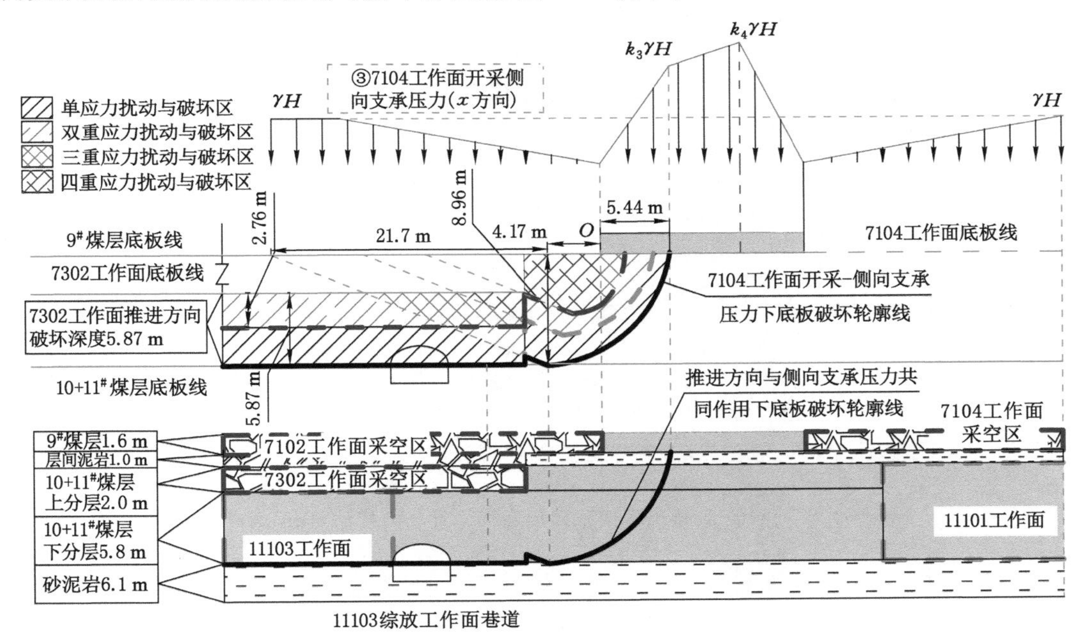

图3.19　7104工作面采动后底板多重应力扰动与破坏特征

结合汾西矿业地质开采条件，并经过理论计算和分析，7104工作面是9#煤层工作面，采厚为1.6 m，7104工作面与7102工作面是9#煤层煤柱两侧工作面。研究7104工作面对11103综放工作面巷道围岩破坏力学模型的结构与应力基础是9#煤层形成16 m煤柱。相对11103综放工作面巷道,7104工作面为其上层位邻近工作面。煤柱两侧采空后,应力集中程度增加,求得工作面侧向支承压力对双采空区下底板破坏深度$h_z(c_3)$最大值为8.96 m,位于距工作面侧向端部距离为4.17 m位置,采空区内底板破坏区沿水平方向的长度为21.7 m,得到三个工作面开采后侧向支承压力与推进方向支承压力对底板破坏轮廓线,其呈现"横勺"形态。双采空底板推进方向支承压力对底板破坏深度与侧向支承压力对底板破坏深度基本相等。在近距离煤层上煤层两侧采空下煤层一侧采空条件下,煤柱应力集中程度增加,主要影响是侧向集中应力引起煤柱侧向的破坏。11103综放工作面煤巷顶板同时出现推进方向双重应力扰动与侧向应力扰动,实体煤帮侧顶板受双重应力扰动与单应力扰动,煤柱帮侧顶板受侧向单应力扰动、双重应力扰动与三重应力扰动。煤柱侧向四重应力扰动区受7102工作面推进方向与侧向支承压力扰动、7302工作面侧向支承压力扰动及7104工作面开采后煤柱侧向支承压力扰动影响,11103综放工作面煤巷煤柱帮深部围岩破碎程度增加。

(4) 上下煤层两侧双采空底板多重应力扰动及破坏计算结果分析

研究11101工作面对11103综放工作面巷道围岩破坏力学特征,需研究两侧双采空煤柱侧向支承压力对底板应力扰动与破坏特征,如图3.20所示。

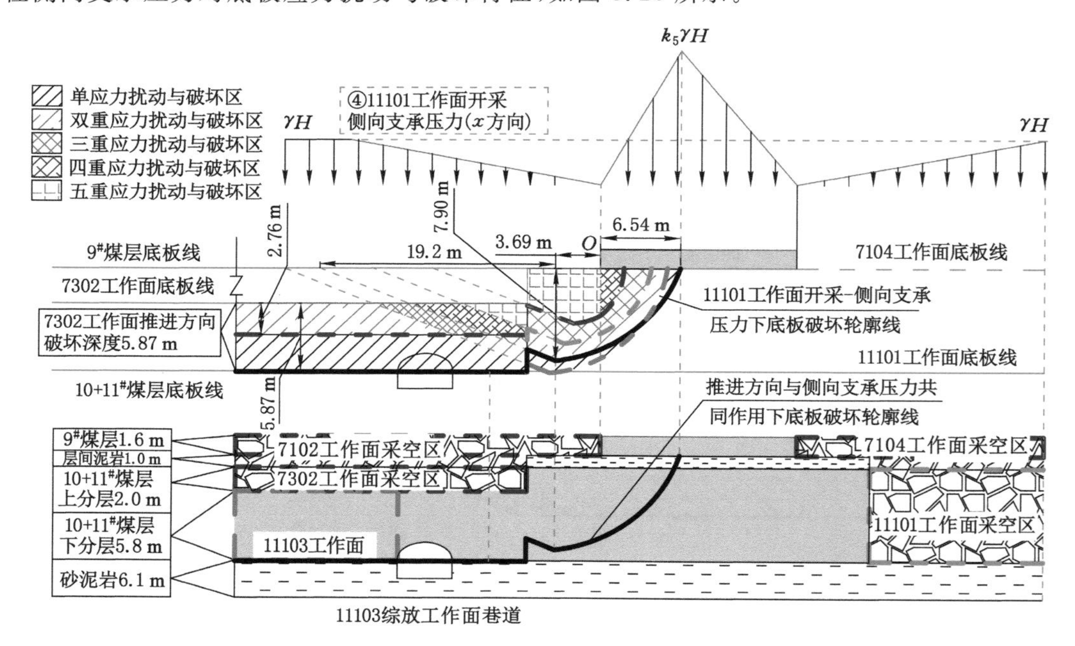

图3.20 11101综放工作面采动后底板多重应力扰动与破坏特征

相对11103综放工作面巷道,11101综放工作面为其邻近工作面。在近距离煤层上下煤层两侧双采空条件下,求得工作面侧向支承压力对双采空区下底板破坏深度$h_z(c_4)$最大值为7.90 m,位于距工作面侧向端部距离为3.69 m位置,采空区内底板破坏区沿水平方向的长度为19.2 m,得到四个工作面开采后侧向支承压力与推进方向支承压力对底板破坏轮廓线。11103综放工作面巷道顶板浅部围岩主要受到上部工作面推进方向支承压力扰动与破坏影响,顶板深部围岩受到两次侧向与两次推进方向支承压力扰动与破坏影响。巷道煤柱帮围岩受到多重应力扰动与破坏影响。

(5) 基于底板多重应力扰动与破坏模型下煤层11103工作面巷道布置方案

11103综放工作面巷道布置设置三种方案，对三种方案下巷道的应力环境与围岩破坏进行对比。

11103综放工作面巷道布置方案为：方案一如图3.21(a)所示，巷道与煤柱水平间距为10 m、与双采空区底板垂直间距为3 m；方案二如图3.21(b)所示，巷道与煤柱水平间距为12 m、与双采空区底板垂直间距为4.6 m；方案三如图3.21(c)所示，巷道与煤柱水平间距为14 m、与双采空区底板垂直间距为4.6 m。

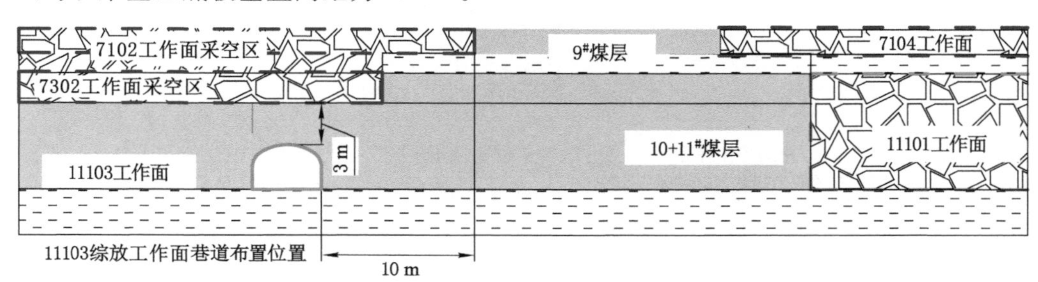

(a) 方案一

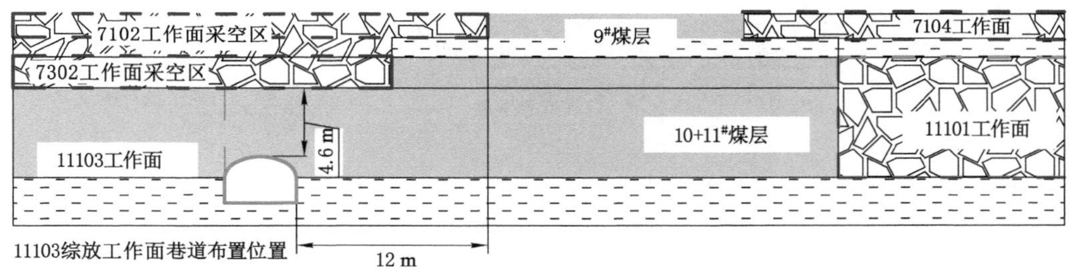

(b) 方案二

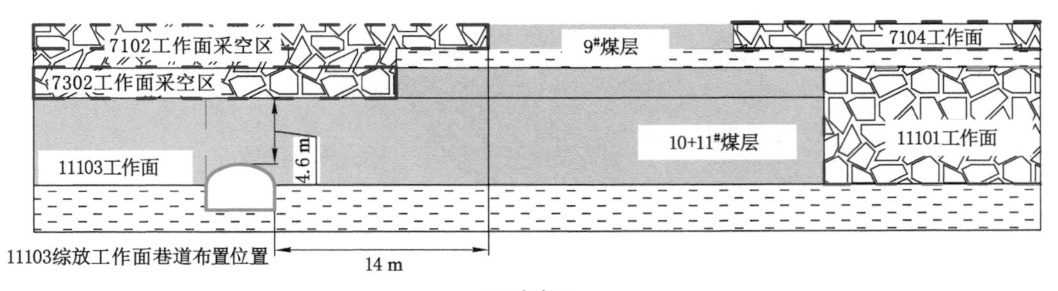

(c) 方案三

图3.21　11103综放工作面巷道位置布置方案

11103综放工作面巷道不同布置方案与多重应力扰动及破坏区的关系对比如下。

① 方案一巷道围岩应力环境与围岩破坏特征为[图3.22(a)]：

巷道采用全煤巷布置方式，沿10＋11#煤层底板掘进。

巷道上部顶板高度为3.0 m，巷道顶板处于工作面推进方向与煤柱侧向支承压力扰动与破坏交汇区，即处于三重、四重应力扰动与破坏区。实体煤帮上部0～2.76 m范围内顶板处于两工作面推进方向双重应力扰动与破坏区。多重应力扰动与破坏的范围与程度：煤

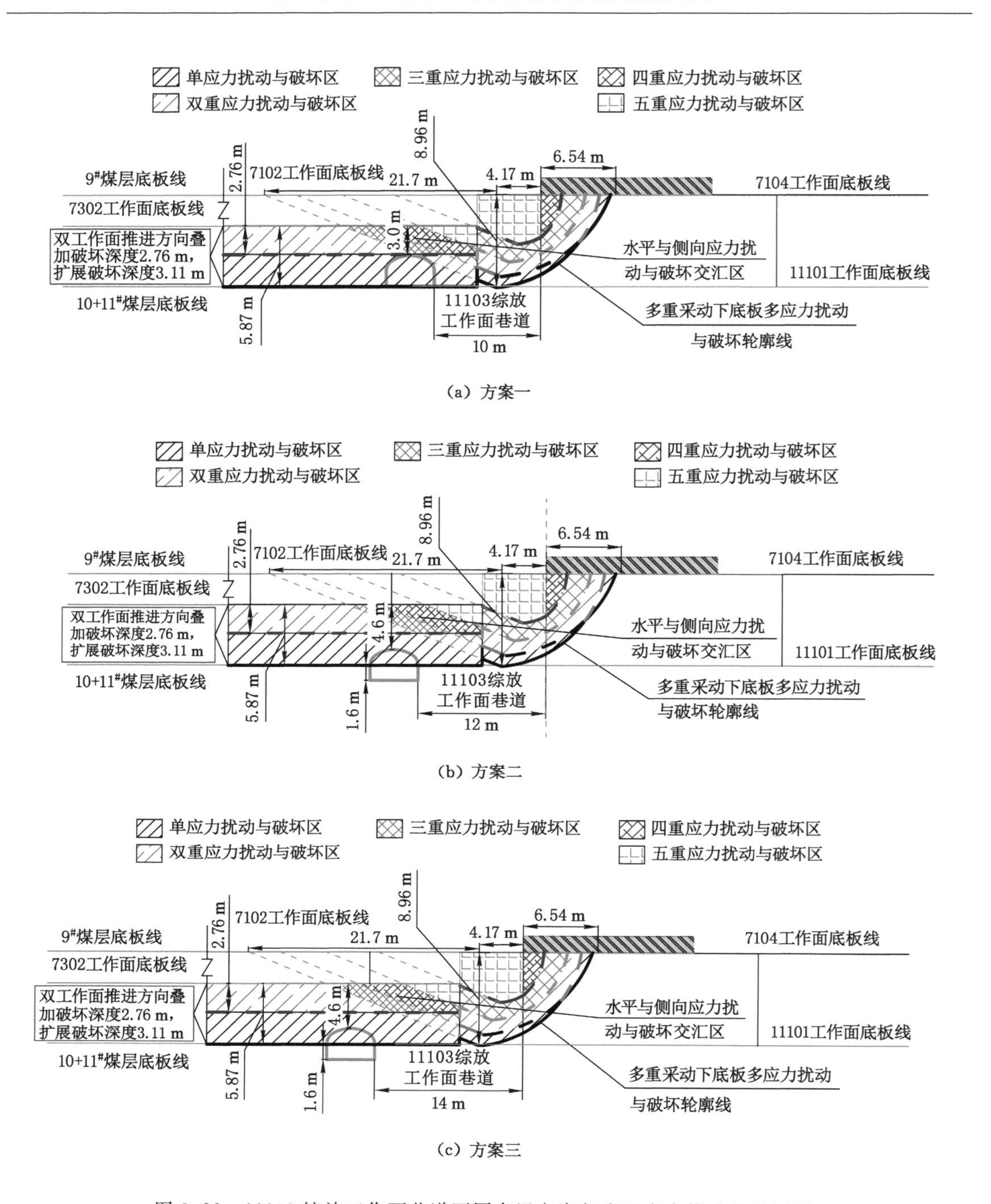

(a) 方案一

(b) 方案二

(c) 方案三

图 3.22　11103综放工作面巷道不同布置方案与多重应力扰动及破坏区

柱帮上部顶板＞巷道上部顶板＞实体煤帮上部顶板。

煤柱帮下浅部围岩处于单应力扰动与破坏区，上部围岩处于双重应力扰动与破坏区。受到多重应力扰动与破坏的范围与程度：煤柱帮上部围岩＞煤柱帮下部围岩。实体煤帮处于单应力扰动与破坏区，受7302工作面推进方向支承压力影响。

② 方案二巷道围岩应力环境与围岩破坏特征为[图 3.22(b)]：

巷道采用半煤岩巷布置方式，向煤层底部泥岩下插底 1.6 m。

巷道上部顶板高度为 4.6 m，巷道顶板浅部 0～1.84 m 处于单应力扰动与破坏区，主要受工作面推进方向支承压力扰动与破坏，巷道顶板深部 1.84～2.76 m 处于多重采动扰动与破坏区，受工作面推进方向与侧向支承压力扰动与破坏。

煤柱帮上帮角距离多重应力扰动与破坏区约 2.1 m。实体煤帮上部 1.2 m 在 10＋11# 煤层底板线上，处于单应力扰动与破坏区，实体煤帮下部 1.6 m 在 10＋11# 煤层底板线下，处于应力扰动与破坏区外。

③ 方案三巷道围岩应力环境与围岩破坏特征为[图 3.22(c)]：

巷道采用半煤岩巷布置方式，向煤层底部泥岩下插底 1.6 m。

巷道围岩所受应力扰动与破坏的基本特征与方案二相似，但所受影响小于方案二，巷道上部顶板高度为 4.6 m，巷道顶板浅部 0～1.84 m 处于单应力扰动与破坏区，主要受工作面推进方向支承压力扰动与破坏，巷道顶板深部 1.84～2.76 m 处于多重采动扰动与破坏区，受工作面推进方向与侧向支承压力扰动与破坏。

煤柱帮上帮角距离多重应力扰动与破坏区约 2.81 m。实体煤帮上部 1.2 m 在10＋11# 煤层底板线上，处于单应力扰动与破坏区，实体煤帮下部 1.6 m 在 10＋11# 煤层底板线下，处于应力扰动与破坏区外。

综上所述，巷道布置方式与多重应力扰动与破坏区的相互关系，方案一，巷道水平错距 10 m、垂直错距 3 m，巷道上部顶板、实体煤帮上部顶板区域及实体煤帮处于多重采动中多应力扰动与破坏区，在已破坏围岩中，巷道掘进期间容易发生冒顶、片帮灾害。方案二，巷道水平错距 12 m、垂直错距 4.6 m，巷道顶板浅部 0～1.84 m 处于单应力扰动与破坏区，受工作面推进方向支承压力扰动与破坏，实体煤帮与煤柱帮插底 1.6 m 部分避开多重应力扰动与破坏，由方案一的顶板、两帮完全处于围岩破碎区变为只有顶板完全处于围岩破碎区，巷道围岩已具有一定程度的稳定性。方案三，巷道水平错距 14 m、垂直错距 4.6 m，巷道围岩整体远离多应力扰动与破坏区，受到影响较小，但是巷道顶板仍然处于推进方向支承压力扰动与破坏区。综合考虑煤柱留设的经济效益，选择方案二。

故 11103 综放工作面巷道水平错距为 12 m、垂直错距为 4.6 m 布置，合理的水平错距使巷道顶板、实体煤帮与煤柱帮在一定程度上远离推进方向与侧向多重应力扰动区与破坏区，让出锚杆(索)支护空间，同时考虑了下煤层煤柱经济合理性；而向煤层底部下插底 1.6 m 布置，采用半煤岩巷，让出上部工作面推进方向与侧向支承压力扰动与破坏交汇区，让出锚杆(索)支护空间，且避免锚杆(索)在巷道较破碎或者局部破碎顶板中预应力施加，也在一定程度上避免锚杆(索)穿透采空区而引起上部双采空区瓦斯灾害。

3.2 11103 工作面双层位坚硬顶板关键块对底板破坏力学分析

为了研究近距离煤层双采空区下综放巷道上覆岩层运动规律及关键块失稳回转对底板破坏特征的影响，建立近距离双采空区双层位坚硬岩层顶板复合承载结构破断及运移力学模型，计算得到双层位坚硬岩层顶板在煤壁内断裂位置、回转角度、跨空距离、回转增压强度及在采空区接触位置，阐明复合破断顶板的断裂尖端在上煤层一侧采空阶段、上下煤层一侧双采空阶段两次回转运移中的底板裂化破坏机理，研究其对下煤层回采巷道的破坏机制与保护机制。

依据基本顶的破断特征，9# 煤层 7102 工作面推进过程中，基本顶关键块会在回采面推进方向形成“砌体梁”结构，在回采面侧向边缘形成“三铰拱”承载结构。9# 煤层上覆厚度为 7 m 的 K_2 石灰岩作为下位基本顶，其上厚度为 5 m 的 K_3 石灰岩作为上位基本顶，为双坚硬基本顶复合承载结构，其破断规律如图 3.23 所示，关键块 A_0、B_0、C_0 形成三铰拱结构。

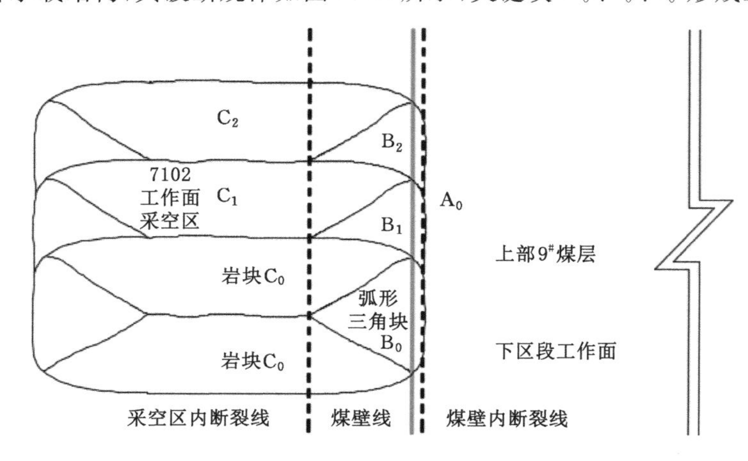

图 3.23　关键块结构

根据内外应力场理论，近距离煤层双采空关键块断裂位置对于下煤层巷道围岩布置有很大影响，存在双采空区上覆关键块两次回转失稳，其破断位置与巷道布置位置有以下 4 种情况，如图 3.24 所示。

① 如图 3.24(a)所示，前断裂线位于巷道顶板上方。关键块 B_0 在实体煤侧断裂线位于巷道上方围岩中，上煤层工作面开采造成关键块 B_0 断裂，发生一次运动，下煤层工作面开采则造成关键块 B_0 发生二次运动，关键块 B_0 的回转、下沉运动对下方巷道围岩造成破坏，巷道布置在煤壁(煤柱)下方。

② 如图 3.24(b)所示，后断裂线位于巷道顶板上方。关键块 B_0 在采空区侧断裂线位于巷道上方围岩中，在近距离上下煤层一侧双采空时，关键块 B_0 的回转、下沉运动对下方巷道围岩造成破坏。

③ 如图 3.24(c)所示，后断裂线位置靠近巷道，巷道布置在关键块 B_0 外侧。关键块 B_0 在采空区侧断裂线靠近巷道上方围岩，关键块 C_0 基本处于稳定阶段，下方巷道围岩较稳定。

④ 如图 3.24(d)所示，后断裂线位置靠近巷道，巷道布置在关键块 B_0 内侧。关键块 B_0 在采空区侧断裂线靠近巷道上方围岩，关键块 B_0 尖端会对下方巷道顶板侧方造成一定范围与程度破坏，同时关键块 B_0 的跨空结构会对下部巷道进行保护，避免上覆岩层在近距离上下煤层一侧双采空条件下运移对下煤层巷道造成破坏。

3.2.1　双层位基本顶复合破断承载结构判断

根据汾西矿业近距离煤层地质特征，9# 煤层无直接顶，直接为 K_2 石灰岩坚硬基本顶，且在此基本顶上层位岩层中较近距离存在 K_3 石灰岩坚硬岩层，形成上下双层位基本顶。双层位基本顶岩层发生复合破断时，层间软弱岩层在上下层位基本顶的夹护下，随着双层位基

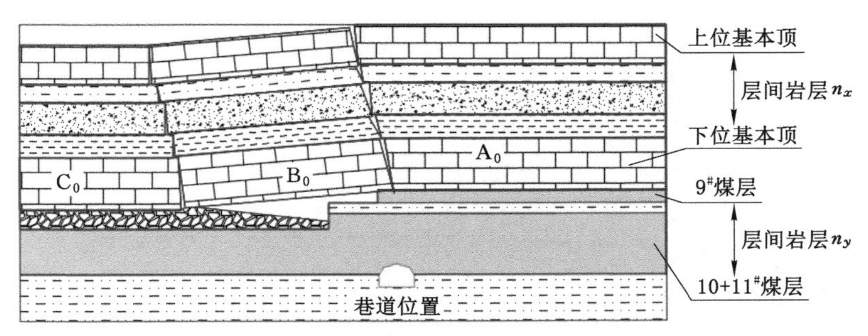

(a) 前断裂线位于巷道顶板上方

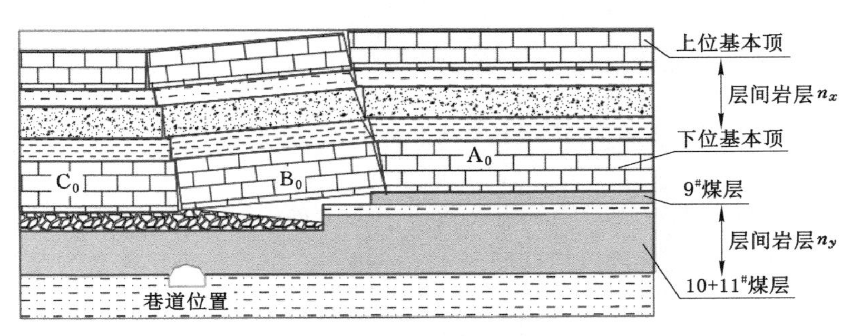

(b) 后断裂线位于巷道顶板上方

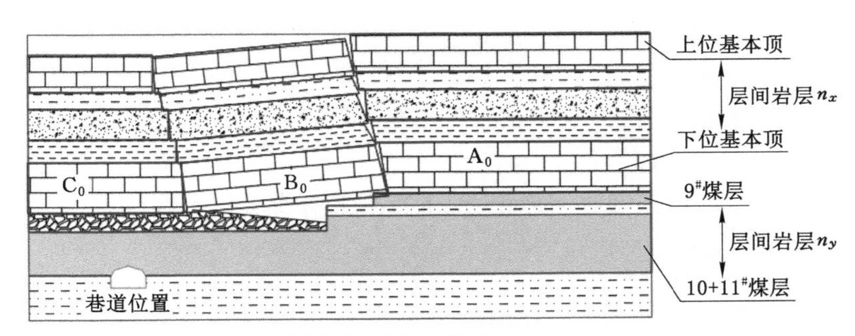

(c) 巷道布置在破断块 B_0 外侧

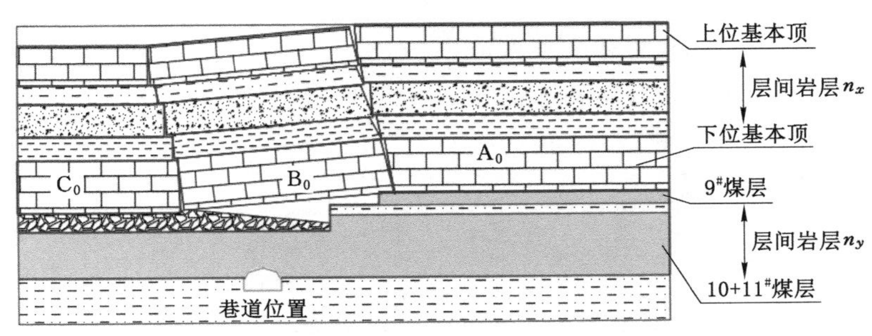

(d) 巷道布置在破断块 B_0 内侧

图 3.24　近距离双采空区双层位基本顶关键块 B_0 断裂位置

本顶发生协同断裂，共同形成具有稳定承载能力的铰接结构。双层位基本顶复合破断承载结构如图 3.25 所示。

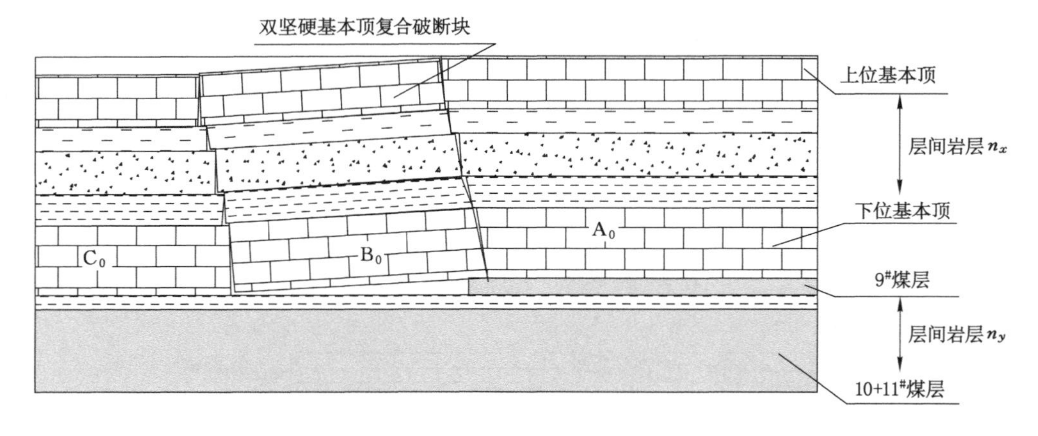

图 3.25　双层位基本顶复合破断承载结构

9# 煤层开采后，上覆岩层的垮落高度为 $\sum h$，上覆岩层垮落后碎胀系数为 K_p(随时间的延长而逐渐减小)，碎胀系数取值区间为 1.03～1.06，则可计算出垮落岩层高度：

$$\sum h = \frac{M(1-\eta)}{K_p - 1} \tag{3.103}$$

式中　M——9# 煤层厚度，取 1.6 m；

η——回采率，取 0.90。

计算得出上覆岩层垮落高度为 22.15 m，根据煤层柱状图，从 9# 煤层到 K_3 石灰岩总高度约 23 m，开采 1.6 m 煤层后，考虑岩层碎胀性，得出碎胀高度区间为 22.04～23.11 m，计算的垮落高度 22.15 m 在碎胀高度区间内。

根据矿山压力与岩层控制相关理论，把采空区上覆岩层顶板看作复合结构，其基本顶所受荷载计算公式为：

$$(q_n)_1 = \frac{E_1 h_1^3 (\gamma_1 h_1 + \gamma_2 h_2 + \cdots + \gamma_n h_n)}{E_1 h_1^3 + E_2 h_2^3 + \cdots + E_n h_n^3} \tag{3.104}$$

式中　$E_1,\cdots,E_n$——9# 煤层上覆岩层弹性模量，MPa；

$\gamma_1,\cdots,\gamma_n$——9# 煤层上覆岩层重度，MN/m³；

$h_1,\cdots,h_n$——9# 煤层上覆岩层厚度，m。

根据汾西矿业的地质资料及相关实验室试验，取得 9# 煤层上覆各岩层的厚度、重度、弹性模量及抗拉强度数值，如表 3.1 所示。

K_2 石灰岩自身荷载为：

$$q_1 = \gamma_1 h_1 = 175\ (\text{kPa}) \tag{3.105}$$

表 3.1　计算案例表

岩层序号	岩性	层厚/m	弹性模量/MPa	抗拉强度/MPa	重度/(MN/m³)
1	K_2 石灰岩	7.0	24 000	2.0	0.002 5
2	泥岩	3.0	11 500	0.5	0.002 3

表 3.1(续)

岩层序号	岩性	层厚/m	弹性模量/MPa	抗拉强度/MPa	重度/(MN/m³)
3	细砂岩	4.1	23 000	1.8	0.002 5
4	砂泥岩	2.3	14 000	0.8	0.002 5
5	K_3 石灰岩	5.0	24 600	2.1	0.002 5
6	砂泥岩	7.5	13 500	0.85	0.002 5

计算各岩层对 K_2 石灰岩的荷载：

$$q_2 = \frac{E_1 h_1^3 (\gamma_1 h_1 + \gamma_2 h_2)}{E_1 h_1^3 + E_2 h_2^3} = 235.13\ (\text{kPa}) \tag{3.106}$$

$$q_3 = \frac{E_1 h_1^3 (\gamma_1 h_1 + \gamma_2 h_2 + \gamma_3 h_3)}{E_1 h_1^3 + E_2 h_2^3 + E_3 h_3^3} = 281.64\ (\text{kPa}) \tag{3.107}$$

$$q_4 = \frac{E_1 h_1^3 (\gamma_1 h_1 + \gamma_2 h_2 + \gamma_3 h_3 + \gamma_4 h_4)}{E_1 h_1^3 + E_2 h_2^3 + E_3 h_3^3 + E_4 h_4^3} = 322.95\ (\text{kPa}) \tag{3.108}$$

$$q_5 = \frac{E_1 h_1^3 (\gamma_1 h_1 + \gamma_2 h_2 + \gamma_3 h_3 + \gamma_4 h_4 + \gamma_5 h_5)}{E_1 h_1^3 + E_2 h_2^3 + E_3 h_3^3 + E_4 h_4^3 + E_5 h_5^3} = 325.64\ (\text{kPa}) \tag{3.109}$$

$$q_6 = \frac{E_1 h_1^3 (\gamma_1 h_1 + \gamma_2 h_2 + \gamma_3 h_3 + \gamma_4 h_4 + \gamma_5 h_5 + \gamma_6 h_6)}{E_1 h_1^3 + E_2 h_2^3 + E_3 h_3^3 + E_4 h_4^3 + E_5 h_5^3 + E_6 h_6^3} = 309.32\ (\text{kPa}) \tag{3.110}$$

$q_6 < q_5$，计算结果表明，应考虑 1～5 层覆岩对 9# 煤层基本顶荷载的影响。因此，9# 煤层基本顶荷载为 325.64 kPa。按固支梁和简支梁计算方法分别计算 9# 煤层基本顶极限跨距：

$$L_1 = h\sqrt{\frac{2R_t}{q}} = 7 \times \sqrt{\frac{2 \times 2.0}{0.326}} = 24.52\ (\text{m}) \tag{3.111}$$

$$L_1 = 2h\sqrt{\frac{R_t}{3q}} = 2 \times 7 \times \sqrt{\frac{2.0}{3 \times 0.326}} = 20.02\ (\text{m}) \tag{3.112}$$

按照固支梁计算方法得 9# 煤层基本顶极限跨距为 24.52 m，按照简支梁计算方法得 9# 煤层基本顶极限跨距为 20.02 m。

3.2.2　弹性地基条件下双层位基本顶复合破断块在煤壁内断裂位置

9# 煤层上覆双坚硬基本顶复合破断结构承载能力高、整体性强。在坚硬顶板垮落后，采空区悬顶扩大到其极限跨距时发生破断，此后每当悬顶达到极限跨距时便发生破断，且在回采面超前位置先破断。钱鸣高等[45]提出坚硬顶板下部空间为煤体及岩性较软的岩层时，运用 Winkler 弹性地基理论对覆岩破断规律及矿压进行分析更合理。潘岳等[46]把煤层上部直接顶岩层作为弹性地基进行研究，得出在直接顶刚度不同条件下坚硬基本顶的弯矩、挠度相关特征。为了得出 9# 煤层双坚硬基本顶来压破断在回采面侧方煤壁内的断裂位置，把回采面侧方覆岩铰接结构按照梁模型计算，建立坚硬顶板弹性地基梁模型。

由于基本顶刚度相对较高，其上下相邻岩层的抗剪强度相对较低，故将基本顶上部软弱岩层及下部煤层视为弹性介质[47]，设定其符合 Winkler 弹性地基假设。在无直接顶的厚、坚硬顶板情况下，对坚硬基本顶位移限制最大的是基本顶下煤层，认为煤层对基本顶的支承力满足：

$$p_w(x) = k_1 z_1 + k_2 z_2 + \cdots + k_n z_n \tag{3.113}$$

式中　$p_w(x)$——下部煤层对基本顶的支承力；

z——垂直位移；

k——弹性地基系数。

建立弹性地基双基本顶岩块断裂位置分析模型，如图 3.26 所示，上部荷载曲线中工作面前方荷载峰值大于远方的均布荷载，悬伸部分的分布荷载为 $q(n)$。

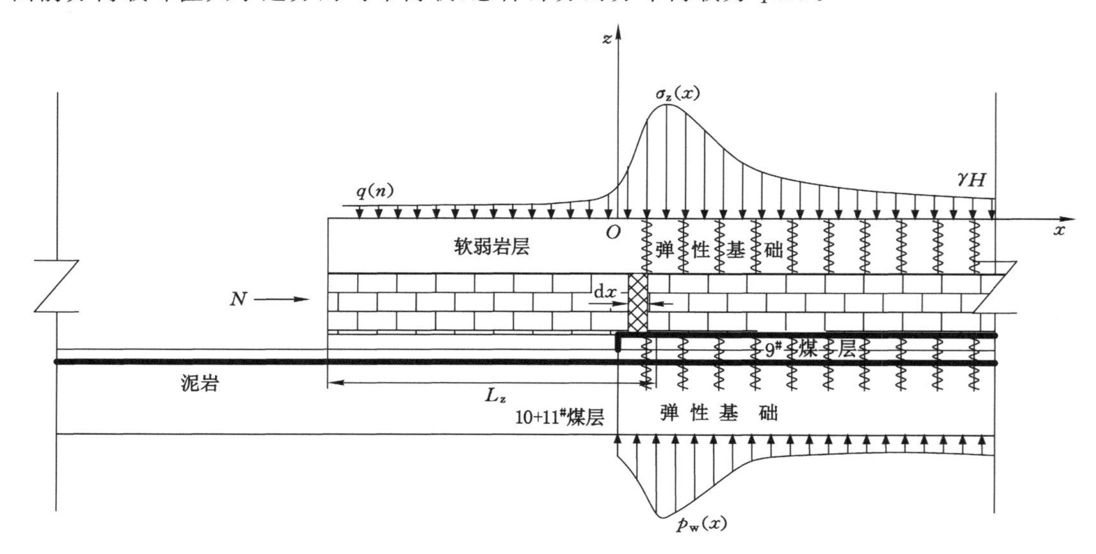

图 3.26　弹性地基基本顶断裂位置分析模型

9# 煤层、泥岩、10＋11# 煤层共同组成 Winkler 弹性地基。通过简化得到弹性地基基本顶岩块断裂位置简化力学模型，如图 3.27 所示，梁分为 4 段，分别为 L_{AB}、L_{BC}、L_{CD}及 L_{DE}，其上覆荷载为 Q_A、Q_C及 Q_D，k_i为弹性地基系数（i＝1、2、3、4），$\omega(x)$为基本顶的挠度函数，建立坐标系，列出每一段梁的挠曲方程，如下：

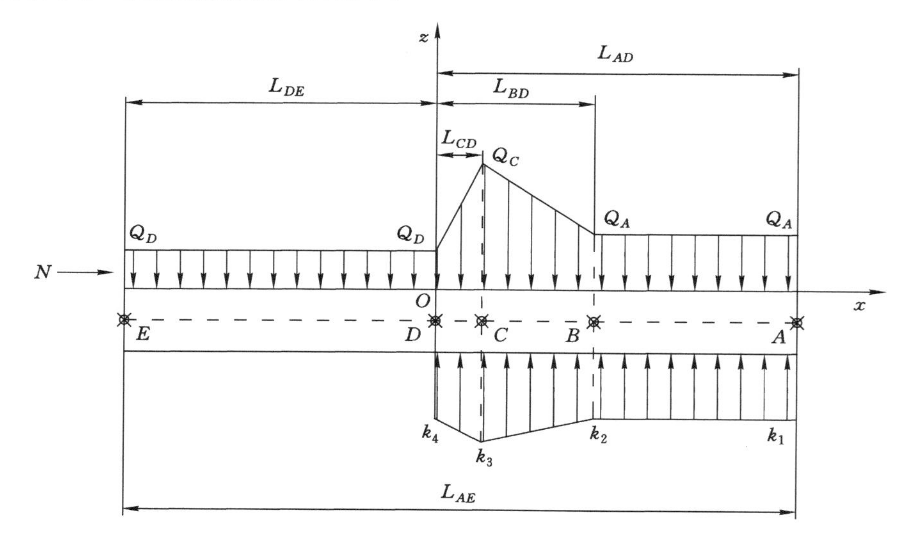

图 3.27　弹性地基基本顶岩块断裂位置简化力学模型

$$\begin{cases}\dfrac{\mathrm{d}^4\omega_{AB}(x)}{\mathrm{d}x^4}+\dfrac{k_1}{EI}\omega_{AB}(x)-\dfrac{Q_A}{EI}=0 & L_{BD}<x<L_{AD}\\ \dfrac{\mathrm{d}^4\omega_{BC}(x)}{\mathrm{d}x^4}+\dfrac{k_x}{EI}\omega_{BC}(x)-\dfrac{Q_x}{EI}=0 & L_{BC}<x<L_{BD},Q_A<Q_x<Q_C\\ \dfrac{\mathrm{d}^4\omega_{CD}(x)}{\mathrm{d}x^4}+\dfrac{k_x}{EI}\omega_{CD}(x)-\dfrac{Q_x}{EI}=0 & 0<x<L_{CD},Q_D<Q_x<Q_C\\ \dfrac{\mathrm{d}^4\omega_{DE}(x)}{\mathrm{d}x^4}-\dfrac{Q_D}{EI}=0 & -L_{DE}<x<0\end{cases} \tag{3.114}$$

连续条件如下。

① AB 和 BC 两段的交界截面 B 处：

$$\begin{cases}\omega_{AB}(L_{BD})=\omega_{BC}(L_{BD})\\ \omega'_{AB}(L_{BD})=\omega'_{BC}(L_{BD})\\ \omega''_{AB}(L_{BD})=\omega''_{BC}(L_{BD})\\ \omega'''_{AB}(L_{BD})=\omega'''_{BC}(L_{BD})\end{cases} \tag{3.115}$$

② BC 和 CD 两段的交界截面 C 处：

$$\begin{cases}\omega_{BC}(L_{CD})=\omega_{CD}(L_{CD})\\ \omega'_{BC}(L_{CD})=\omega'_{CD}(L_{CD})\\ \omega''_{BC}(L_{CD})=\omega''_{CD}(L_{CD})\\ \omega'''_{BC}(L_{CD})=\omega'''_{CD}(L_{CD})\end{cases} \tag{3.116}$$

③ CD 和 DE 两段的交界截面 D 处：

$$\begin{cases}\omega_{CD}(0)=\omega_{DE}(0)\\ \omega'_{CD}(0)=\omega'_{DE}(0)\\ \omega''_{CD}(0)=\omega''_{DE}(0)\\ \omega'''_{CD}(0)=\omega'''_{DE}(0)\end{cases} \tag{3.117}$$

边界条件为：

$$\begin{cases}\omega_{AB}(L_{AD})=\dfrac{Q_A}{k_1}\\ \omega'_{AB}(L_{AD})=0\\ \omega'_{DE}(L_{DE})=0\\ \omega'''_{DE}(L_{DE})=0\end{cases} \tag{3.118}$$

通过式(3.115)到式(3.118)求 $\omega_{AB}(x)\sim\omega_{DE}(x)$，$\omega'_{AB}(x)\sim\omega'_{DE}(x)$，$\omega''_{AB}(x)\sim\omega''_{DE}(x)$，$\omega'''_{AB}(x)\sim\omega'''_{DE}(x)$。为了便于分析求解，对基本顶在煤壁处取一个长度为 $\mathrm{d}x$ 的微单元，其上部受均布荷载为 $q\mathrm{d}x$，下部地基反力为 $kz\mathrm{d}x$。微单元左侧弯矩为 M，顺时针方向为正，右侧弯矩为 $M+\mathrm{d}M$；微单元左侧向上的剪切力大小为 Q，规定上方向为正，右侧剪切力大小为 $Q+\mathrm{d}Q$，在微单元 $\mathrm{d}x$ 中剪切力 Q 引起的弯矩变化为 $\mathrm{d}M$(图 3.28)。根据单元体平衡微分方程：

$$Q=\frac{\mathrm{d}M}{\mathrm{d}x} \tag{3.119}$$

$$Q-(Q+\mathrm{d}Q)+kz\mathrm{d}x-\partial z(x)\mathrm{d}x=0 \tag{3.120}$$

将式(3.119)代入式(3.120)可得：

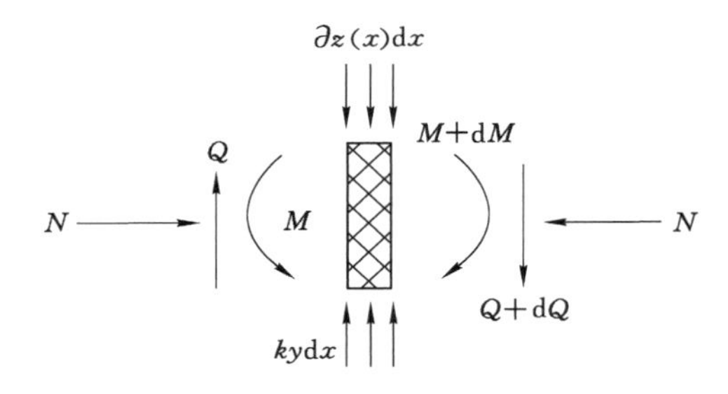

图 3.28　微单元受力分析

$$\frac{\mathrm{d}^2M}{\mathrm{d}x^2}=-kz+\partial z(x) \tag{3.121}$$

考虑轴向力 N 作用，梁的弯矩微分方程为：

$$EI\frac{\mathrm{d}^2z}{\mathrm{d}x^2}+N\frac{\mathrm{d}z}{\mathrm{d}x}-M=0 \tag{3.122}$$

将式(3.121)代入式(3.122)化简得：

$$EI\frac{\mathrm{d}^4z}{\mathrm{d}x^4}+N\frac{d^2z}{\mathrm{d}x^2}+kz-\partial z(x)=0 \tag{3.123}$$

为了求解方程作如下假设：

$$\begin{cases}\alpha=\sqrt{\dfrac{k}{2EI}-\dfrac{N}{4EI}}\\ \beta=\sqrt{\dfrac{k}{2EI}+\dfrac{N}{4EI}}\end{cases} \tag{3.124}$$

四阶方程通解为：

$$z=\frac{1}{2}\mathrm{e}^{-\alpha x}(C_1-C_2)\cos\beta x+(C_3-C_4)\sin\beta x+\frac{\partial z(x)}{k}\quad(x\geqslant 0) \tag{3.125}$$

$x=0$ 处的边界条件：

$$\begin{cases}z=z(0)\\ \theta=\dfrac{\mathrm{d}z(0)}{\mathrm{d}x}\\ M=EI\dfrac{\mathrm{d}^2z(0)}{\mathrm{d}x^2}\\ Q=EI\dfrac{\mathrm{d}^3z(0)}{\mathrm{d}x^3}+N\dfrac{\mathrm{d}z(0)}{\mathrm{d}x}\end{cases} \tag{3.126}$$

通过计算可以得出通解中的常数：

$$\begin{cases}C_1=z(0)\\ C_2=\left[\left(\sqrt{\dfrac{k}{EI}}-\dfrac{N}{EI}\right)\dfrac{\mathrm{d}z(0)}{\mathrm{d}x}-\dfrac{\mathrm{d}^3z(0)}{\mathrm{d}x^3}\right]\Big/\left(2\alpha\sqrt{\dfrac{k}{EI}}\right)\\ C_3=\left[\left(\sqrt{\dfrac{k}{EI}}+\dfrac{N}{EI}\right)\dfrac{\mathrm{d}z(0)}{\mathrm{d}x}+\dfrac{\mathrm{d}^3z(0)}{\mathrm{d}x^3}\right]\Big/\left(2\beta\sqrt{\dfrac{k}{EI}}\right)\\ C_4=\left[2\dfrac{\mathrm{d}^2z(0)}{\mathrm{d}x^2}+\dfrac{N}{EI}z(0)\right]\Big/(4\alpha\beta)\end{cases} \tag{3.127}$$

边界条件为 $x\to\infty,z\to 0$，可得，$C_1+C_2=0,C_3+C_4=0$，故可以解出：

$$\begin{cases}\dfrac{\mathrm{d}z(0)}{\mathrm{d}x}=\dfrac{\mathrm{d}z(x)}{\mathrm{d}x}\\[2mm]\dfrac{\mathrm{d}z^2(0)}{\mathrm{d}x^2}=-z(0)\sqrt{\dfrac{k}{EI}}-2\alpha\dfrac{\mathrm{d}z(x)}{\mathrm{d}x}\\[2mm]\dfrac{\mathrm{d}z^3(0)}{\mathrm{d}x^3}=2\alpha z(0)\sqrt{\dfrac{k}{EI}}+\left(\sqrt{\dfrac{k}{EI}}+\dfrac{N}{EI}\right)\dfrac{\mathrm{d}z(0)}{\mathrm{d}x}\end{cases}\tag{3.128}$$

可以解出基本顶的挠曲方程：

$$z=\mathrm{e}^{-\alpha x}\left[\left(\frac{\sqrt{\dfrac{k}{EI}}M(0)+2\alpha Q(0)}{EI\sqrt{\dfrac{k}{EI}}\left(\sqrt{\dfrac{k}{EI}}-\dfrac{N}{EI}\right)}\right)\cos\beta x-\left(\frac{2\alpha\sqrt{\dfrac{k}{EI}}M(0)+\dfrac{N}{EI}Q(0)}{2\beta EI\sqrt{\dfrac{k}{EI}}\left(\sqrt{\dfrac{k}{EI}}-\dfrac{N}{EI}\right)}\right)\sin\beta x\right]+\frac{\partial z(x)}{k}\tag{3.129}$$

对式(3.129)依次求一介导数即求出基本顶岩层截面转角，求二阶导数即基本顶岩层弯矩，求三阶导数即基本顶岩层剪力：

$$\theta=\mathrm{e}^{-\alpha x}\left[\left(\frac{2\alpha M(0)+Q(0)}{EI\sqrt{\dfrac{k}{EI}}\left(\sqrt{\dfrac{k}{EI}}+\dfrac{N}{EI}\right)}\right)\cos\beta x-\left(\frac{\dfrac{N}{EI}M(0)+2\alpha Q(0)}{2\beta EI\sqrt{\dfrac{k}{EI}}\left(\sqrt{\dfrac{k}{EI}}-\dfrac{N}{EI}\right)}\right)\sin\beta x\right]\tag{3.130}$$

$$M=\mathrm{e}^{-\alpha x}\left[M(0)\cos\beta x+\left(\frac{\alpha M(0)\left(\sqrt{\dfrac{k}{EI}}+\dfrac{N}{EI}\right)+\sqrt{\dfrac{k}{EI}}Q(0)}{\beta\left(\sqrt{\dfrac{k}{EI}}-\dfrac{N}{EI}\right)}\right)\sin\beta x\right]\tag{3.131}$$

$$Q=\mathrm{e}^{-\alpha x}\left[\left(\frac{2\alpha M(0)\dfrac{N}{EI}+Q(0)\sqrt{\dfrac{k}{EI}}}{\left(\sqrt{\dfrac{k}{EI}}-\dfrac{N}{EI}\right)}\right)\cos\beta x-\left(\frac{\dfrac{2kEI-N^2}{E^2I^2}M(0)+2\alpha Q(0)\sqrt{\dfrac{k}{EI}}}{2\beta\left(\sqrt{\dfrac{k}{EI}}-\dfrac{N}{EI}\right)}\right)\sin\beta x\right]\tag{3.132}$$

设定基本顶在煤壁内侧的断裂位置为基本顶岩梁最大弯矩所在位置，最大弯矩计算公式为：

$$\left(\frac{2\alpha M(0)\dfrac{N}{EI}+Q(0)\sqrt{\dfrac{k}{EI}}}{\left(\sqrt{\dfrac{k}{EI}}-\dfrac{N}{EI}\right)}\right)\cos\beta x-\left(\frac{\dfrac{2kEI-N^2}{E^2I^2}M(0)+2\alpha Q(0)\sqrt{\dfrac{k}{EI}}}{2\beta\left(\sqrt{\dfrac{k}{EI}}-\dfrac{N}{EI}\right)}\right)\sin\beta x=0\tag{3.133}$$

最大弯矩所在位置为：

$$x=\frac{1}{\beta}\arctan\left[2\beta\left(2\alpha M(0)\frac{N}{EI}+Q(0)\sqrt{\frac{k}{EI}}\right)\right]\Big/\left(\frac{2kEI-N^2}{E^2I^2}M(0)+2\alpha Q(0)\sqrt{\frac{k}{EI}}\right)\tag{3.134}$$

当基本顶断裂后，其竖向位移发生变化，此时 $M(0)$ 数值变为零，$Q(0)=Q'$。因此，基本顶岩层的竖向位移和弯矩变化如下：

$$z_{\mathrm{p}}=\mathrm{e}^{-\alpha x}\left[\frac{2\alpha Q(0)}{EI\sqrt{\frac{k}{EI}}\left(\sqrt{\frac{k}{EI}}-\frac{N}{EI}\right)}\cos\beta x-\frac{\frac{N}{EI}Q(0)}{2\beta EI\sqrt{\frac{k}{EI}}\left(\sqrt{\frac{k}{EI}}-\frac{N}{EI}\right)}\sin\beta x\right]+\frac{\partial z(x)}{k} \tag{3.135}$$

$$M=\mathrm{e}^{-\alpha x}\left[\frac{\sqrt{\frac{k}{EI}}Q(0)}{\beta\left(\sqrt{\frac{k}{EI}}-\frac{N}{EI}\right)}\sin\beta x\right] \tag{3.136}$$

在基本顶岩层断裂后，基本顶岩层在一部分区域将上升，而在另一部分区域被加压，前者称为反弹现象，其区域称为反弹区，后者称为压缩现象，其区域称为压缩区。反弹区和压缩区的求取，可令基本顶断裂前后的竖向位移相等，即 $z=z_{\mathrm{p}}$，求出 x 值及两者竖向位移的差值：

$$x=\arctan\left[1+\frac{2\beta(Q(0)-Q')}{rM(0)}\right]/\beta \tag{3.137}$$

$$\Delta z=\frac{\sqrt{\frac{k}{EI}}M(0)+2\alpha(Q(0)-Q')}{EI\sqrt{\frac{k}{EI}}\left(\sqrt{\frac{k}{EI}}-\frac{N}{EI}\right)} \tag{3.138}$$

运用算例分析，K_2 石灰岩弹性模量 E 取值为 24 GPa，厚度为 7 m，9[#] 煤层的弹性地基系数 k 取值为 0.05～0.15 GN/m^3，基本顶岩层上覆荷载为 325.64 kPa，B 岩块悬伸部分相对 $x=0$ 处的下沉量较小，即 $N\Delta s_1$、kz 忽略不计，若取 B 岩块断裂长度与 A 岩块相等，$\Delta s=h/6$。$\sum h_i$ 为基本顶上覆第 i 层岩层到基本顶岩层总高度，根据汾西矿业矿压观测得到的周期来压数据，基本顶悬顶长度取 20.02 m。

$$\begin{cases}I=bh^3/12\\ M_0=\dfrac{1}{2}\gamma\sum h_iL'^2+Q'L'+N\dfrac{h}{2}+N\Delta s_1-kz\\ N=\dfrac{L'Q'}{2(h-\Delta s)}\\ Q'=\gamma hL'+q(n)L'\end{cases} \tag{3.139}$$

通过计算可得：

$$\begin{cases}M_0=385.97\ \mathrm{MN\cdot m}\\ N=6.012\ \mathrm{MN}\\ Q'=10.711\ \mathrm{MN}\\ Q_0=17.230\ \mathrm{MN}\\ N/(EI)=8.763\times10^{-6}\ \mathrm{m}^2\end{cases}$$

将所得值代入基本顶断裂前的位移和弯矩公式：

$$\begin{cases}z=\mathrm{e}^{-0.092x}[0.048\,9\cos(0.092x)-0.032\,96\sin(0.092x)]\\ M=\mathrm{e}^{-0.092x}[371.23\cos(0.092x)+572.447\sin(0.092x)]\end{cases} \tag{3.140}$$

将所得值代入基本顶断裂后的位移和弯矩公式：

$$\begin{cases} z = \mathrm{e}^{-0.092x}0.009\ 85\cos(0.092x) \\ M = \mathrm{e}^{-0.092x}[116.420\ 7\cos(0.092x)] \end{cases} \tag{3.141}$$

弹性地基 K_2 石灰岩基本顶断裂前后的位移和弯矩如图 3.29 所示，断裂前的弯矩曲线为 M，断裂后为 M_p。

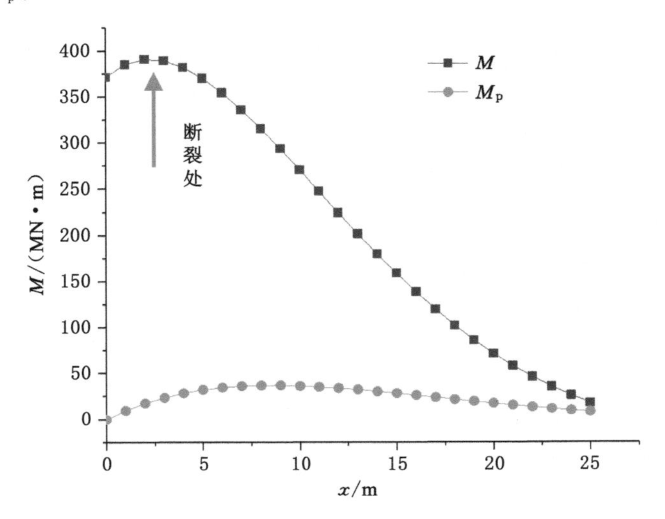

图 3.29 弹性地基基本顶断裂前后的位移和弯矩

根据最大弯矩判断断裂位置，断裂处最大弯矩值为 391.04 MN·m，基本顶块体断裂位置坐标为(2.3,391.035 93)，即在距煤壁 2.3 m 处断裂。

3.2.3 近距离双采空区复合断裂块体结构及稳定性

通过弹性地基计算出基本顶在煤壁内侧断裂，而在近距离煤层双采空区开采过程中，复合断裂块体发生回转失稳，其一端位于煤壁内侧，另一端接触采空区底板岩层，上覆岩层荷载加载在复合断裂块体上。复合断裂块体所受荷载如断裂拱结构，两端部是主要承载点。

(1) 双层基本顶同步破断的判别条件

$$\sigma_1 E_{2,0} h_{2,0} \sum_{j=0}^{m_1} E_{1,j} h_{1,j}^3 \left(\sum_{j=0}^{m_2} E_{2,j} \gamma_{2,j} + KH\gamma \right) \geqslant \sigma_2 E_{1,0} h_{1,0} \sum_{j=0}^{m_1} h_{1,j} \gamma_{1,j} \sum_{j=0}^{m_2} E_{2,j} h_{2,j}^3 \tag{3.142}$$

式中 m_1, m_2——基本顶上覆岩层组分层数；

$E_{1,j}, h_{1,j}, \gamma_{1,j}$——$K_2$ 石灰岩基本顶上覆岩层组各分层的弹性模量、厚度、重度，当 $j=0$ 时，即 K_2 石灰岩的弹性模量、厚度、重度；

$E_{2,j}, h_{2,j}, \gamma_{2,j}$——$K_3$ 石灰岩基本顶上覆岩层组各分层的弹性模量、厚度、重度，当 $j=0$ 时，即 K_3 石灰岩的弹性模量、厚度、重度；

σ_1, σ_2——K_2、K_3 石灰岩基本顶的抗拉强度；

H, γ, K——表层厚度、重度、荷载传递系数。

双基本顶复合破断一次破断岩层厚度相对较厚，作用在"砌体梁"破断岩块 B 上的荷载较大，容易出现滑落失稳[48-49]，因而会引起破断块体回转增压强度增加。

(2) 复合破断块体受力分析

根据复合破断块体铰接受力分析(图 3.30)，可得关键块水平推力 T 与垂直支护力 Q_A、

Q_B的表达式：

$$T=\frac{q_1L^2+q_2L^2-F_RL}{2(h+w_2-2w_1-a)} \tag{3.143}$$

$$Q_B=\frac{q_1L(w_2-w_1)+(q_2L-F_R)(h+2w_2-3w_1-a)}{2(h+w_2-2w_1-a)} \tag{3.144}$$

$$Q_A=\frac{q_1L(2h+w_2-3w_1-2a)+(q_2L-F_R)(2h+3w_2-5w_1-2a)}{2(h+w_2-2w_1-a)} \tag{3.145}$$

式中　q_1，q_2——关键块B_0、C_0上的荷载，MPa；

w_1，w_2——关键块B_0、C_0的下沉量，m；

L——断裂块体长度，m；

F_R——底板对岩块的支承力，kN；

a——岩块塑性铰接宽度，m。

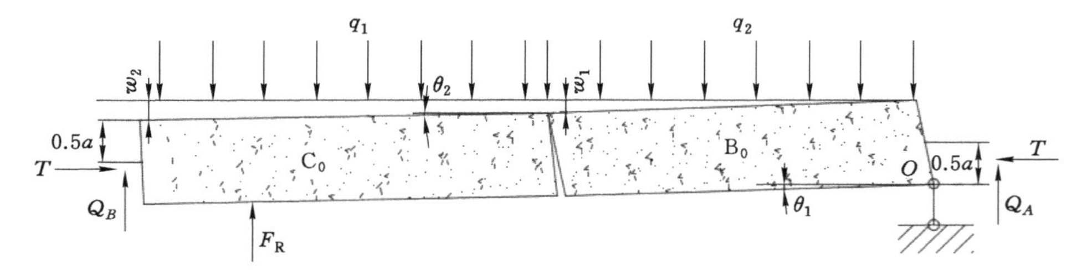

图 3.30　铰接块体回转失稳力学模型

由几何关系可知 $w_1=L\sin\theta_1$，$w_2=L(\sin\theta_1+\sin\theta_2)$，设断裂块度 $i=h/L$，结合“砌体梁”理论知，$F_R=1.03q_1L$，近似认为两者相等；$\theta_1\approx4\theta_2$，故进行简化：

$$\begin{cases}T=\dfrac{2q_1L}{2i-\sin\theta_1}\\[2ex]Q_B=\dfrac{\sin\theta_1}{2(2i-\sin\theta_1)}q_1L\\[2ex]Q_A=\dfrac{(4i-3\sin\theta_1)}{2(2i-\sin\theta_1)}q_1L\end{cases} \tag{3.146}$$

(3) 复合破断块体稳定性分析

① 滑落失稳

关键块B_0的最大剪切力为Q_A，把断裂块度i代入关键块B_0断裂长度计算公式，其不发生滑落失稳的临界条件为：

$$h+h_1\leqslant\frac{\sigma_b}{30\rho g}\left(\tan\varphi+\frac{3}{4}\sin\theta_1\right)^2 \tag{3.147}$$

式中　φ——断裂岩块间残余摩擦角，(°)；

h_1——承载层厚度，m；

σ_b——承载层抗压强度，MPa。

② 回转变形失稳

随着关键块C_0的回转，水平挤压力增加，达一定程度后，两岩块转角挤压破碎，发生失稳，故承载层及荷载层厚度必须满足条件：

$$h + h_1 \leqslant \frac{0.15\sigma_b}{\rho g}\left(i^2 - \frac{3}{2}i\sin\theta_1 + \frac{1}{2}\sin^2\theta_1\right) \tag{3.148}$$

基于目前已有覆岩运动相关研究现状及理论，认为上下为坚硬岩层、层间为多层软弱岩层能形成双层位坚硬岩层复合承载结构。结构中上下层位坚硬岩层对软弱岩层存在“壳式”保护作用，致使软弱岩层在坚硬岩体内侧不发生断裂，软弱岩层断裂长度基本与坚硬岩层断裂长度相等；软弱岩层作为弹性承载层，其缓冲性可增加复合承载结构的承载强度与抗破断能力，在上下岩层挤压下其与上下岩层的摩擦系数增加，能更好地控制复合承载结构的整体协调运动。

单层坚硬岩层一次断裂时，断裂岩块厚度与断裂跨度之比较小，易发生二次破断，而双层位坚硬岩层由于厚度与断裂跨度之比较大，不易发生二次破断。双层位坚硬岩层复合承载结构的整体承载厚度增加，在覆岩回转运动及增压情况下，复合承载结构跨度维持，承载性能和抗破断性增强。软弱岩层在坚硬岩体内侧不发生断裂的，在滑落失稳的判别关系式中，$h+h_1$ 随着 θ_1 增大而减小，将符合不发生失稳条件。

第4章　近距离双采空区多重采动底板应力时空演化规律

以汾西矿业近距离煤层双采空区下煤层11103综放工作面巷道为工程背景，以支承压力、偏应力及塑性区为围岩变形和破坏分析指标。其中，支承压力在采掘工程活动中最能直观反映采动应力的变化；而偏应力同时考虑了最大主应力、中间主应力和最小主应力三者之间的相互作用，能综合反映围岩应力演化与围岩变形破坏的相互关系[29-37]。在数值模拟中模拟研究近距离双采空区多重采动的四阶段(上煤层一侧采空阶段、上下煤层一侧双采空阶段、上煤层两侧采空下煤层一侧采空阶段、上下煤层两侧双采空阶段)底板支承压力与偏应力的演化过程、集中程度、传播范围及转移特征，得出多重采动中支承压力扰动及偏应力扰动下底板破坏程度与破坏范围，阐明支承压力与偏应力在多重采动中对下煤层综放巷道围岩的力学行为，为指导近距离双采空区下煤层综放巷道的合理布置位置选择及围岩控制提供理论依据。

4.1　近距离双采空区多重采动底板应力数值模型

(1) 模型的边界条件

根据汾西矿业工程地质条件和研究问题需求建立三维数值模型，模型尺寸 $x \times y \times z =$ 325 m×220 m×105 m(长×宽×高)，按照煤层埋深231 m，上覆岩层平均重度25 kN/m^3，模型上部施加荷载为4.03 MPa，重力加速度设置为9.80 m/s^2，侧压系数取1.2，工作面沿 y 方向推进，左、右边界 x 方向位移固定，前、后边界 y 方向位移固定，底部 z 方向位移固定，如图4.1所示。

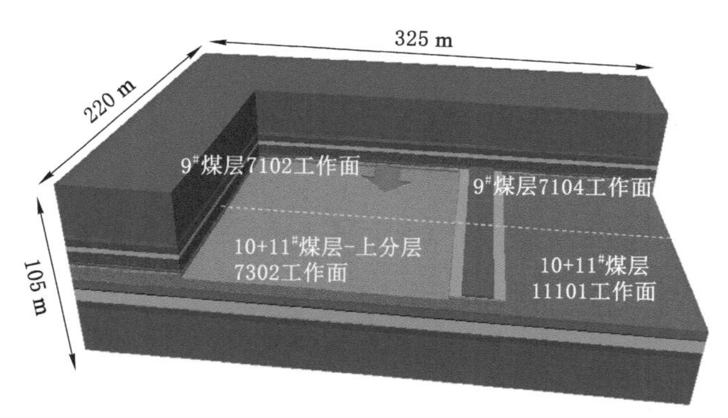

图4.1　数值计算模型

采用莫尔-库仑准则作为近距离煤层开采底板岩层变形破坏及下煤层综放煤巷围岩变

形破坏的判据，岩层物理力学参数如表 4.1 所示。

表 4.1　岩层参数

岩层	密度/(kg/m³)	体积模量/GPa	剪切模量/GPa	内摩擦角/(°)	内聚力/MPa	抗拉强度/MPa
上覆岩层	2 600	8.5	6.3	30	1.8	2.0
砂泥岩	1 800	5.5	3.3	18	1.1	0.8
细砂岩	2 650	11.5	7.3	33	2.1	1.8
泥岩	1 600	4.5	2.3	16	1.0	0.5
K_2 石灰岩	2 850	14.5	9.3	38	2.4	2.1
9# 煤层	1 400	2.6	1.5	20	0.8	0.4
泥岩	1 600	4.5	2.3	16	1.0	0.5
10+11# 煤层	1 400	2.6	1.5	20	0.8	0.4
砂泥岩	1 800	5.5	3.3	18	1.1	0.8
12# 煤层	1 400	2.6	1.5	20	0.8	0.4
泥岩	1 600	4.5	2.3	16	1.0	0.5
细砂岩	2 650	11.5	7.3	33	2.1	1.8
下伏岩层	2 600	8.5	6.3	30	1.8	2.0

(2) 测线布置

为了研究汾西矿业上下煤层开采时下层煤回采巷道的布置方式、保护煤柱的合理宽度及回采巷道的围岩控制方法，对整体模型采用分步开挖、间隔监测多面多线布置方式。根据汾西矿业的煤层分布情况，共分为三个煤层，5 个开挖回采面，按照近距离双采空区非对称开采顺序开挖所有回采面，每个回采面开挖长度为 140 m，单次开挖长度为 10 m。监测方案：在模型水平面上布置 5 个监测面，如图 4.2 所示，监测面垂直煤柱布置，监测面 1 到监测面 5 距工作面开采线的距离分别为 20 m、40 m、60 m、80 m、100 m；在模型垂直方向上布置监测线，并在监测线上布置若干个测点。统计回采面开挖到回采面开挖完的全程中双采空区煤柱底板岩层支承压力与偏应力，分步开挖到每个测面时，分别提取推进到此测面下每个测面的监测值，以此获得底板围岩支承压力与偏应力分布曲线。

4.2　近距离双采空区多重采动底板支承压力演化规律

4.2.1　近距离双采空区多重采动底板支承压力云图及曲线

(1) 多重采动底板支承压力云图对比分析

多重采动底板支承压力云图如图 4.3 所示。

支承压力的总体分布趋势是：支承压力峰值带在侧向煤壁处，采空区为支承压力降低区；煤壁支承压力向底板倾斜传播，随着底板深度增加而逐渐减小，高支承压力集中在底板浅层位、分布范围小，低支承压力分布在底板深层位、分布范围广。

上下煤层一侧双采空阶段与上煤层一侧采空阶段相比，其支承压力峰值变化不大，支承压力的总体分布趋势仍是在煤壁处增加，在采空区侧降低，不同点是上煤层采空区下开采，

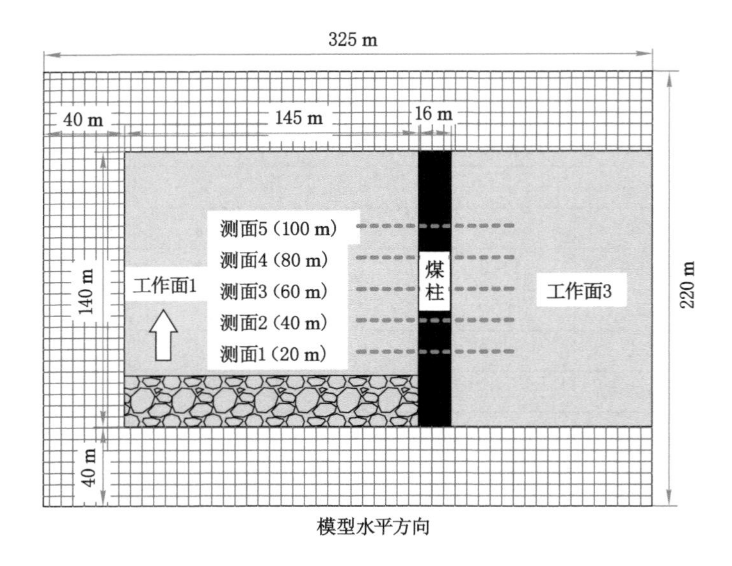

图 4.2　模型测面及测线布置图

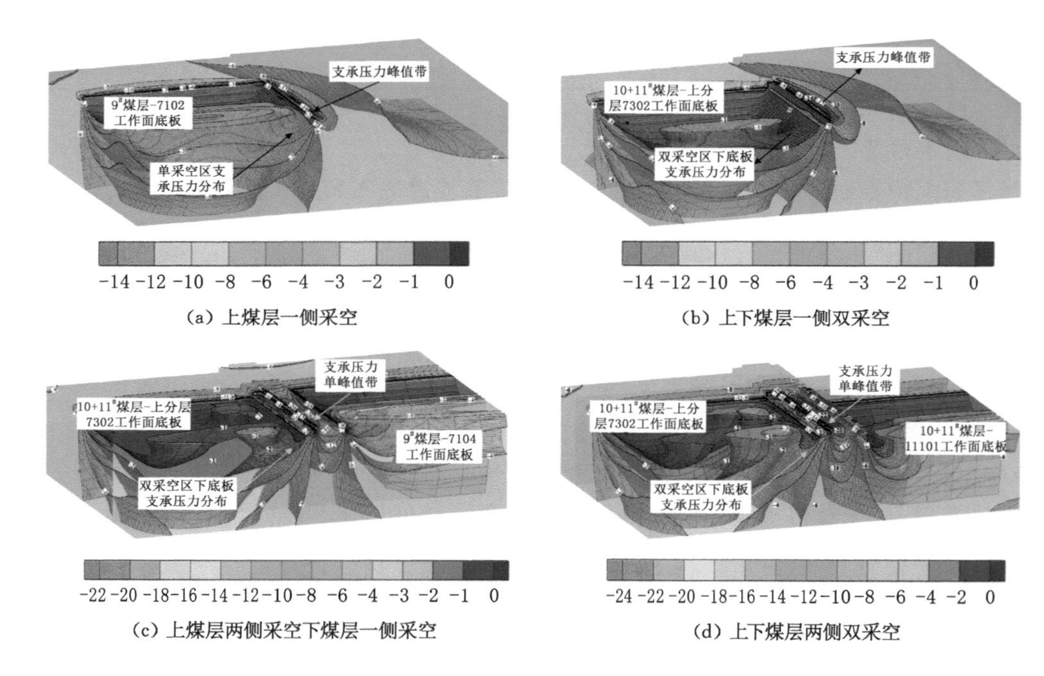

图 4.3　多重采动底板支承压力云图

双采空区底板的支承压力大范围处于低应力区，高支承压力在煤壁集中与扩散范围增加。

上煤层两侧采空下煤层一侧采空阶段与上下煤层一侧双采空阶段相比，两侧采空形成上层位煤柱，其支承压力峰值增加幅度大，且出现支承压力双峰值带。支承压力的总体分布趋势是：9# 煤层煤柱支承压力集中程度增加，扰动范围增大，主要扩散区是煤柱垂直向下底板岩层，次要扩散区是煤柱两侧向采空区底板岩层。侧向双采空区下底板支承压力越靠近煤柱其值越高。

上下煤层两侧双采空阶段与上煤层两侧采空下煤层一侧采空阶段相比，近距离上下煤层两侧非对称开采形成上下双层位煤柱，其支承压力峰值由双应力峰值带转化为单应力峰值带，支承压力峰值的增加幅度不大。支承压力的总体分布趋势是：上下双层位煤柱形成支承压力集中现象，支承压力峰值位置发生偏移，在开采深度大的一侧支承压力集中程度大，双层位煤柱集中支承压力对双采空区下底板支承压力影响范围减小。

(2) 多重采动底板不同深度支承压力分布曲线

多重采动底板不同深度支承压力分布曲线如图 4.4 所示。

① 上煤层一侧采空阶段底板不同深度支承压力对比分析。在测线 1 m 层位，煤柱侧支承压力峰值为 14.7 MPa，约为原岩应力的 2.55 倍，峰值位置在煤壁内侧约 2.75 m 处；在测线 3.5 m 层位，煤柱侧支承压力峰值为 12.5 MPa，与测线 1 m 层位相比降低约 15%，峰值位置在煤壁内侧约 5 m 处；在测线 7.5 m 层位，煤柱侧支承压力峰值为 11 MPa，与测线 1 m 层位相比降低约 25%，峰值位置在煤壁内侧约 5 m 处；在测线 10.5 m 层位，煤柱侧支承压力峰值为 10 MPa，与测线 1 m 层位相比降低约 32%，峰值位置在煤壁内侧约 6 m 处；在测线 13.5 m 层位，煤柱侧支承压力峰值为 9.5 MPa，与测线 1 m 层位相比降低约 35%，峰值位置在煤壁内侧约 7.5 m 处。

② 上下煤层一侧双采空阶段底板不同深度支承压力对比分析。在测线 1 m 层位，煤柱侧支承压力峰值为 14.5 MPa，峰值位置在煤壁内侧约 3.75 m 处；在测线 3.5 m 层位，煤柱侧支承压力峰值为 13.2 MPa，与测线 1 m 层位相比降低约 9%，峰值位置在煤壁内侧约 5 m 处；在测线 7.5 m 层位，煤柱侧支承压力峰值为 10.5 MPa，与测线 1 m 层位相比降低约 28%，峰值位置在煤壁内侧约 5 m 处；在测线 10.5 m 层位，煤柱侧支承压力峰值为 9.5 MPa，与测线 1 m 层位相比降低约 34%，峰值位置在煤壁内侧约 6 m 处；在测线 13.5 m 层位，煤柱侧支承压力峰值为 9 MPa，与测线 1 m 层位相比降低约 38%，峰值位置在煤壁内侧约 7.5 m 处。

③ 上煤层两侧采空下煤层一侧采空阶段底板不同深度支承压力对比分析。在测线 1 m层位，煤柱侧支承压力峰值为 25 MPa，峰值位置在煤柱两侧深部围岩约 5 m 处；在测线 3.5 m 层位，煤柱侧支承压力峰值为 22 MPa，与测线 1 m 层位相比降低 12%，峰值位置在煤柱内侧 5～10 m 处；在测线 7.5 m 层位，煤柱侧支承压力峰值为 20 MPa，与测线 1 m 层位相比降低 20%，峰值位置在煤柱内侧约 7.5 m 处；在测线 10.5 m 层位，煤柱侧支承压力峰值为 17 MPa，与测线 1 m 层位相比降低 32%，峰值位置在煤柱内侧 5～10 m 处；在测线 13.5 m 层位，煤柱侧支承压力峰值为 15 MPa，与测线 1 m 层位相比降低 40%，峰值位置在煤壁内侧约 7.5 m 处。

④ 上下煤层两侧双采空阶段底板不同深度支承压力对比分析。在测线 1 m 层位，煤柱侧支承压力峰值为 25.5 MPa，峰值位置在煤柱两侧深部围岩约 7 m 处；在测线 3.5 m 层位，煤柱侧支承压力峰值为 23 MPa，与测线 1 m 层位相比降低约 10%，峰值位置在煤柱内侧 5～7.5 m 处；在测线 7.5 m 层位，煤柱侧支承压力峰值为 20 MPa，与测线 1 m 层位相比降低约 22%，峰值位置在煤柱内侧约 7 m 处；在测线 10.5 m 层位，煤柱侧支承压力峰值为 16 MPa，与测线 1 m 层位相比降低约 37%，峰值位置在煤柱内侧 5～7.5 m 处；在测线 13.5 m 层位，煤柱侧支承压力峰值为 14 MPa，与测线 1 m 层位相比降低约 45%，峰值位置在煤柱内侧 5～7.5 m 处。

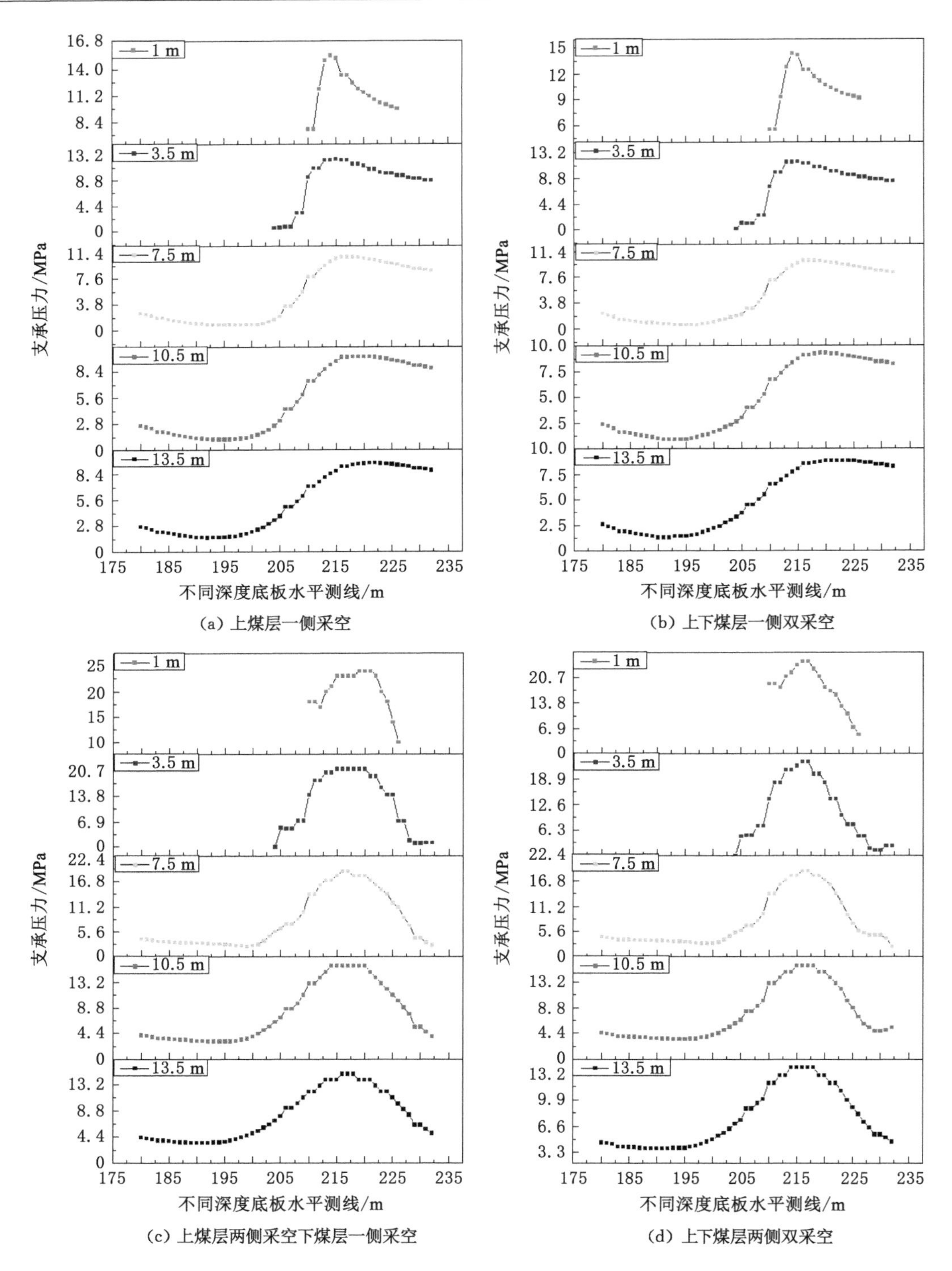

(a) 上煤层一侧采空

(b) 上下煤层一侧双采空

(c) 上煤层两侧采空下煤层一侧采空

(d) 上下煤层两侧双采空

图 4.4　多重采动底板不同深度支承压力分布曲线

4.2.2　基于多重支承压力分布特征下煤层巷道位置选择

近距离双采空区非对称开采过程中包含上煤层一侧采空阶段、上下煤层一侧双采空阶段、上煤层两侧采空下煤层一侧采空阶段、上下煤层两侧双采空阶段四种情况下多重支承压力的演化过程、集中程度、传播范围及转移特征对比分析，如图 4.5 所示。上煤层一侧采空阶段与上煤层两侧采空下煤层一侧采空阶段底板支承压力分布对比，上煤层两侧采空下煤层一侧采空阶段支承压力集中程度增加，峰值区域增加，传播影响范围增加，采空区底板低支承压力区域缩减。

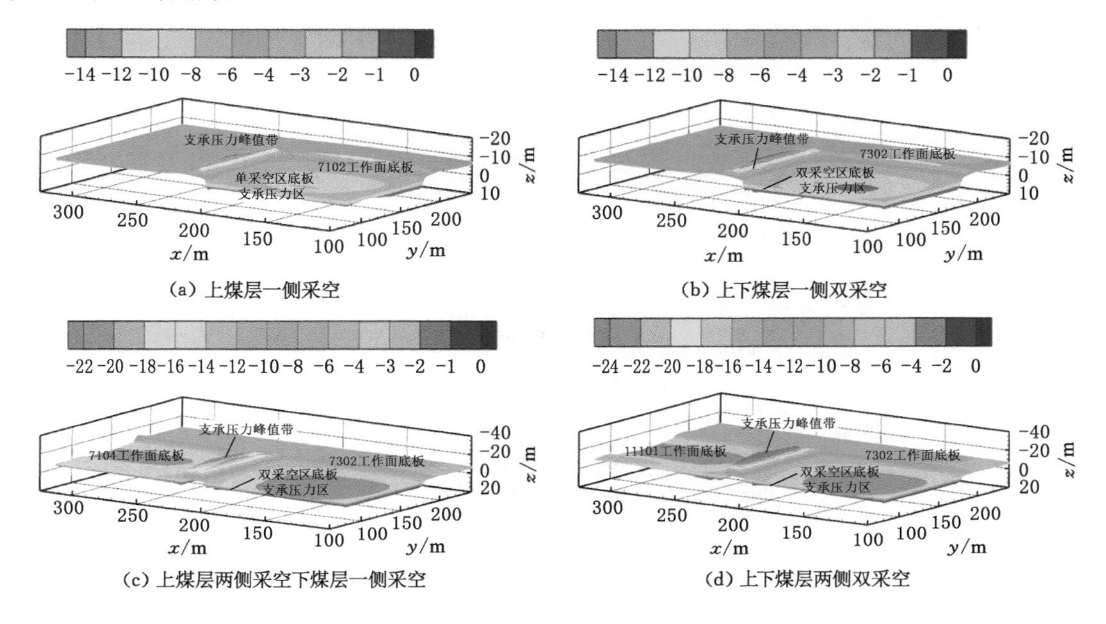

图 4.5　多重采动底板支承压力分布形态云图(单位：MPa)

上下煤层一侧双采空与上煤层两侧采空下煤层一侧采空底板支承压力分布对比，上煤层两侧采空下煤层一侧采空阶段支承压力集中程度增加，峰值区域变为煤柱两侧，传播影响范围主要影响区是煤柱及煤柱底板岩层，次要影响区是煤柱两侧向底板岩层，采深较大侧采空区底板支承压力区域较大；上煤层两侧采空下煤层一侧采空与上下煤层两侧双采空支承压力分布对比，上下煤层两侧双采空支承压力集中程度基本不变，峰值区域基本不变，传播影响范围基本不变，采空区底板低支承压力区域基本不变。

近距离多重采动下煤柱底板支承压力分布云图如图 4.6 所示。上煤层一侧采空阶段与上下煤层一侧双采空阶段的采空区底板和煤柱底板支承压力增长趋势基本相同，后者的支承压力峰值略大于前者；上煤层两侧采空下煤层一侧采空阶段与上下煤层两侧双采空阶段底板和采空区底板支承压力增长趋势基本相同，后者的支承压力峰值基本与前者相同。综合上述，近距离煤层双采空区下综放巷道布置在距上下双层位煤柱水平距离为 12～14 m、距上部双采空区垂直距离为 4～6 m 处，避开了煤柱应力集中影响范围。

4.3　近距离双采空区多重采动底板偏应力时空演化规律

4.3.1　偏应力与滑移线的运用

以往近距离煤层的研究成果多集中在水平应力和垂直应力的变化方面，从支承压力角度认识底板变形和破坏，认为把下煤层回采巷道布置在避开煤柱支承压力增高区外，这些成

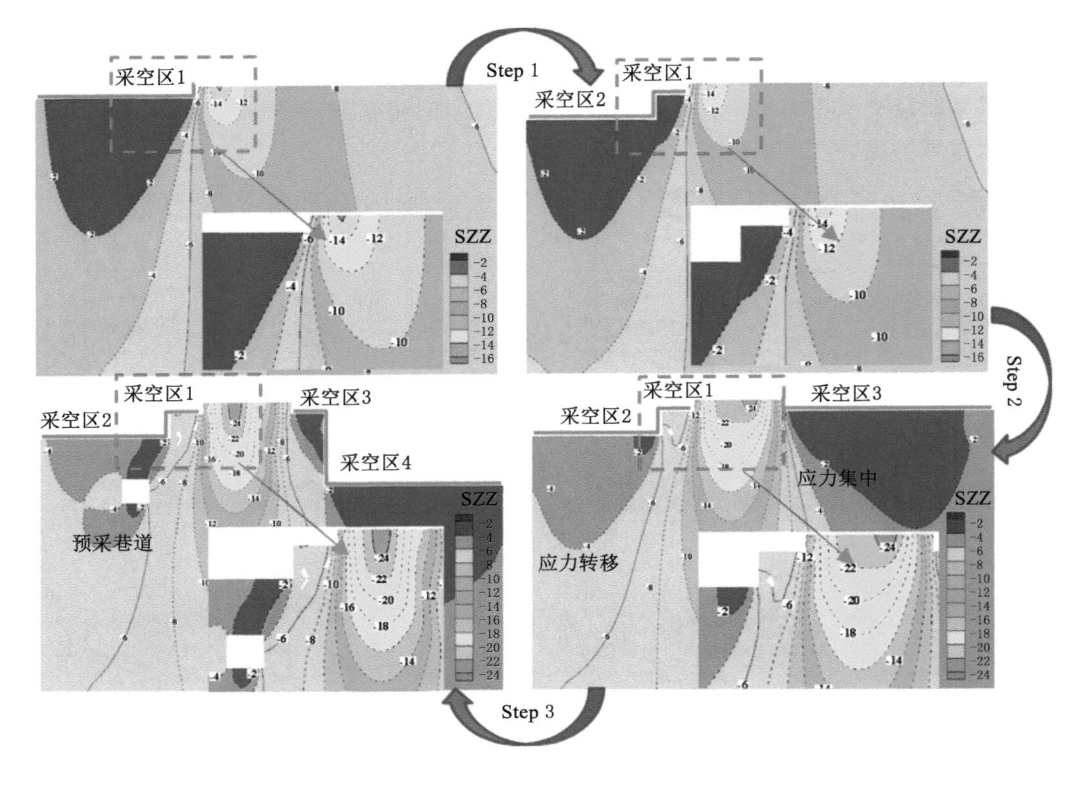

图 4.6　多重采动煤柱底板支承压力云图

果对近距离煤层开采具有积极的指导作用，但是底板或是煤柱荷载所引起的应力包括多方面，如水平应力、垂直应力、最大最小主应力、剪应力、偏应力等。其中，偏应力控制着围岩的变形和破坏。为此，本书结合前人的研究，探讨近距离双采空区下煤层回采巷道合理布控，认识底板岩层及巷道围岩变形与破坏的力学本质，采用偏应力为模型分析指标。偏应力是从应力中扣除静水压力后剩下的部分，如图 4.7 所示。

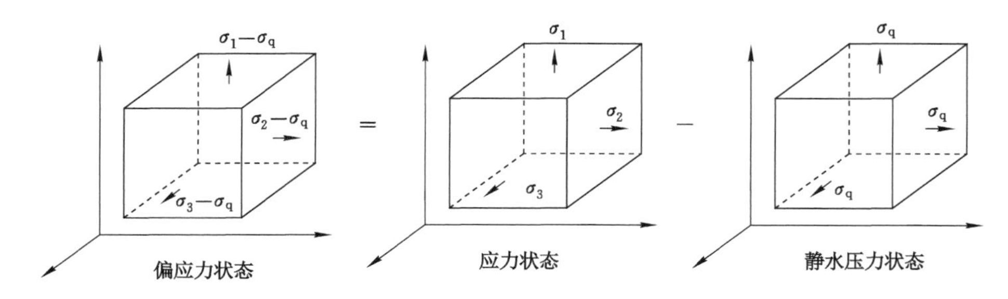

图 4.7　偏应力状态分解

平面应变状态下应力分量只有 4 个：σ_x、σ_y、τ_{xy}、σ_z。假设垂直于平面的 z 方向应力为中间主应力，其大小设置为与 x 方向水平应力相等，即 $\sigma_2=\sigma_z$，由最大主应力、最小主应力及中间主应力可得到偏应力方程。由弹塑性力学可知，物体内任意一点应力状态可分解为静水压力(也可称为球应力)状态和偏应力状态。静水压力状态是指微六面体的每个面上只有正应力作用，正应力大小平均值为平均应力。

$$\sigma_q = \frac{1}{3}(\sigma_1 + \sigma_2 + \sigma_3) \tag{4.1}$$

$$[s_{ij}] = \begin{bmatrix} \sigma_1 - \sigma_q & 0 & 0 \\ 0 & \sigma_2 - \sigma_q & 0 \\ 0 & 0 & \sigma_3 - \sigma_q \end{bmatrix} \tag{4.2}$$

偏应力也是一个对称的二阶张量，偏应力张量的主方向与应力张量的主方向相同，且它们的主值具有如下关系：

$$\begin{cases} s_1 = \sigma_1 - \sigma_q \\ s_2 = \sigma_2 - \sigma_q \\ s_3 = \sigma_3 - \sigma_q \end{cases} \tag{4.3}$$

对比偏应力张量大小可知 $s_1 > s_2 > s_3$，所以 s_1 为偏应力张量最大值，作为主要参考，s_1 的表达式为：

$$s_1 = \sigma_1 - \frac{1}{3}(\sigma_1 + \sigma_2 + \sigma_3) \tag{4.4}$$

建立近距离煤层三维数值模型，进行分步模拟：① 开挖上煤层左侧工作面形成已采面 1；② 开挖下煤层上分层左侧工作面形成已采面 2；③ 开挖上煤层右侧工作面形成已采面 3；④ 开挖下煤层右侧工作面形成已采面 4；⑤ 分析偏应力及塑性区在底板围岩分布规律，确定合理的回采巷道位置；⑥ 开挖回采巷道，准备工作面 5，研究全回采过程采动对综放煤巷的围岩偏应力及塑性区影响规律，分析综放煤巷的围岩支护控制方案。根据开挖步骤开挖模型后，截取轴向平面进行力学分析，构建模型偏应力计算模型，如图 4.8 所示。

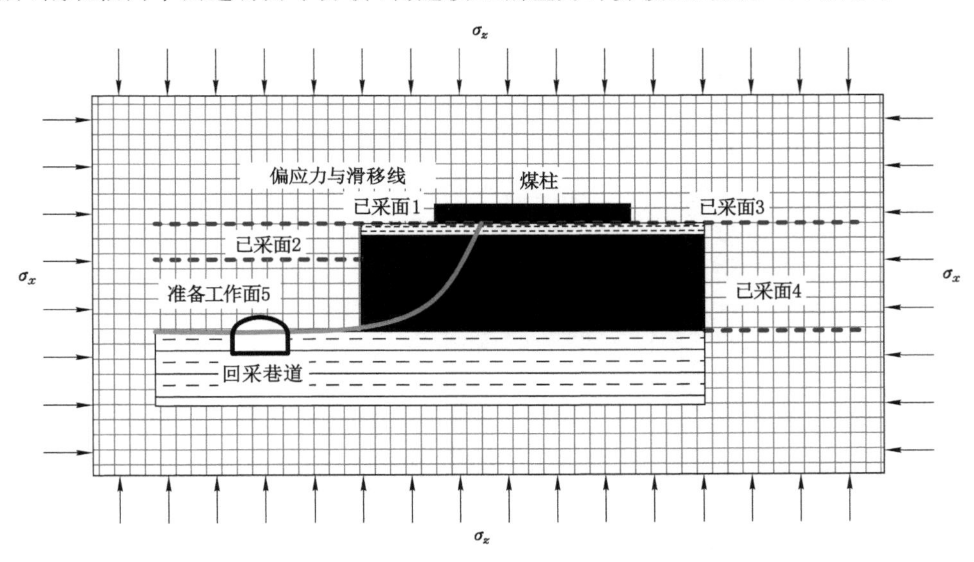

图 4.8　近距离煤层围岩偏应力计算模型

假设模型单元体符合弹塑性材料的增量本构关系，根据 Mises 强度准则，当偏应力的第二不变量达到一定值时，其屈服条件变为：

$$J_2 - k_1^2 = 0 \tag{4.5}$$

式中 J_2——偏应力第二不变量；

k_1——材料常数，可由试验确定。

考虑材料单轴拉伸和剪切两种情况。

① 单轴拉伸，屈服时的主应力为：

$$\begin{cases} \sigma_1 = \sigma_L \\ J_2 - \dfrac{\sigma_L^2}{3} = 0 \end{cases} \tag{4.6}$$

② 剪切、屈服时的主应力为：

$$\begin{cases} \sigma_1 = \tau_L \\ \sigma_3 = -\tau_L \end{cases} \tag{4.7}$$

于是可以得出 $k_1 = \tau_L$，如果材料完全符合 Mises 屈服条件，则单轴拉伸和剪切的屈服极限满足：

$$\sigma_L = \sqrt{3}\tau_L \tag{4.8}$$

多数材料的实际单轴拉伸和剪切满足式(4-8)，将式(4-8)代入塑性应变增量相关的流动法则：

$$\mathrm{d}\varepsilon_{ij}^{p} = \mathrm{d}\lambda s_{ij}$$

$$\frac{\mathrm{d}\varepsilon_x^p}{s_x} = \frac{\mathrm{d}\varepsilon_y^p}{s_y} = \frac{\mathrm{d}\varepsilon_z^p}{s_z} = \frac{\mathrm{d}y_{xy}^p}{2\tau_{xy}} = \frac{\mathrm{d}y_{yz}^p}{2\tau_{yz}} = \frac{\mathrm{d}y_{zx}^p}{2\tau_{zx}} = \mathrm{d}\lambda \tag{4.9}$$

设模型运算的时间为 t，式(4.9)两边同除以 $\mathrm{d}t$，得其变形率：

$$\dot{\varepsilon}_{ij} = \dot{\varepsilon}_{ij}^{p} = \lambda \dot{s}_{ij} \tag{4.10}$$

运用到平面应变问题中：

$$\begin{cases} \dot{\varepsilon}_z = 0 \\ \dot{\varepsilon}_x - \dot{\varepsilon}_y - \dot{\varepsilon}_z = 0 \end{cases} \tag{4.11}$$

将式(4.11)代入式(4.9)，则可得：

$$\begin{cases} s_x + s_y = 0 \\ s_z = 0 \end{cases} \tag{4.12}$$

而偏应力增量满足式(4.13)：

$$\begin{cases} s_x + s_y - \sigma_x - \sigma_y + 2\sigma_q = 0 \\ s_z - \sigma_z + \sigma_q = 0 \end{cases} \tag{4.13}$$

推导可得：

$$\begin{cases} \sigma_z = \sigma_q = \dfrac{\sigma_x + \sigma_y}{2} \\ s_x = s_y = \sigma_x - \sigma_q = \dfrac{\sigma_x - \sigma_y}{2} \end{cases} \tag{4.14}$$

式(4.14)在平面应力状态的莫尔应力圆中，可得到 σ_z 为中间主应力，其他两个主应力为：

$$\sigma_{1,3} = \frac{\sigma_x + \sigma_y}{2} \pm \sqrt{\left(\frac{\sigma_x - \sigma_y}{2}\right)^2 + \tau_{xy}} \tag{4.15}$$

根据弹塑性力学可知,沿着最大剪应力方向是塑性流动破坏最严重方向。而将塑性区各点最大剪应力方向作为切线而连接起来的线,被定义为滑移线。在平面中任一点有两个相互垂直方向上的剪应力达到最大,所以滑移线分为相互正交的 ζ 与 η 两簇。沿两个正交的滑移线延伸方向取微单元,则其每个面上剪应力为最大剪应力,等于剪切屈服极限 k_1,正应力 σ_q 约等于平均应力 σ,如图 4.9 所示。

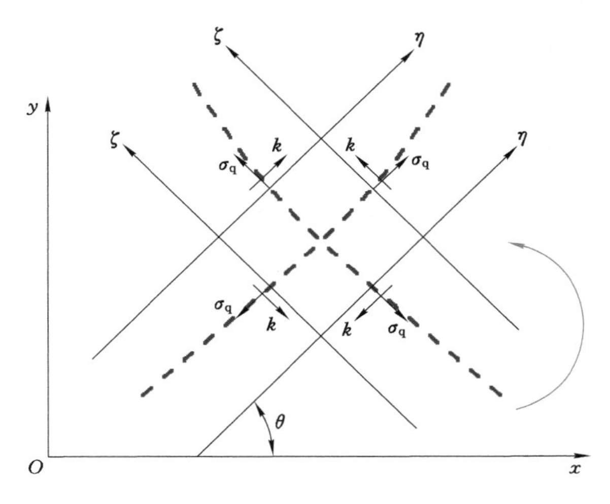

图 4.9　滑移线微单元体

$$
\begin{cases}
\sigma_x = \sigma - k_1 \sin 2\theta \\
\sigma_y = \sigma + k_1 \sin 2\theta \\
\tau_{xy} = k_1 \cos 2\theta \\
\tan 2\theta = \dfrac{1}{2}\tau_{xy}(\sigma_x + \sigma_y)
\end{cases}
\tag{4.16}
$$

将应力状态 σ_x、σ_x、τ_{xy} 替换为滑移线方向微单元体上的正应力和剪应力以及滑移线方向和 x 轴的逆时针夹角。当微单元体上斜面的外法线矢量逆时针转 θ 时,它们在莫尔应力圆上对应的点应顺时针转 2θ,如图 4.10 所示。将式(4.16)代入式(4.15),可得到偏应力主值关于滑移线的表达式:

$$
s_1 = \frac{(\sigma - k_1 \sin 2\theta) + (\sigma + k_1 \sin 2\theta)}{2} + \sqrt{\left[\frac{(\sigma - k_1 \sin 2\theta) - (\sigma + k_1 \sin 2\theta)}{2}\right]^2 + k_1 \cos 2\theta} - \frac{1}{3}\left[\frac{(\sigma - k_1 \sin 2\theta) + (\sigma + k_1 \sin 2\theta)}{2} + \sigma\right]
\tag{4.17}
$$

求解得出 $s_1 = k_1$,说明偏应力张量的方向与应力张量的主方向同向,且在滑移线范围内时,偏应力主值的最大值等于纯剪切应力值。因此,偏应力表征滑移线的纯剪切破坏。

4.3.2　一侧采空阶段底板偏应力云图与分布曲线

上煤层一侧采空阶段底板偏应力云图和分布曲线如图 4.11 和图 4.12 所示。近距离煤层上部 9# 煤层 7102 工作面开采后,分区域分析整个工作面巷道偏应力分布特征,取具有代表性、间隔一定距离的测面 2、3、5 作为分析面。

一侧采空阶段底板偏应力分布曲线规律如下:① 偏应力峰值位于煤壁边缘处,底板偏应力呈非对称分布,煤柱采空侧底板受开采扰动处于高偏应力状态,未开采侧底板处于低偏

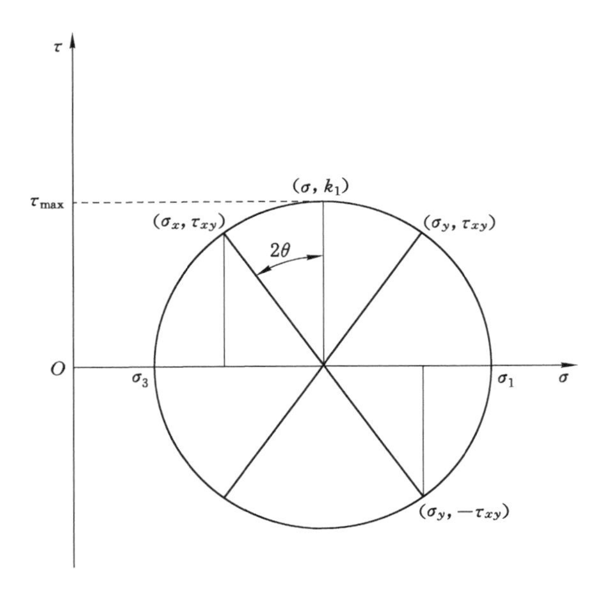

图 4.10　莫尔应力圆

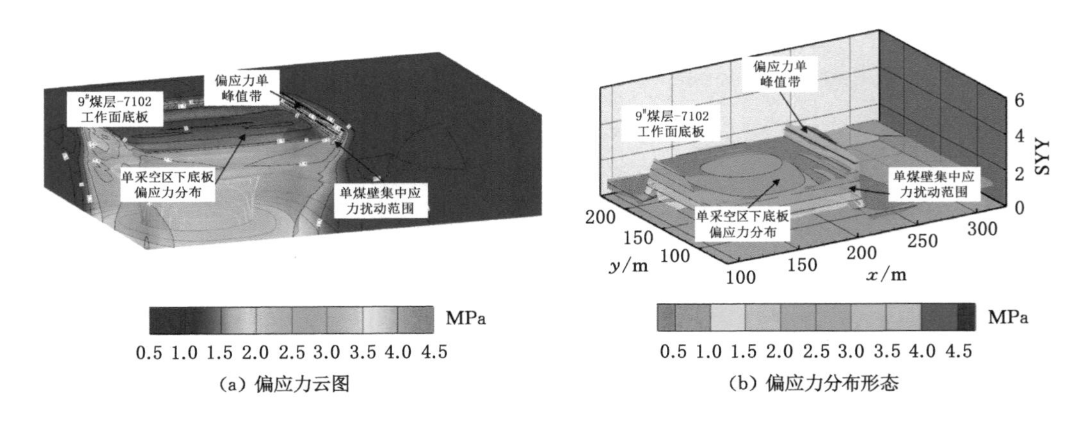

(a) 偏应力云图　　(b) 偏应力分布形态

图 4.11　上煤层一侧采空阶段底板偏应力分布图

应力状态。② 底板偏应力曲线整体呈现“线性”稳定阶段、“指数”快速增长阶段、峰值后“线性”快速下降阶段及“线性”再稳定阶段。③ 煤壁偏应力在底板侧向传递规律为：测面 2 中，距煤壁 5～6 m，采空侧底板偏应力值为 3.0 MPa 及以上主要分布在底板深度 0～4 m 处，随着底板深度增加偏应力值降低，且偏应力降低速率减小；距煤壁 6 m 以上，采空侧底板偏应力值为 3.0 MPa 以下，采空侧底板偏应力随着底板深度增加而增大。测面 3、5 中，距煤壁 5～6 m，采空侧底板偏应力值为 3.0 MPa 及以上主要分布在底板深度 0～6 m 处，随着底板深度增加偏应力值降低，且偏应力降低速率减小；距煤壁 6 m 以上，偏应力值趋于稳定，采空侧底板深度 2 m 处的偏应力值与底板深度 4～10 m 处的偏应力值存在较大差距，偏应力扰动集中在底板深部岩层。

4.3.3　上下煤层一侧双采空阶段底板偏应力云图与分布曲线

上下煤层一侧双采空阶段底板偏应力云图和分布曲线如图 4.13 和图 4.14 所示。

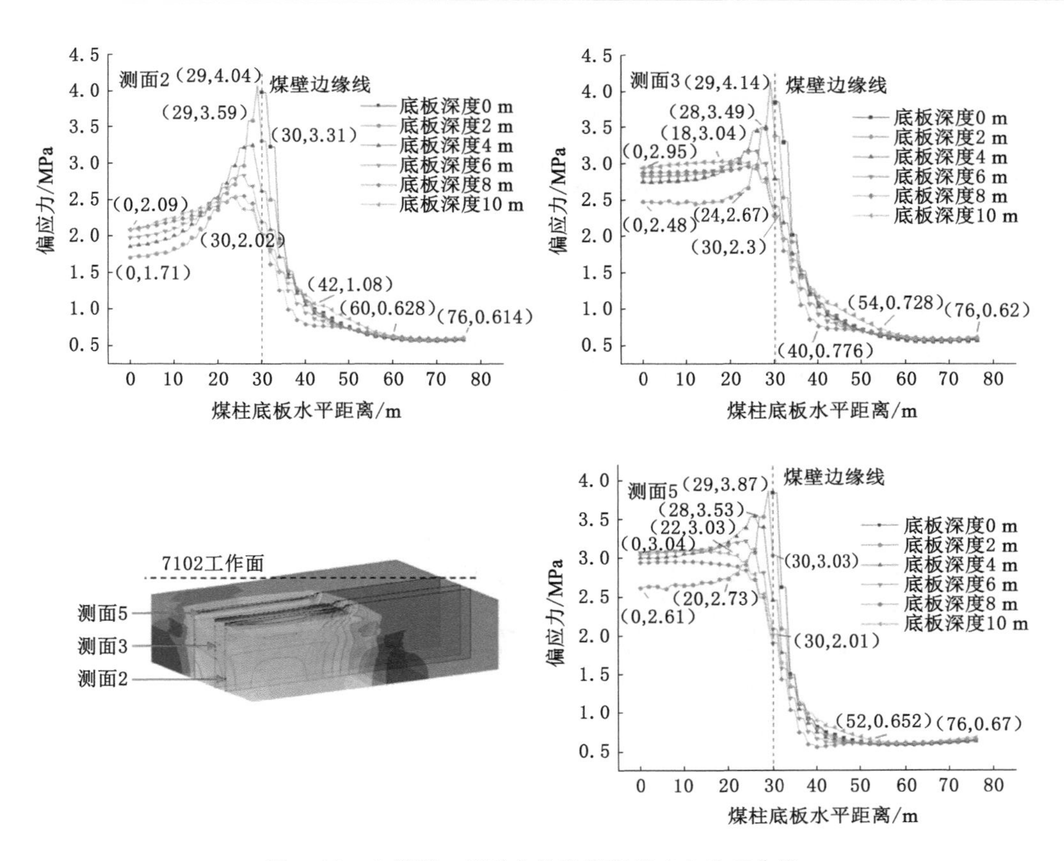

图 4.12　上煤层一侧采空阶段底板偏应力分布曲线

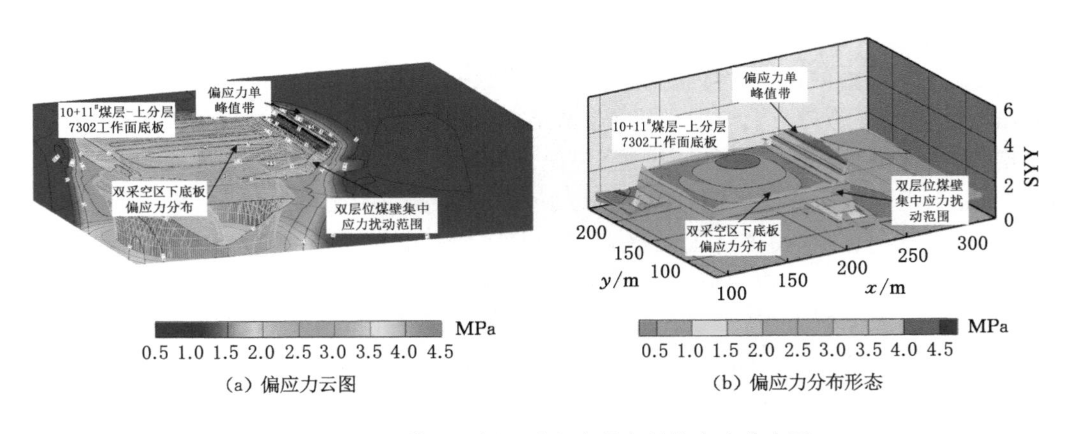

(a) 偏应力云图　　(b) 偏应力分布形态

图 4.13　上下煤层一侧双采空阶段底板偏应力分布图

9# 煤层 7102 工作面开采后，在上煤层采空区下开采了 10＋11# 煤层上分层 7302 工作面，下部煤壁边缘与上部煤壁边缘内错距离为 6 m，形成双层位煤壁，呈现阶梯状。偏应力总的分布趋势如下：① 上煤壁边缘处于偏应力峰值处，下煤壁边缘处于偏应力降低区，下煤壁边缘偏应力值与上煤壁边缘偏应力值相差较大。上下煤层一侧双采空阶段底板偏应力沿上煤壁边缘整体呈非对称分布，采空侧底板受开采扰动处于高偏应力状态，未开采侧底板处

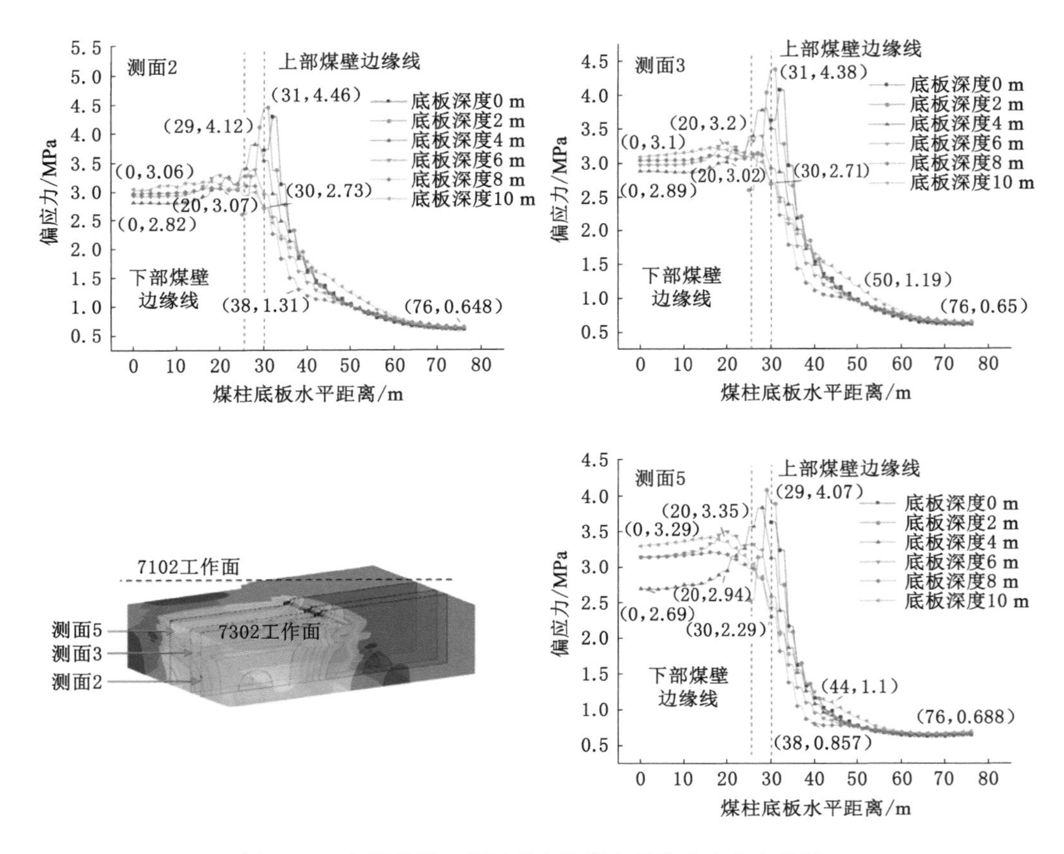

图 4.14　上下煤层一侧双采空阶段底板偏应力分布曲线

于低偏应力状态。在测面 2、3 中底板深度 0 m 处的偏应力峰值位于距上煤壁边缘 2～3 m 处，底板深度 2 m 处的偏应力峰值位于上煤壁边缘处。② 上下煤层一侧双采空阶段底板偏应力曲线整体升降趋势与上煤层一侧采空阶段底板偏应力趋势相类似，呈现“线性”稳定阶段、“指数”快速增长阶段、峰值后“线性”快速下降阶段及“线性”再稳定阶段。③ 测面 2、3 曲线中，在上下煤壁边缘线区间，底板深度 0～6 m 处偏应力值从上煤壁到下煤壁降低，底板深度 8～10 m 处偏应力值从上煤壁到下煤壁增加。下煤壁边缘采空侧底板偏应力趋于稳定，底板深度 4 m 处偏应力值低于其他底板深度偏应力值，随着底板深度增加偏应力值增大，上煤壁边缘偏应力在底板侧向传播的扰动集中深度为 6～10 m。

4.3.4　上煤层两侧采空下煤层一侧采空阶段底板偏应力云图与分布曲线

上煤层两侧采空下煤层一侧采空阶段底板偏应力云图和分布曲线如图 4.15 和图 4.16 所示。

在 10＋11# 煤层上分层 7302 工作面开挖稳定后，开采 9# 煤层 7104 工作面。上煤层两侧采空下煤层一侧采空阶段，9# 煤层留设 16 m 煤柱。偏应力总的趋势如下：① 单煤柱出现偏应力双峰值带，其整体呈现“马鞍形”分布，沿煤柱中心线呈现非对称分布，单煤柱集中应力扰动范围增加，表现为先在煤柱底板形成较扁椭圆形高偏应力扰动区，并倾斜向煤柱两侧采空区延伸，偏应力值逐渐降低。双采空区下底板偏应力靠近煤壁侧向受到较大影响，其受到多重采动应力扰动，双采空区处偏应力分布复杂化，其整体偏应力值高于上煤层一侧采空

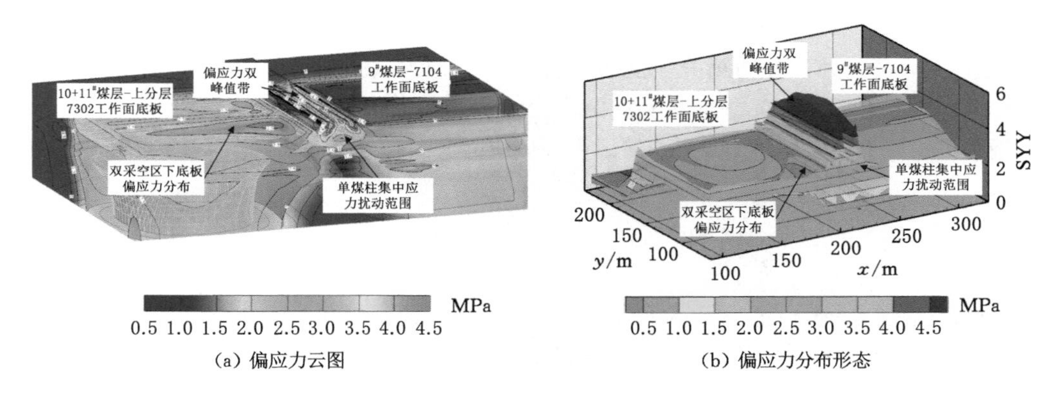

(a) 偏应力云图　(b) 偏应力分布形态

图 4.15　上煤层两侧采空下煤层一侧采空阶段底板偏应力分布图

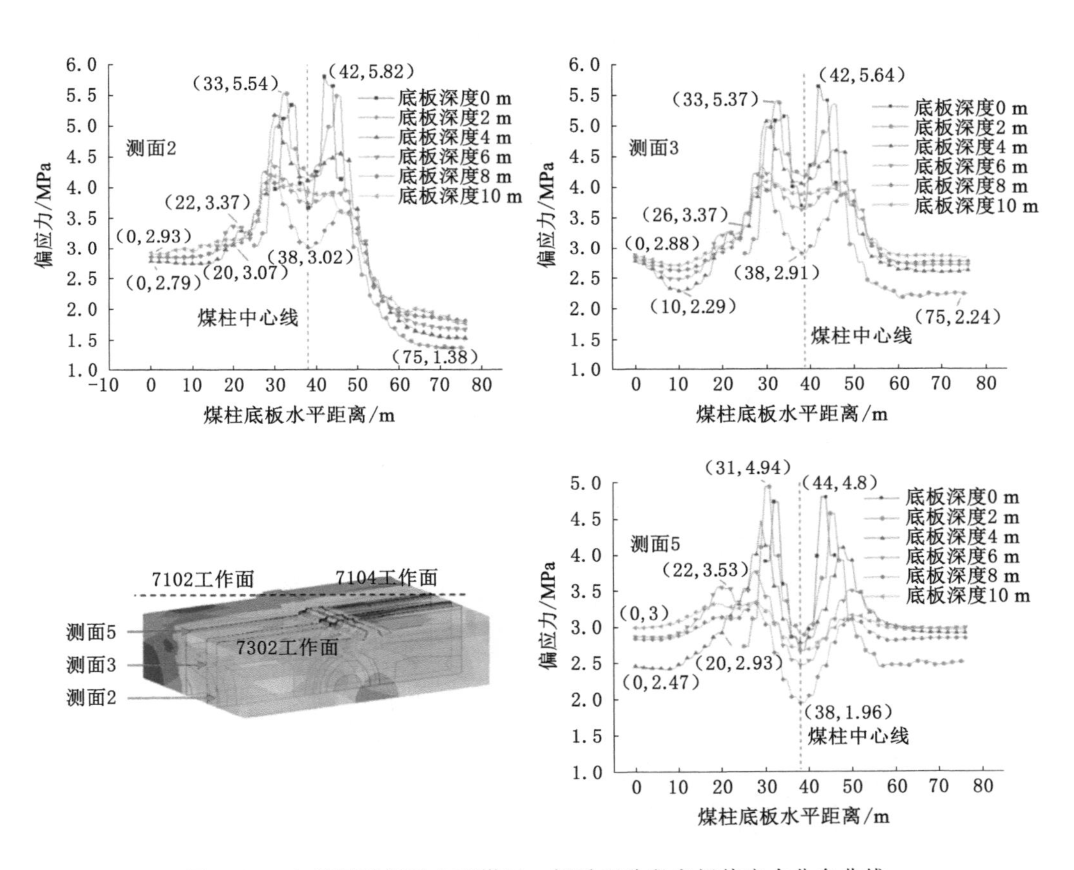

图 4.16　上煤层两侧采空下煤层一侧采空阶段底板偏应力分布曲线

与上下煤层一侧双采空这两个阶段。测面 2、3 中，左、右两侧偏应力峰值位置距煤壁中心线均为 4.5 m 左右；测面 5 中，左、右两侧偏应力峰值位置距煤壁中心线分别为 7 m、6 m 左右。② 测面 2、5 的偏应力呈现“线性”稳定阶段、“指数”快速增长阶段、峰值后“线性”快速下降阶段、“指数”快速增长阶段、峰值后“线性”快速下降阶段及“线性”再稳定阶段；测面 3 的偏应力不同于测面 2、5 的，其前段呈现“线性”稳定阶段、下降阶段。③ 在靠近煤柱中心线位置，底板深度 8 m 处偏应力值最低，底板深度 2～6 m 处偏应力值随着深度增加而降低，底板深度 10 m 处偏应力值介于底板深度 4～6 m 处的之间。

4.3.5 上下煤层两侧双采空阶段底板偏应力云图与分布曲线

近距离煤层上下煤层两侧双采空阶段底板偏应力云图和分布曲线如图 4.17 和图 4.18 所示。

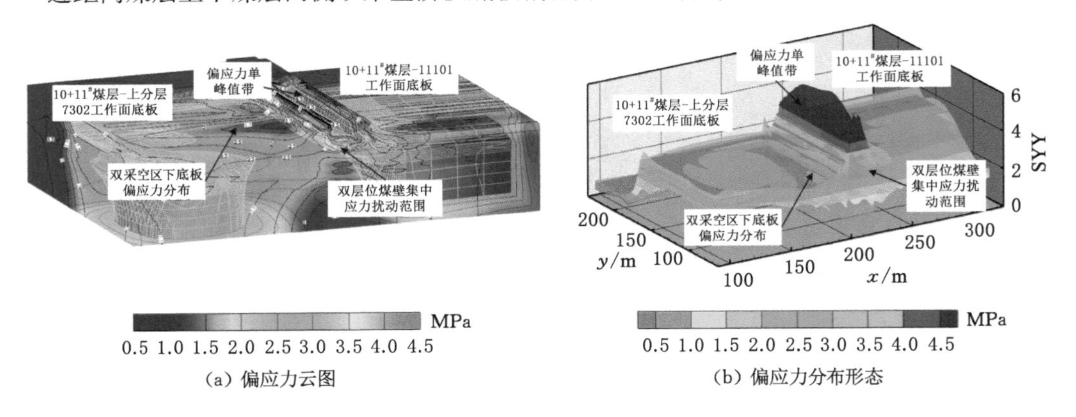

图 4.17 上下煤层两侧双采空阶段底板偏应力分布图

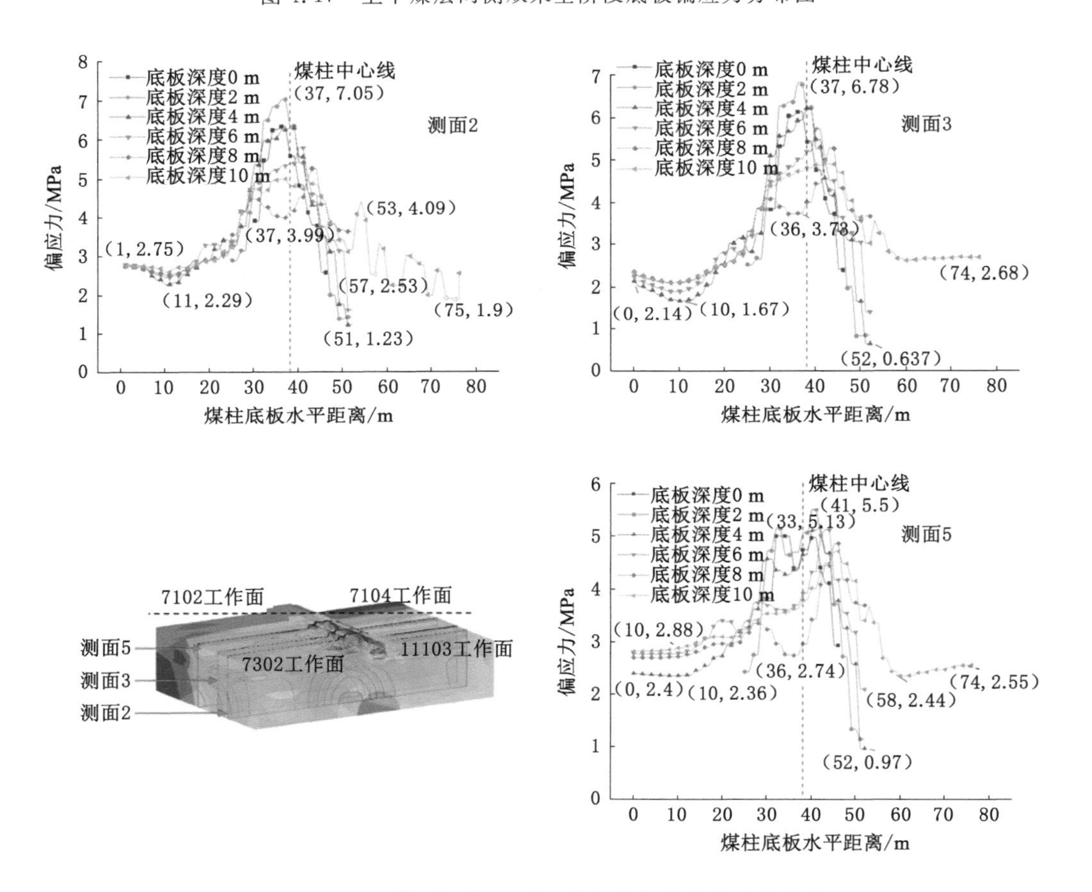

图 4.18 上下煤层两侧双采空阶段底板偏应力分布曲线

在 9# 煤层 7104 工作面开挖稳定后，开挖 10＋11# 煤层 11101 综放工作面，采厚7.8 m。在上下煤层两侧双采空阶段，9# 煤层产生 16 m 煤柱，10＋11# 煤层上分层产生 28 m 煤柱，形成双层位煤柱。偏应力总体分布趋势如下：① 煤柱偏应力峰值带由上一采动阶段的双峰值带转化为单峰值带，双层位煤柱集中应力扰动范围增加，在底板形成圆椭圆形高偏应力扰动区，并向煤柱两侧采空区倾斜向下扩展，而煤柱底板下部岩层中出现较低偏应力扰动区，呈现半圆拱结构。7302 工作面底板，即双采空区下底板上部岩层出现低偏应力扰动区。11101 工作面底板出现较大范围的高偏应力扰动区。测面 2、3 中，双采空区煤柱底板偏应力为单峰值，偏应力峰值仍在煤柱中线处，其呈现非对称分布，底板左侧偏应力值大于底板右侧偏应力值，底板深度 2 m 处偏应力值大于其他底板深度处偏应力值；测面 5 中，底板偏应力为双峰值，其整体呈现“小马鞍形”分布。② 测面 2、3 的偏应力呈现“线性”稳定阶段、下降阶段、“指数”快速增长阶段、峰值后“线性”快速下降阶段及“线性”再稳定阶段。③ 在靠近煤柱中心线处，底板深度 8 m 处偏应力值最低，底板深度 2～8 m 处偏应力值随着深度增加而降低，底板深度 10 m 处偏应力值介于底板深度 6～8 m 处的之间。上下煤层两侧非对称开采测面 2 的煤柱偏应力峰值为 7.05 MPa，双采空区侧最低偏应力值为 3.29 MPa。测面 3 的煤柱偏应力峰值为 6.78 MPa，双采空区侧最低偏应力值为1.67 MPa。测面 5 的煤柱偏应力峰值为 5.5 MPa，双采空区侧最低偏应力值为 2.36 MPa。

4.3.6　多重采动四阶段偏应力峰值带与塑性区分布特征

四阶段煤柱底板偏应力演化如图 4.19 至图 4.22 所示，塑性区分布如图 4.23 所示。

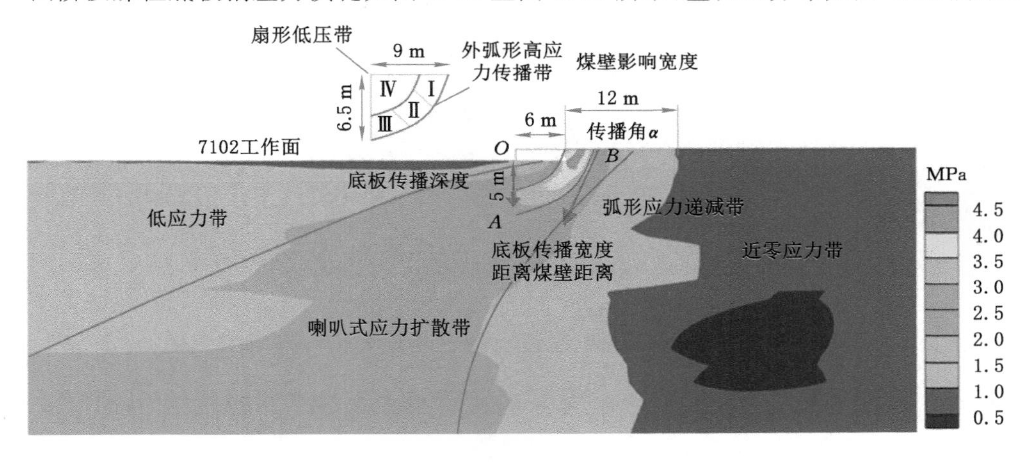

图 4.19　上煤层一侧采空阶段底板偏应力演化规律

① 上煤层一侧采空阶段底板偏应力演化规律如图 4-19 所示。上煤壁侧偏应力峰值带以类“弧形滑移线”向底板深部传播，传播角约为 37°，偏应力峰值带的水平宽度约 9 m，垂直高度约 6.5 m。在距上煤壁水平层位 6 m 位置，偏应力峰值带在底板分布深度达到最深，为 5 m。偏应力峰值在上煤壁的分布宽度为 3 m，对煤壁影响宽度为 12 m。外弧形偏应力峰值带内包裹扇形低偏应力带，外弧形偏应力峰值分为Ⅰ、Ⅱ、Ⅲ三级衰减。采空区侧底板浅部岩层处于低偏应力带，未开采侧处于近零应力带。在上煤壁偏应力峰值带中，底板中部高偏应力以喇叭式应力扩散带向深部传播。塑性区总体深度约 7 m，采空区底板塑性区深度为 5.5 m，煤柱底板塑性区深度为 4.5 m，煤壁侧塑性区侧向轮廓线形状如滑移线。

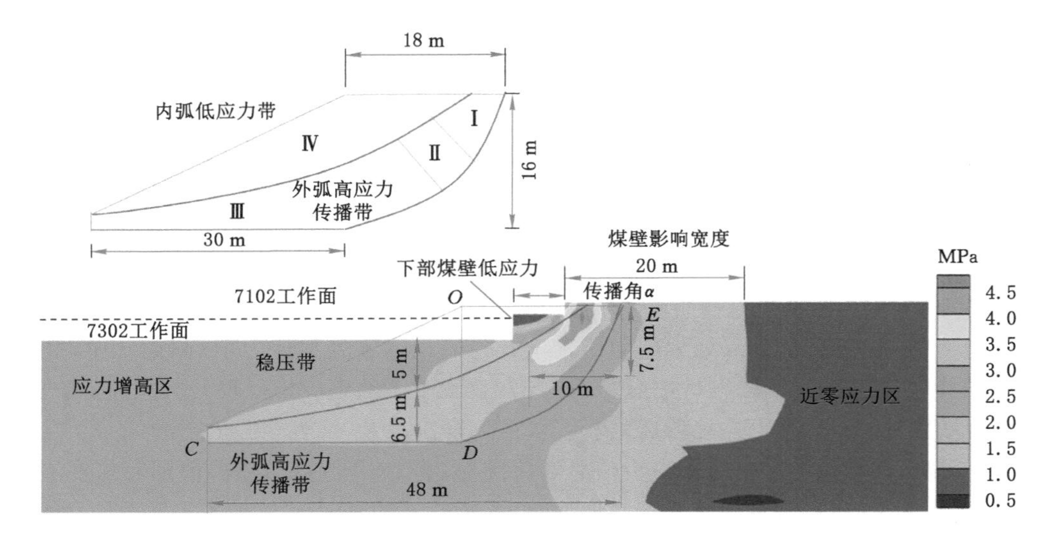

图 4.20　上下煤层一侧双采空阶段底板偏应力演化规律

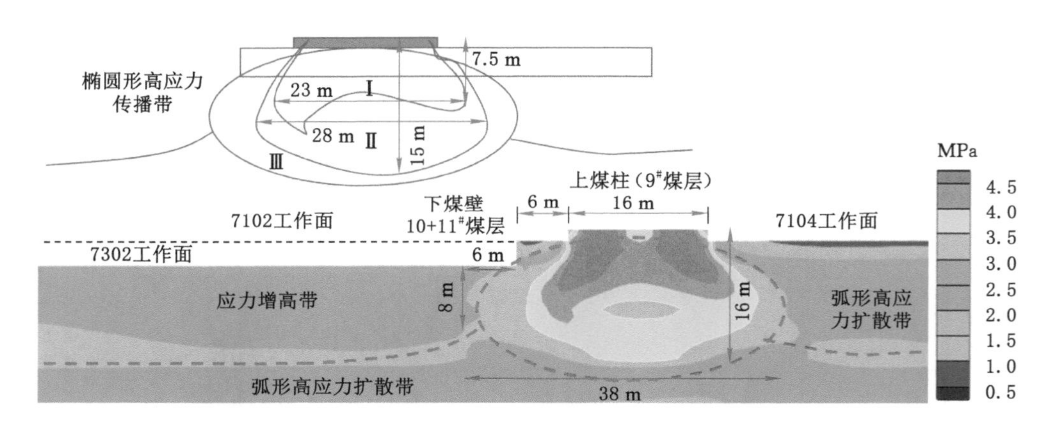

图 4.21　上煤层两侧采空下煤层一侧采空阶段底板偏应力演化规律

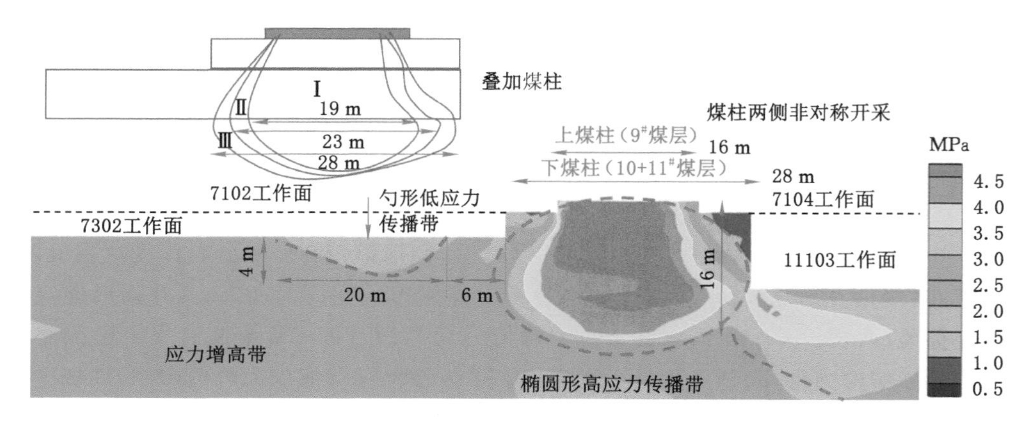

图 4.22　上下煤层两侧双采空阶段底板偏应力演化规律

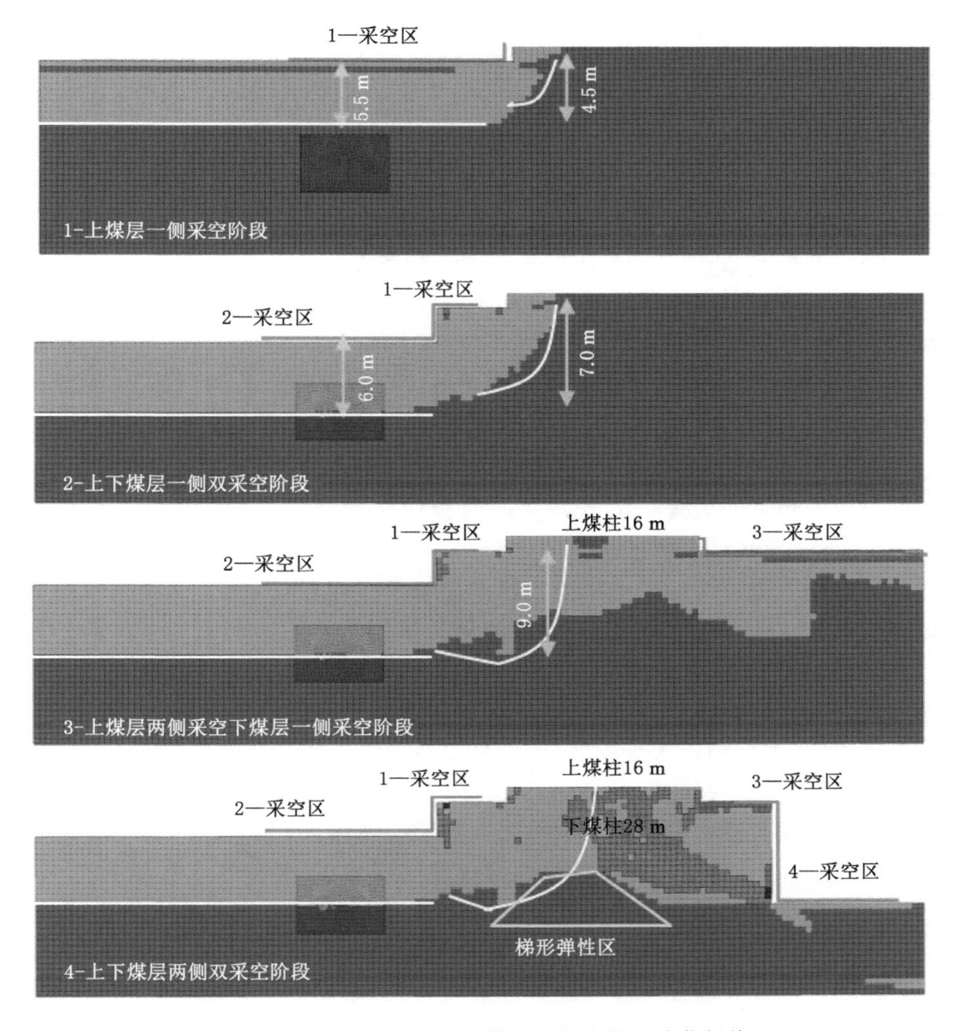

图 4.23　近距离双采空区煤柱底板塑性区演化规律

② 上下煤层一侧双采空阶段底板偏应力演化规律如图 4.20 所示。上煤壁侧偏应力峰值带类“半月牙弧形滑移线”向底板深部传播，传播角约为 36°。偏应力峰值带中Ⅰ、Ⅱ的水平宽度约为 10 m、垂直高度约为 7.5 m，Ⅲ的水平宽度约为 38 m、垂直高度约为 9.5 m。在距上煤壁水平层位 4 m 位置，偏应力峰值带中Ⅱ在底板分布深度达到最深，为 7.5 m。偏应力峰值在上煤壁的分布宽度为 6 m，对煤壁影响宽度为 20 m。外弧形偏应力峰值带内包裹内弧形低偏应力带，外弧形偏应力峰值分为三级衰减。采空区侧底板岩层处于偏应力增高区的高度约为 5 m，处于高应力传播带的高度为 6.5 m，未开采侧处于近零应力带。偏应力峰值在浅部岩层未形成传播通道，只以扰动形式对底板浅部岩层进行扰动。采空区底板塑性区深度为 6.0 m，煤柱底板塑性区深度为 7.0 m，煤壁侧塑性区轮廓线形状如滑移线。

③ 上煤层两侧采空下煤层一侧采空阶段底板偏应力演化规律如图 4.21 所示。上煤柱整体处在偏应力峰值带，下煤壁约 6 m 的扇形区为偏应力降低带，偏应力峰值带整体呈现类“扁椭圆形”向底板深部传播。以煤柱中心线向两侧扩展的角度约为 42°，在“扁椭圆形”

两侧以“条形”向外传播。与上下煤层一侧双采空阶段底板偏应力作对比,偏应力增高带宽度增加,半月牙弧形高偏应力传播带宽度降低。偏应力峰值分为三级衰减,偏应力峰值带中Ⅰ、Ⅱ的水平宽度约为 28 m、垂直高度约为 15 m,Ⅲ的水平宽度约为 38 m、垂直高度约为 16 m。在上煤柱中心位置,偏应力峰值带中Ⅱ在底板分布深度达到最深,为 15 m。煤柱两侧均为偏应力增高区,双采空区侧底板岩层处于偏应力增高区的高度约为 8 m,处于弧形高应力传播带的高度为 3 m。两侧采空煤柱与一侧采空阶段相比,其偏应力峰值不以滑移线形态分布。采空区底板塑性区深度为 6.0 m,煤柱底板塑性区深度为 9.0 m,煤柱两侧塑性区轮廓线形状如滑移线,双侧滑移,煤柱两侧塑性区轮廓线范围增加,上煤柱中间形成很小的梯形弹性区。

④ 近距离双采空区上窄下宽煤柱底板偏应力演化规律如图 4.22 所示。煤柱两侧为非对称开采,上煤柱整体处于偏应力峰值带,下煤柱中心处于偏应力峰值带,下煤柱两侧的三角扇形区为偏应力降低区,偏应力峰值带整体呈现类“圆椭圆形”向底板深部传播,以煤柱中心线向两侧扩展的角度约为 41°,右侧双采空底板偏应力峰值呈“刀”形。左侧双采空底板深度约为 4 m,距下煤壁水平宽度约为 6 m,形成一个宽度约为 20 m 的勺形低偏应力带。与上煤层两侧采空下煤层一侧采空阶段底板偏应力分布作对比,偏应力增高带一部分转变为勺形低偏应力带,“条形”高偏应力传播带转化为偏应力增高带。偏应力峰值分为三级衰减,偏应力峰值带中Ⅰ、Ⅱ、Ⅲ垂直方向轮廓线基本相同,垂直高度为 16 m,Ⅰ、Ⅱ、Ⅲ的水平宽度分别约为 19 m、23 m、28 m。塑性区在煤柱两侧呈现非对称分布,上层位煤柱整体进入塑性区,下层位煤柱大范围进入塑性区,下煤柱中心区域形成梯形弹性区。

基于上述偏应力对底板破坏特征,上下煤层一侧双采空阶段底板形成卸压移位破坏,上下煤层两侧采空阶段煤柱底板呈扁椭圆与圆椭圆形态破坏。

4.3.7 基于偏应力分布特征下煤层综放巷道位置选择

基于以上对近距离双采空区多重采动四阶段中偏应力演化过程、集中程度、传播范围及扰动特征的分析,对双采空区下综放煤巷的布置位置进行研究。

对上下煤层两侧双采空双层煤柱底板偏应力分区,双层煤柱底板区域形成偏应力集中区,集中区的偏应力向两侧采空区传播,其包含偏应力峰值扰动区与高应力扰动区。预掘巷道位置为红色虚线位置,距离煤柱 12 m。合理的下煤层回采巷道位置条件为,在巷道能避开煤柱偏应力峰值扰动区和高应力扰动区影响条件下,留设煤柱宽度越小越好;巷道顶板宽度不仅需要考虑巷道顶板整个跨度的应力分布,而且需要考虑两帮顶板应力分布。上下煤层两侧双采空双层煤柱底板偏应力分区时空演化规律如图 4.24 所示。

煤柱应力集中区的偏应力向两侧传播并逐渐衰减,在一定范围内形成高偏应力与低偏应力的界限。双采空区下底板整体偏应力分区演化规律为:随着底板深度增加,煤柱侧向区域偏应力集中区缩减,形成低应力扰动区域,采空区中部应力恢复区中高应力会向侧向区域扩展。A 偏应力峰值扰动区、B 双侧高应力扰动区、C 低应力扰动区、D 双侧低应力扰动区在底板不同层位偏应力分布不同。A 偏应力峰值扰动区偏应力随着底板深度增加而降低;B 双侧高应力扰动区偏应力随着底板深度增加而逐渐增大;C 低应力扰动区偏应力随着底板深度增加而逐渐增大;D 双侧低应力扰动区偏应力随着底板深度增加而增大。在距煤柱底板 0～4 m 层位,预掘巷道煤柱帮顶板受到高应力扰动,如图 4.24(e)所示;距煤柱底板 5 m 层位开始,预掘巷道煤柱帮顶板受高应力扰动减弱,如图 4.24(f)所示。综上所述,距煤

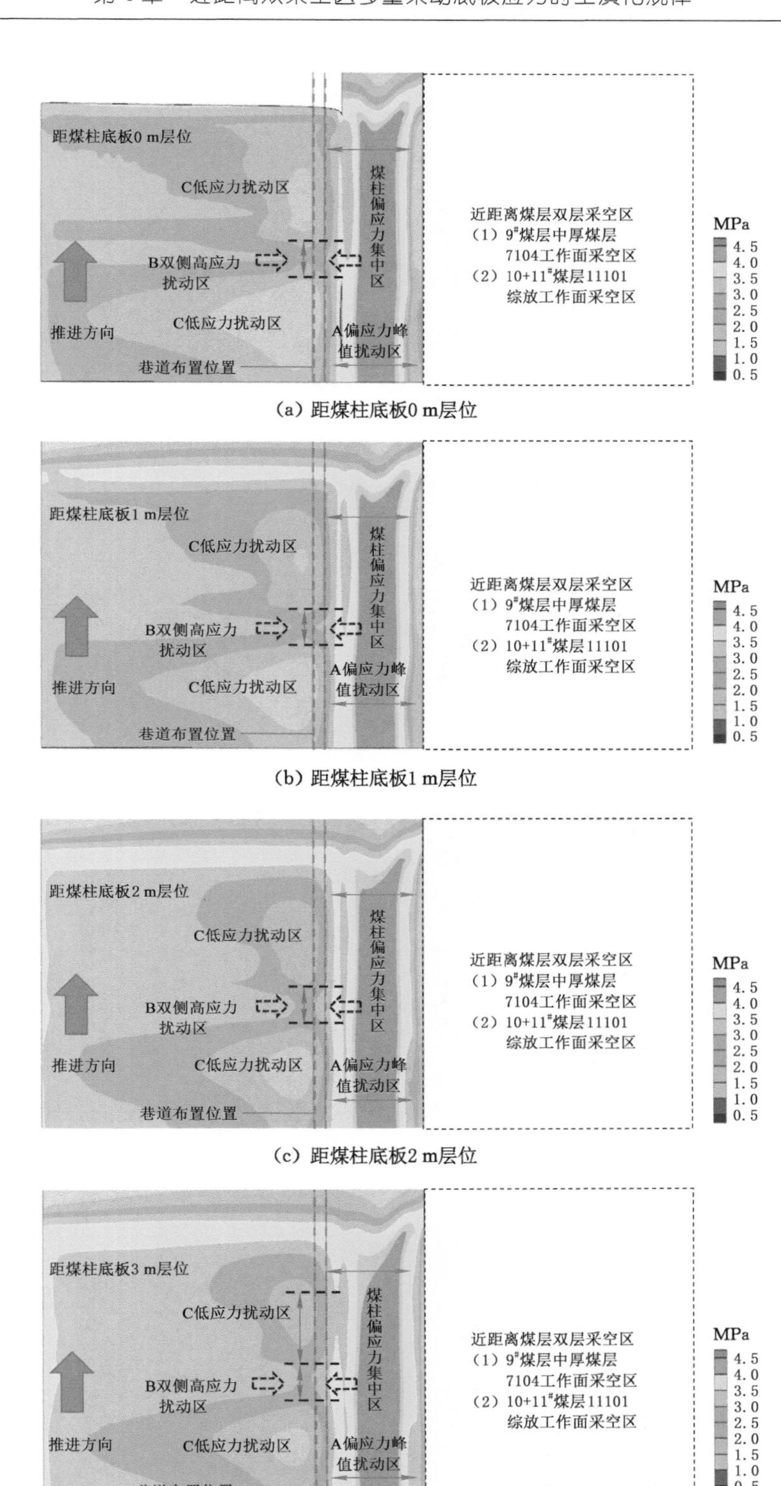

(a) 距煤柱底板0 m层位

(b) 距煤柱底板1 m层位

(c) 距煤柱底板2 m层位

(d) 距煤柱底板3 m层位

图 4.24　双采空区下底板不同层位偏应力分区演化规律

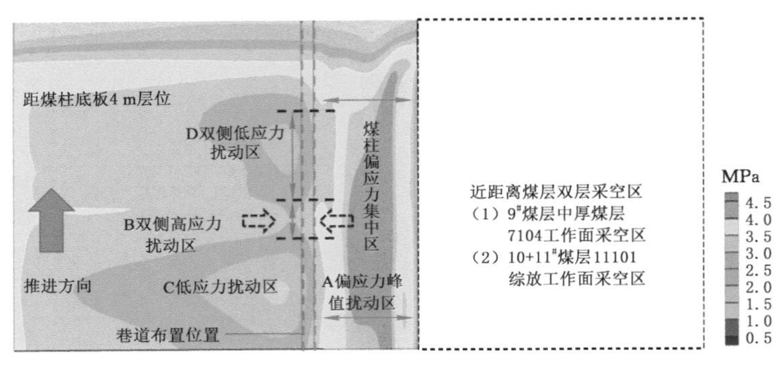

(e) 距煤柱底板4 m层位

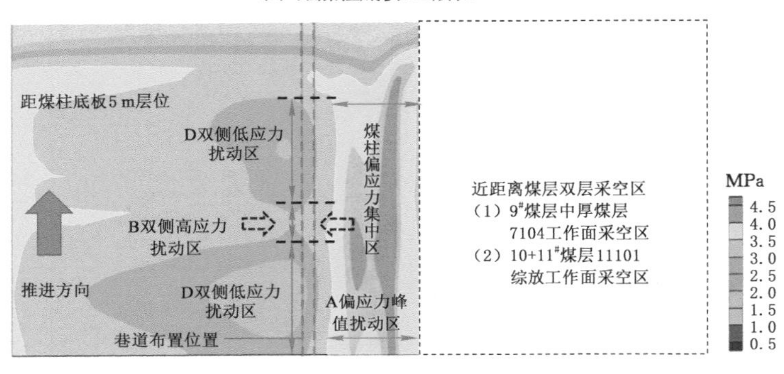

(f) 距煤柱底板5 m层位

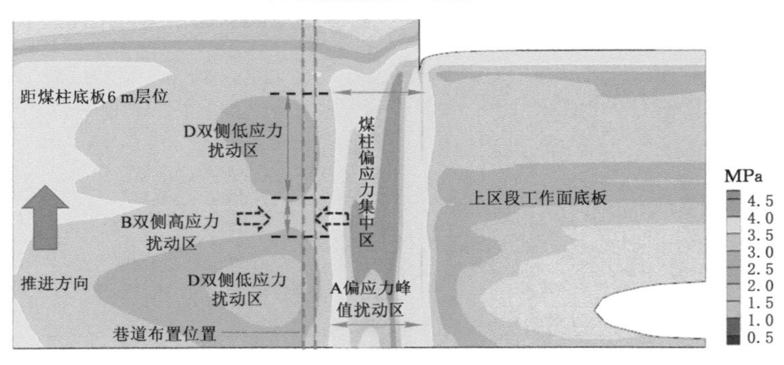

(g) 距煤柱底板6 m层位

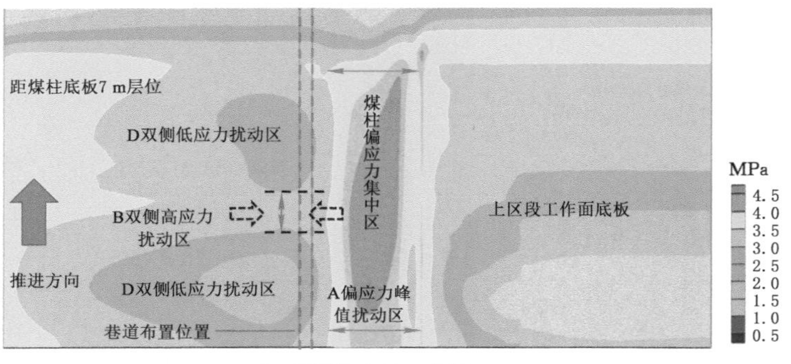

(h) 距煤柱底板7 m层位

图 4.24(续)

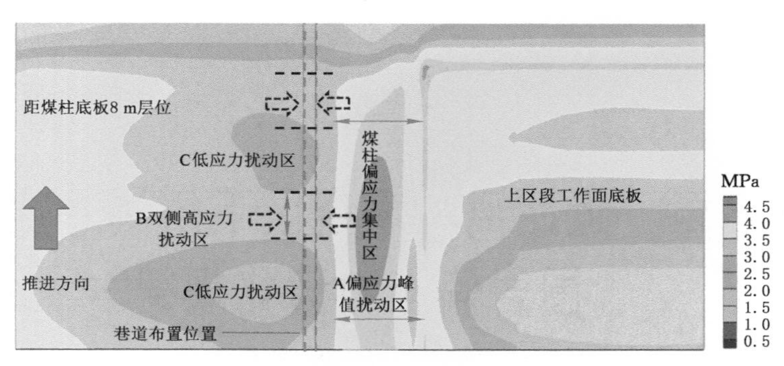

(i) 距煤柱底板8 m层位

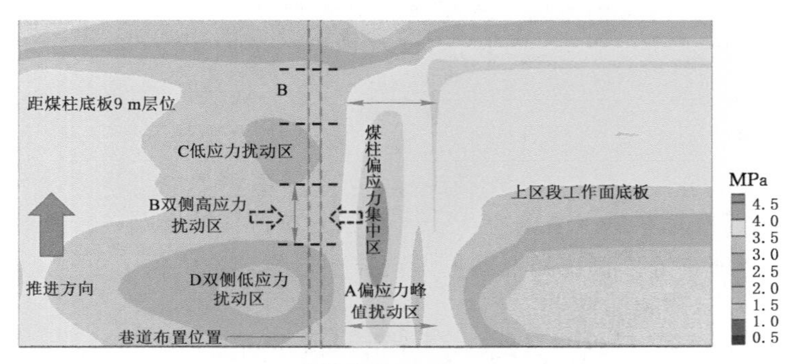

(j) 距煤柱底板9 m层位

图 4.24(续)

柱底板 5 m 层位及以下可以作为预掘巷道顶板。在距煤柱底板 5～8 m 层位，预掘巷道煤柱帮及煤壁帮均受低应力扰动，巷道两帮布置在距煤柱底板 5～8 m 范围内，巷道底板布置在距煤柱底板 8 m 层位。

第5章 近距离双采空区下煤层综放巷道围岩偏应力演化规律

在未掘进前近距离双采空区下煤层综放巷道所在的底板应力环境已在前文进行了研究,即通过数值模拟分析了近距离双采空区多重采动的四阶段(即上煤层一侧采空、上下煤层一侧双采空、上煤层两侧采空下煤层一侧采空、上下煤层两侧双采空)底板偏应力及煤柱偏应力的分布特征。本章在多重采动影响底板复杂应力环境研究基础上,系统研究巷道综合布置方案及综放工作面超前采动对双采空区下煤层综放巷道围岩偏应力演化规律的影响,明确各影响因素对巷道围岩偏应力与塑性区分布特征的影响程度及影响关系,为双采空区下煤层巷道合理布置位置选择及巷道围岩控制提供理论依据。

5.1 双采空区下煤层综放巷道围岩偏应力演化影响因素

近距离双采空区下煤层综放巷道未掘进前,巷道所布置位置的底板已受到近距离煤层多重采动影响,此时巷道位置选择与巷道围岩控制成为关键难题,需要综合考虑巷道掘进前后应力分布环境、应力扰动特征、塑性区破坏分布规律及综放工作面超前采动对巷道围岩的影响。因此,本书拟选取典型影响因素(水平错距、垂直错距、侧压系数)对其进行系统研究,通过数值模拟研究巷道布置方案对双采空区下煤层综放巷道围岩偏应力演化与塑性区的影响规律,确定双采空区下煤层综放巷道合理布置位置应力环境与巷道围岩变形破坏特征。

基于汾西矿业近距离双采空区下 11103 综放工作面生产地质特征,通过 FLAC3D 数值模拟建立近距离双采空区下综合巷道模型,采用单因素分析法与多因素分析法模拟各影响因素对巷道围岩的影响,模拟方案如表 5.1 至表 5.4 所示。

① 基于前文底板多重应力扰动与破坏的计算、底板多重应力分布的数值模拟分析,分别设置 11103 综放工作面巷道与上煤层煤柱的水平错距为 8 m、10 m、12 m、14 m,研究不同水平错距对巷道围岩偏应力演化与塑性区的影响规律。

② 分别设置 11103 综放工作面巷道与双采空区底板的垂直错距为 3.0 m、3.5 m、4.0 m、4.5 m,即巷道与下煤层底板线的垂直插底深度为 0 m、0.5 m、1.0 m、1.5 m,研究不同垂直错距对巷道围岩偏应力演化与塑性区的影响规律。

③ 设置 11103 综放工作面巷道与上煤层煤柱、双采空区底板布置位置的三种方案。方案一:水平错距 10 m,垂直错距 3.0 m;方案二:水平错距 12 m,垂直错距 4.5 m;方案三:水平错距 14 m,垂直错距 4.5 m。研究水平错距与垂直错距同时变动对巷道围岩偏应力演化与塑性区的影响规律。

④ 分别设置侧压系数为 1.0、1.2、1.4、1.6,研究不同侧压系数对巷道围岩偏应力演化

与塑性区的影响规律。

需要指出的是，模型中将网格尺寸设置为 0.5 m，故简化 4.6 m 为 4.5 m，即简化为 0.5 m 的整数倍。不同水平错距时，垂直错距为 4.5 m，侧压系数设置为 1.2；不同垂直错距时，水平错距为 12 m，侧压系数设置为 1.2；不同侧压系数时，水平错距为 12 m，垂直错距为 4.5 m。

表 5.1　不同水平错距数值模拟方案

序号	水平错距/m	垂直错距/m	侧压系数
1	8	4.5	1.2
2	10	4.5	1.2
3	12	4.5	1.2
4	14	4.5	1.2

表 5.2　不同垂直错距数值模拟方案

序号	水平错距/m	垂直错距/m	侧压系数
1	12	3.0	1.2
2	12	3.5	1.2
3	12	4.0	1.2
4	12	4.5	1.2

表 5.3　不同布置方案数值模拟方案

序号	水平错距/m	垂直错距/m	侧压系数
方案一	10	3.0	1.2
方案二	12	4.5	1.2
方案三	14	4.5	1.2

表 5.4　不同侧压系数数值模拟方案

序号	水平错距/m	垂直错距/m	侧压系数
1	12	4.5	1.0
2	12	4.5	1.2
3	12	4.5	1.4
4	12	4.5	1.6

监测点设置为：各监测点间距为 0.5 m，顶板监测点布置区域为顶板表面至双采空区下底板，底板监测点布置区域为底板表面至底板深度 20 m，实体煤帮监测点布置区域为实体煤帮表面至实体煤帮深部围岩 20～30 m，煤柱帮监测点布置区域为煤柱帮表面至煤柱帮深部围岩 25～35 m。通过监测得出各次数值模拟巷道围岩偏应力分布曲线，阐明不同影响因素下偏应力及塑性区分布规律。

5.2 双采空区下煤层综放巷道围岩偏应力演化水平错距效应

通过数值模拟研究不同水平错距时双采空区下煤层综放巷道围岩偏应力演化规律。下煤层巷道以内错方式布置时，巷道与上煤层煤柱合理的水平距离是巷道避开煤柱集中应力影响的关键。因此，考虑水平错距(即下煤层煤柱宽度)对双采空区下综放巷道围岩偏应力分布的影响，对比分析了近距离双采空区下巷道掘进前多重采动下采空区底板与煤柱底板偏应力环境、不同水平错距巷道掘进后采空区底板与煤柱底板及巷道围岩偏应力演化规律。

5.2.1 不同水平错距巷道围岩偏应力演化规律

(1) 不同水平错距巷道围岩偏应力云图对比分析

图 5.1 为不同水平错距时双采空区下 11103 综放工作面巷道围岩偏应力云图。

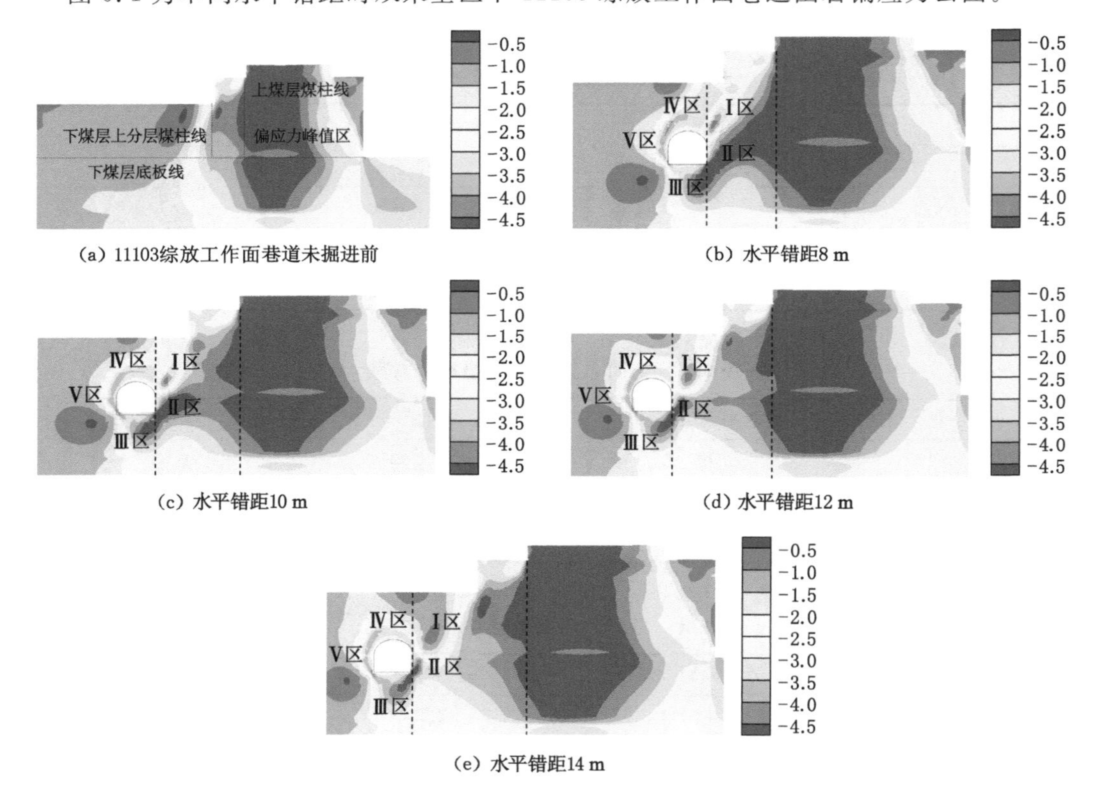

(a) 11103综放工作面巷道未掘进前　(b) 水平错距8 m

(c) 水平错距10 m　(d) 水平错距12 m

(e) 水平错距14 m

图 5.1　不同水平错距时双采空区下煤层综放巷道围岩偏应力云图(单位：MPa)

由图 5.1(a)所示的巷道未掘进前的底板偏应力云图可以看出：① 双层位煤柱底板区域形成偏应力峰值区，最大偏应力值大于 4.5 MPa。② 煤柱底板偏应力峰值区呈现“不规则圆椭圆”形态，上煤柱线与下煤层上分层煤柱线的水平区间处于高偏应力状态。③ 煤柱高偏应力传播初始位置是上煤柱，并向煤柱底板垂直和向采空区底板倾斜传播。

由图 5.1(b)至图 5.1(e)所示的不同水平错距时巷道掘进后的底板偏应力云图可以看出：① 巷道掘进后，巷道底板Ⅲ区、煤柱帮Ⅱ区呈现高偏应力分布特征，随着水平错距减小，巷道高偏应力区与煤柱高偏应力区相互影响并融合，随着水平错距增加，两者相互影响减弱。② 随着水平错距的减小，巷道顶板Ⅳ区由低偏应力区转化为高偏应力区。当水平错距小于 12 m 时，顶板Ⅳ区的高偏应力与煤柱高偏应力相互影响并融合；当水平错距大于 12 m 时，顶板Ⅳ区的高偏应力与煤柱高偏应力不融合，而双采空区下底板低偏应力与巷道Ⅰ区的低偏应力相互融合形成低偏应力区。③ 随着水平错距的增大，巷道煤柱帮上部Ⅰ区由高偏应力区转为低偏应力区，且低偏应力区影响范围增加。

（2）不同水平错距双采空区下煤层综放巷道围岩偏应力分布曲线

图 5.2 为不同水平错距时，双采空区下 11103 综放工作面巷道顶板、底板、实体煤帮、煤柱帮的偏应力分布曲线。

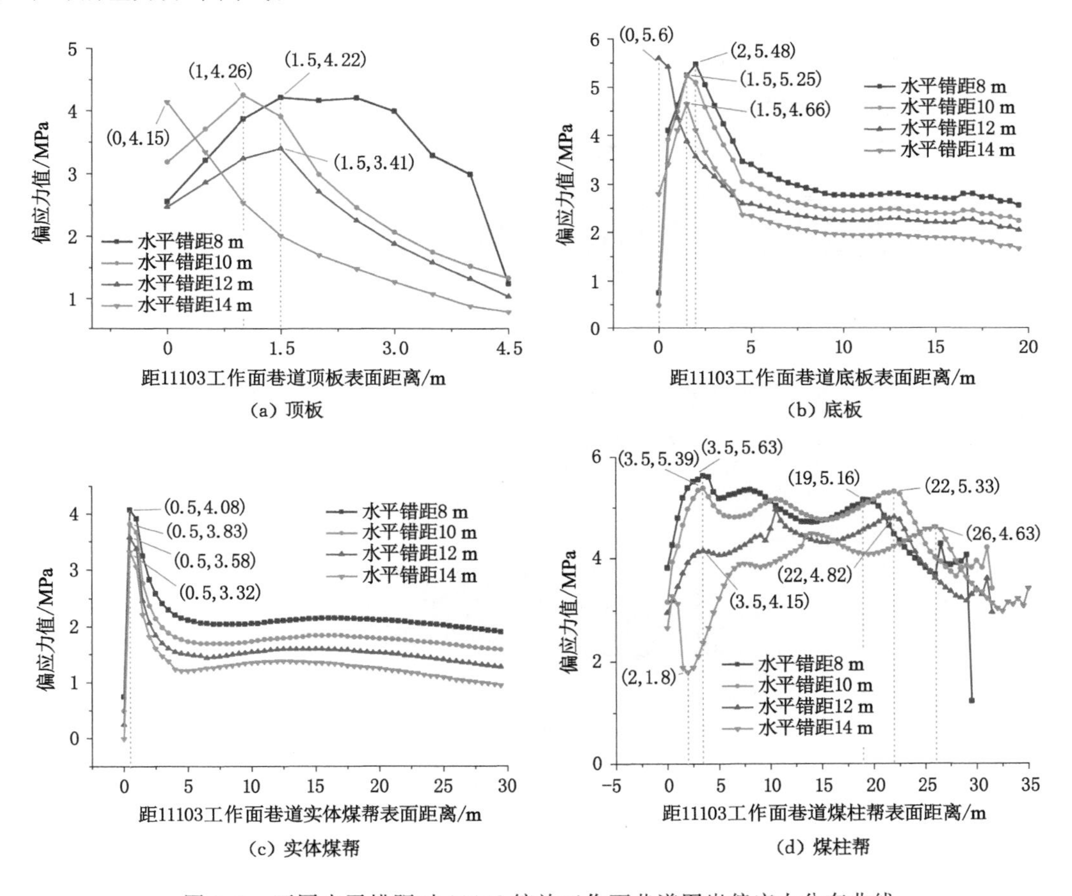

图 5.2 不同水平错距时 11103 综放工作面巷道围岩偏应力分布曲线

由图 5.2(a)分析可知，双采空区下巷道顶板 0～1.5 m 范围内出现偏应力峰值，顶板偏应力整体分布趋势为先增加后降低，并随着巷道水平错距的增加而降低，水平错距为 8 m、10 m 时顶板偏应力峰值分别为 4.22 MPa、4.26 MPa，水平错距为 12 m 时顶板偏应力峰值为 3.41 MPa，水平错距为 14 m 时顶板偏应力峰值为 4.15 MPa。

由图 5.2(b)分析可知，双采空区下巷道底板 0～2 m 范围内出现偏应力峰值，底板偏应力整体分布趋势呈现先快速增加后缓慢降低到稳定，并随着巷道水平错距的增加而降低。巷道水平错距为 8 m、10 m 时底板偏应力峰值分别为 5.48 MPa、5.25 MPa，水平错距为

12 m 时底板偏应力峰值为 5.6 MPa，水平错距为 14 m 时底板偏应力峰值为 4.66 MPa。

由图 5.2(c)分析可知，双采空区下巷道实体煤帮 0～0.5 m 范围内出现偏应力峰值，实体煤帮偏应力整体分布趋势呈现先快速增加后快速降低到稳定。水平错距为 8 m、10 m 时实体煤帮偏应力峰值分别为 4.08 MPa、3.83 MPa，水平错距为 12 m 时实体煤帮偏应力峰值为 3.58 MPa，水平错距为 14 m 时实体煤帮偏应力峰值为 3.32 MPa，实体煤帮偏应力峰值随着巷道水平错距的增加而降低。

由图 5.2(d)分析可知，双采空区下巷道煤柱帮 1～4 m 范围内出现巷道围岩偏应力峰值，5～25 m 范围内出现煤柱底板偏应力峰值，煤柱帮偏应力整体分布趋势呈现多峰值，并随着巷道水平错距增加而降低。水平错距为 8 m、10 m 时煤柱帮第一个偏应力峰值分别为 5.63 MPa、5.39 MPa，大于煤柱底板偏应力峰值；水平错距为 12 m、14 m 时，煤柱帮第一个偏应力峰值小于煤柱底板偏应力峰值。

5.2.2 不同水平错距巷道围岩塑性区分布特征

不同水平错距时巷道顶板、底板及两帮塑性区演化与分布规律如图 5.3 所示。

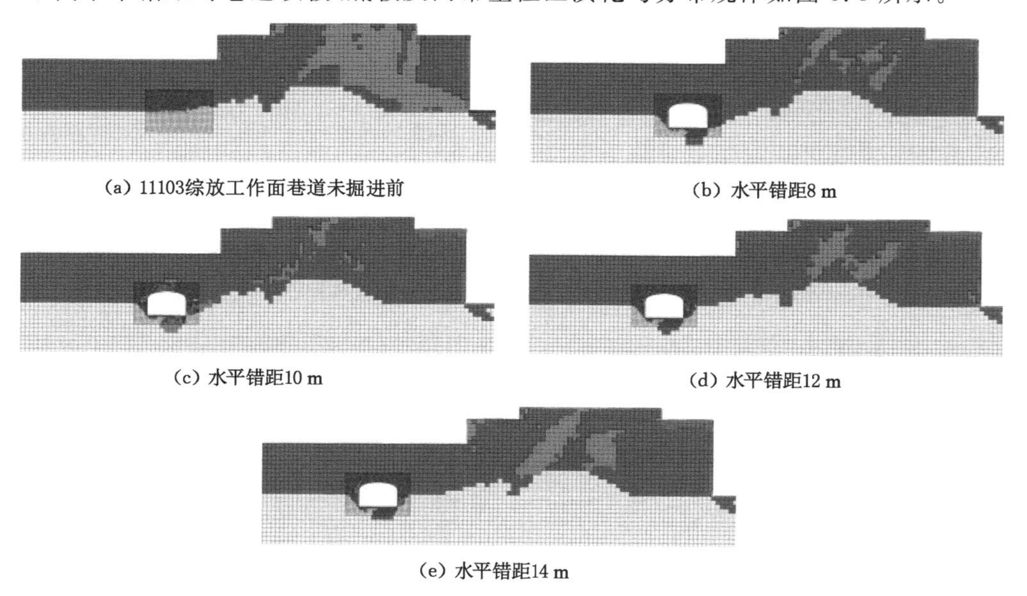

图 5.3 不同水平错距时双采空区下煤层综放巷道围岩塑性区

① 巷道未掘进前，双采空区下底板塑性区破坏深度为 6 m，底板 10+11# 煤层整体进入塑性破坏状态；双层位煤柱下底板围岩中，9# 煤层及 10+11# 煤层大部分进入塑性破坏状态，煤柱底板中部破坏程度增加。

② 巷道掘进后，巷道围岩塑性区破坏范围增加，巷道顶板整体在塑性破坏区，巷道两帮上部在未掘进前已塑性破坏、下部塑性区破坏范围为 1～1.5 m，底板塑性区破坏深度为 1.5～2 m。

③ 随着水平错距的增加，巷道顶板、底板及两帮塑性破坏范围减小，水平错距为 10 m 时，巷道顶板塑性破坏范围为 2 m，底板塑性破坏范围为 2 m，实体煤帮塑性破坏范围为 1 m，煤柱帮塑性破坏范围为 3.5 m。而当水平错距等于或大于 12 m 时，巷道围岩塑性破坏范围整体减小。

5.3　双采空区下煤层综放巷道围岩偏应力演化垂直错距效应

巷道沿下煤层底板布置时，巷道顶板与巷道两帮同时布置在已破坏的底板煤层中，巷道围岩稳定性差，故采用垂直错距（即沿煤层底板向下垂直插底）方式，让巷道由全煤巷变为半煤岩巷，从而增强巷道两帮与底板围岩稳定性。为了考察垂直错距对双采空区下综放巷道围岩偏应力分布的影响规律，分析对比了近距离双采空区下巷道掘进前多重采动下采空区底板与煤柱底板偏应力环境、不同垂直错距巷道掘进后采空区底板与煤柱底板及巷道围岩偏应力演化规律。

5.3.1　不同垂直错距巷道围岩偏应力演化规律

（1）不同垂直错距巷道围岩偏应力云图对比分析

图 5.4 为不同垂直错距时双采空区下 11103 综放工作面巷道围岩偏应力云图。由双采空区下综放巷道未掘进前的围岩偏应力云图分析可得：

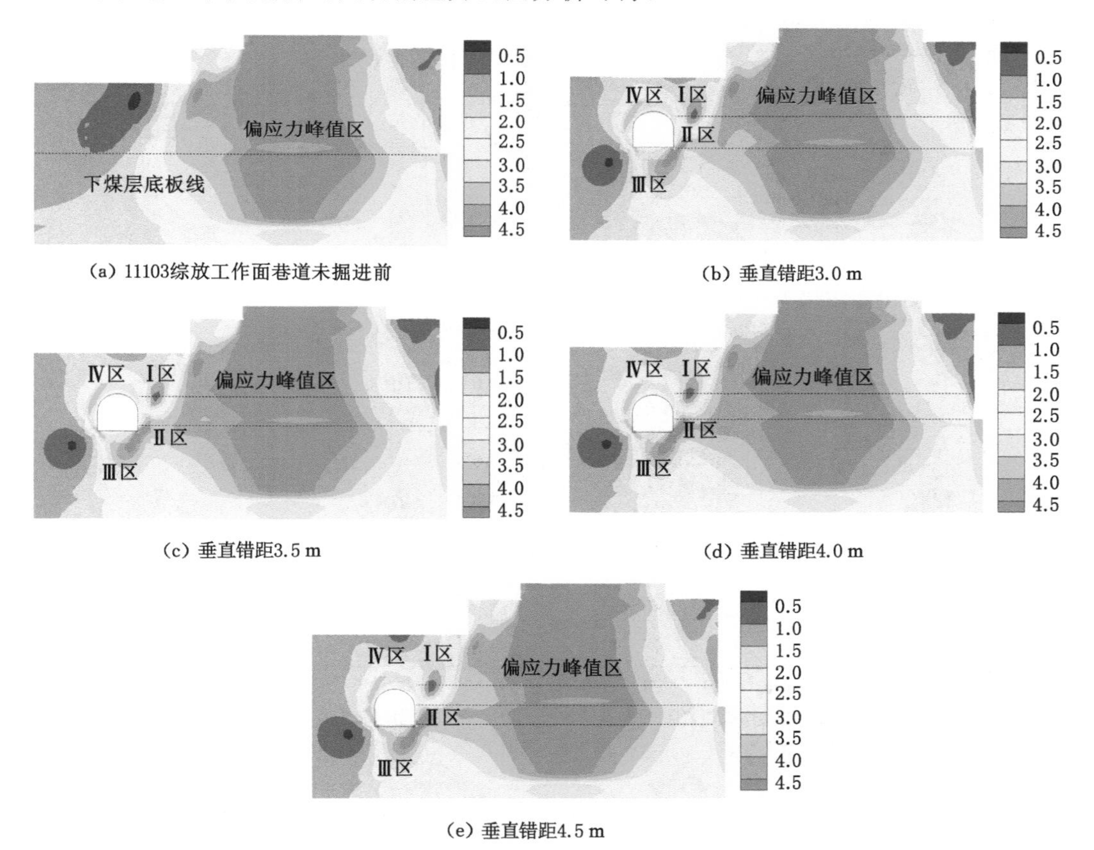

(a) 11103综放工作面巷道未掘进前　(b) 垂直错距3.0 m

(c) 垂直错距3.5 m　(d) 垂直错距4.0 m

(e) 垂直错距4.5 m

图 5.4　不同垂直错距时双采空区下煤层综放巷道围岩偏应力云图（单位：MPa）

① 不规则双层位煤柱底板区域形成偏应力峰值区，最大偏应力值大于 4.5 MPa。

② 双采空区下底板与煤柱一定垂直距离范围内受到煤柱集中高偏应力影响，远离煤柱

的底板处于低偏应力区。

③ 在下煤层底板线上部围岩的高偏应力分布至“不规则圆椭圆”最大外扩轴线位置，下煤层底板线下部围岩的高偏应力呈现外扩逐渐缩小特征。

由双采空区下综放巷道掘进后的底板偏应力云图分析可得：

① 在拱形巷道顶板Ⅳ区域出现高偏应力区，偏应力峰值小于 4.0 MPa；在拱形巷道底板Ⅲ区域出现高偏应力区，并形成高偏应力核，偏应力峰值大于 4.0 MPa。

② 在拱形巷道煤柱帮上部Ⅰ区域出现低偏应力区，并形成低偏应力核，且随巷道垂直插底深度增加巷道所受影响逐渐减小；在拱形巷道煤柱帮Ⅱ区域出现高偏应力区，偏应力峰值小于 4.0 MPa，且随巷道垂直插底深度增加高偏应力范围扩大。

(2) 不同垂直错距双采空区下煤层综放巷道围岩偏应力分布曲线

图 5.5 为不同垂直错距时，双采空区下 11103 综放工作面巷道顶板、底板、实体煤帮、煤柱帮的偏应力分布曲线。

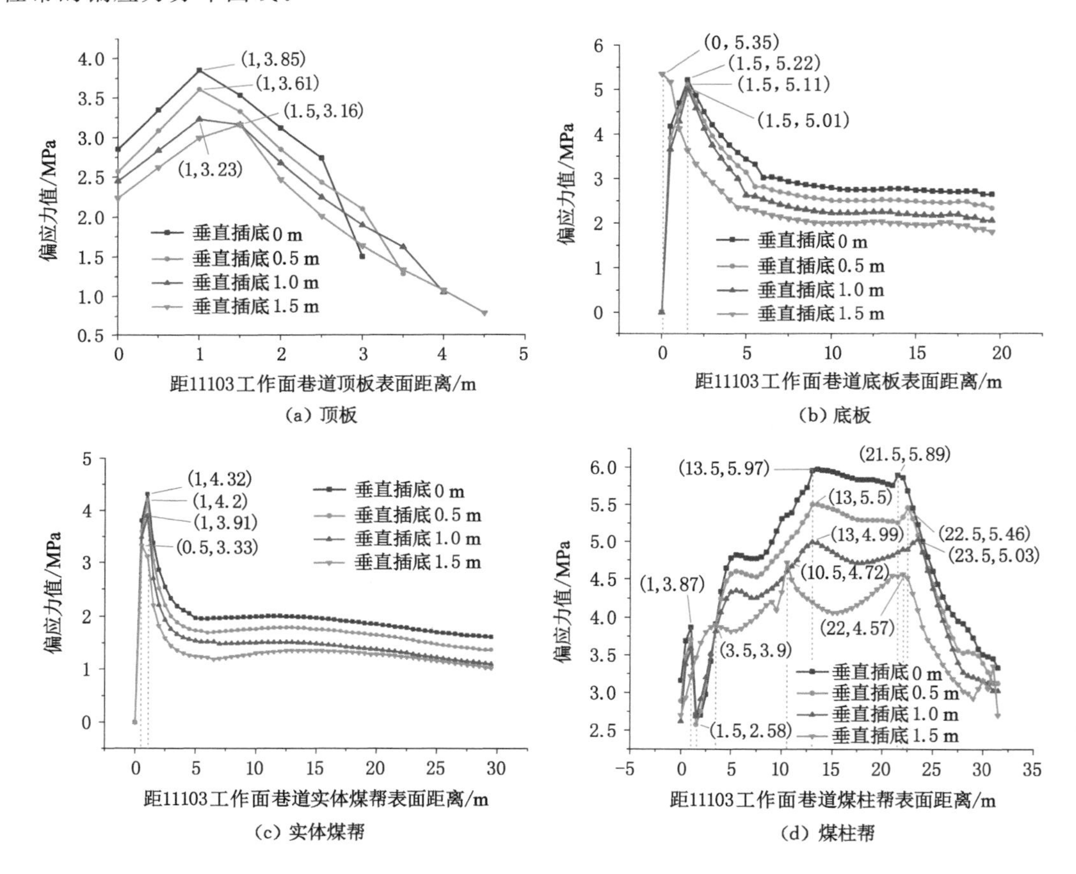

图 5.5 不同垂直错距时双采空区下 11103 综放工作面巷道围岩偏应力分布曲线

由图 5.5(a)分析可知，双采空区下巷道顶板 1～2 m 范围内出现偏应力峰值，顶板偏应力峰值随着巷道垂直插底深度增加而降低。巷道垂直插底 0 m 布置时，顶板偏应力峰值最大，为 3.85 MPa，位置是顶板上部 1 m 处；巷道垂直插底 1.5 m 布置时，顶板偏应力峰值为 3.23 MPa，位置是顶板上部 1.5 m 处，偏应力峰值位置向顶板深部转移。

由图 5.5(b)分析可知,双采空区下巷道底板 0～2 m 范围内出现偏应力峰值,底板偏应力峰值呈现先快速增加后缓慢降低到稳定变化趋势,且随着巷道垂直插底深度增加而降低。巷道垂直插底 0 m 布置时,底板偏应力峰值为 5.22 MPa,位置是底板下部 2 m 处;巷道垂直插底 1.5 m 布置时,底板偏应力峰值为 5.35 MPa,位置是底板下部 0 m 处,偏应力峰值位置向底板浅部转移。

由图 5.5(c)分析可知,双采空区下巷道实体煤帮 0～1.5 m 范围内出现偏应力峰值,实体煤帮偏应力峰值随着巷道垂直插底深度增加而降低。巷道垂直插底 0 m 布置时,实体煤帮偏应力峰值最大,为 4.32 MPa,位置是实体煤帮浅部 1 m 处;巷道垂直插底 1.5 m 布置时,实体煤帮偏应力峰值为 3.33 MPa,位置是实体煤帮浅部 0.5 m 处,偏应力峰值位置向实体煤帮浅部转移。

由图 5.5(d)分析可知,双采空区下巷道煤柱帮 1～4 m 范围内出现巷道围岩偏应力峰值,5～25 m 范围内出现煤柱偏应力峰值。煤柱帮偏应力峰值随着巷道垂直插底深度增加而降低。巷道垂直插底 0～1 m 布置时,煤柱帮偏应力峰值最大,为 3.87 MPa,位置是煤柱帮浅部 1 m 处;巷道垂直插底 1.5 m 布置时,偏应力峰值位置向煤柱帮深部转移,位置是煤柱帮深部 3.5 m 处,煤柱帮浅部围岩处于低偏应力区。

5.3.2　不同垂直错距巷道围岩塑性区分布特征

通过数值模拟研究不同垂直错距双采空区下煤层综放巷道围岩塑性区分布规律,对比不同垂直错距的巷道顶板、底板及两帮塑性区演化与分布规律,如图 5.6 所示。塑性区分布特征为:

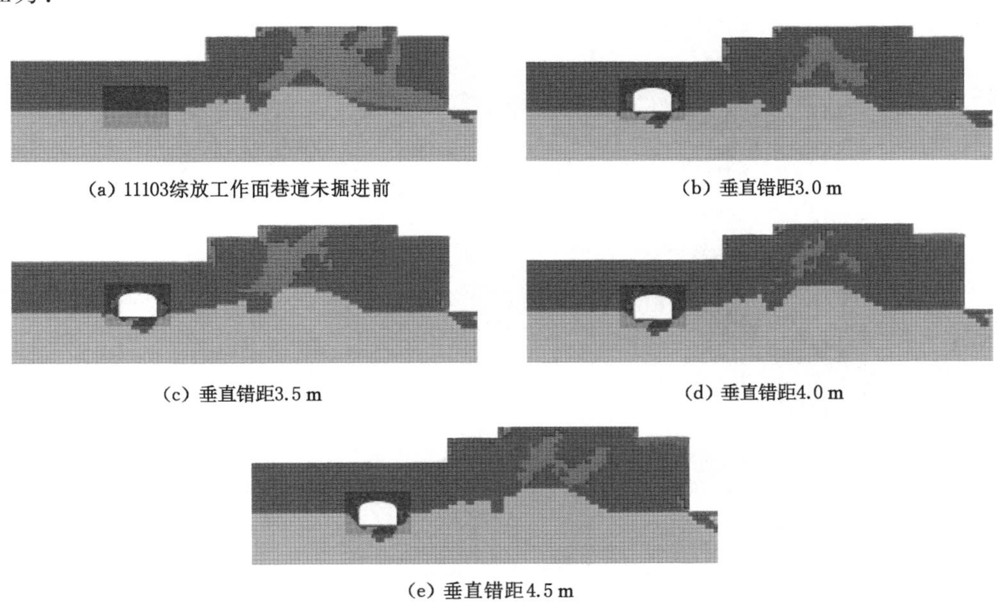

(a) 11103综放工作面巷道未掘进前　(b) 垂直错距3.0 m

(c) 垂直错距3.5 m　(d) 垂直错距4.0 m

(e) 垂直错距4.5 m

图 5.6　不同垂直错距时双采空区下煤层综放巷道围岩塑性区

① 巷道未掘进前,双采空区下底板围岩中,10＋11# 煤层整体进入塑性破坏状态,底板破坏深度为 6 m;双层位煤柱下底板围岩中,9# 煤层及 10＋11# 煤层大部分进入塑性破坏状态,煤柱中部破坏程度增加。

② 巷道掘进后，巷道垂直插底 0 m 时，即巷道布置在 10＋11# 煤层中，以全煤巷方式布置，巷道顶板与两帮整体布置在塑性破坏范围内，且巷道两帮处于持续塑性破坏阶段，破坏程度较严重，巷道底板破坏深度为 2 m。

③ 随着巷道插底深度的增加，巷道两帮持续塑性破坏范围减小，插底区域巷道两帮塑性破坏范围减小为 0～2 m。同时，垂直错距布置方式能让上部薄顶板厚度增加、顶板弯矩增大，且让出顶板上部锚杆(索)支护空间。

5.4 双采空区下煤层综放巷道围岩偏应力演化巷道位置效应

综合考虑水平错距、垂直错距对巷道掘进影响，研究近距离多重采动下底板围岩偏应力环境与巷道围岩偏应力分布相互影响，对比分析了双采空区下巷道掘进前近距离多重采动下底板围岩偏应力环境、巷道不同布置方案掘进后围岩偏应力演化规律。

5.4.1 不同布置方案巷道围岩偏应力演化规律

(1) 不同布置方案巷道围岩偏应力云图对比分析

近距离双采空区下巷道掘进前多重采动下底板围岩偏应力云图如图 5.7(a)所示。如上文中所述，在双层位煤柱底板区域形成偏应力峰值区，下煤层底板线上部围岩的高偏应力分布在“不规则圆椭圆”最大外扩轴线位置。由双采空区下综放巷道掘进后的底板偏应力云图分析可得，巷道掘进后形成的偏应力集中区与煤柱底板偏应力峰值区连接，使巷道煤柱帮与底板处于高偏应力区(即Ⅱ、Ⅲ区)。

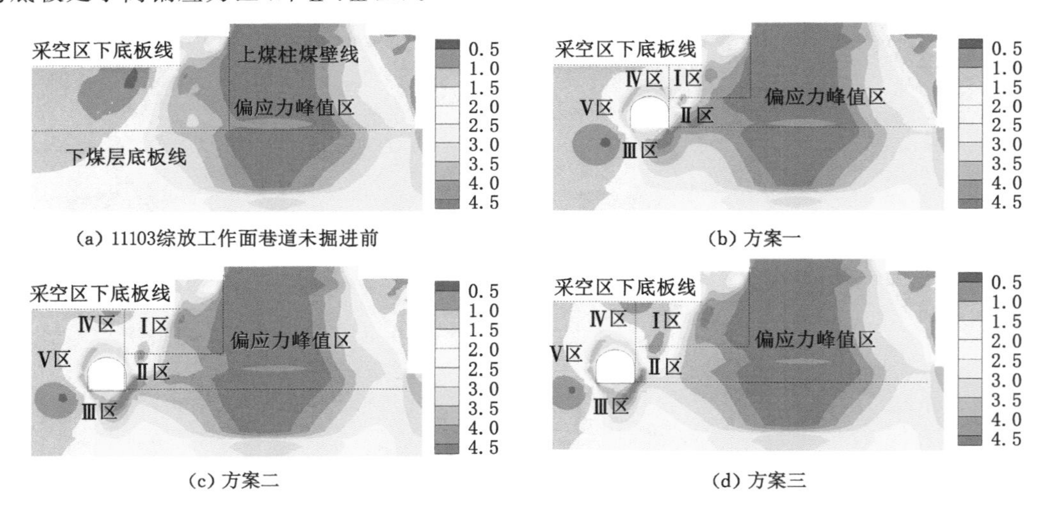

图 5.7 不同布置方案时双采空区下煤层综放巷道围岩偏应力云图(单位：MPa)

不同布置方案时的底板围岩偏应力分布特征为：

① 巷道布置的水平错距、垂直错距都较小时，巷道煤柱帮上部区域Ⅰ区、煤柱帮Ⅱ区及底板Ⅲ区都与煤柱底板偏应力峰值区相互连接并形成高偏应力区，如图 5.7(b)所示。

② 巷道布置的水平错距与垂直错距较大时，巷道煤柱帮上部区域Ⅰ区整体处于低偏应力区，煤柱帮Ⅱ区、底板Ⅲ区与煤柱底板偏应力峰值区的相互影响减弱，如图 5.7(c)和

图5.7(d)所示。

(2) 不同布置方案双采空区下煤层综放巷道围岩偏应力分布曲线

图5.8为不同布置方案时,双采空区下11103综放工作面巷道顶板、底板、实体煤帮、煤柱帮的偏应力分布曲线。巷道不同布置方案围岩偏应力分布特征如下。

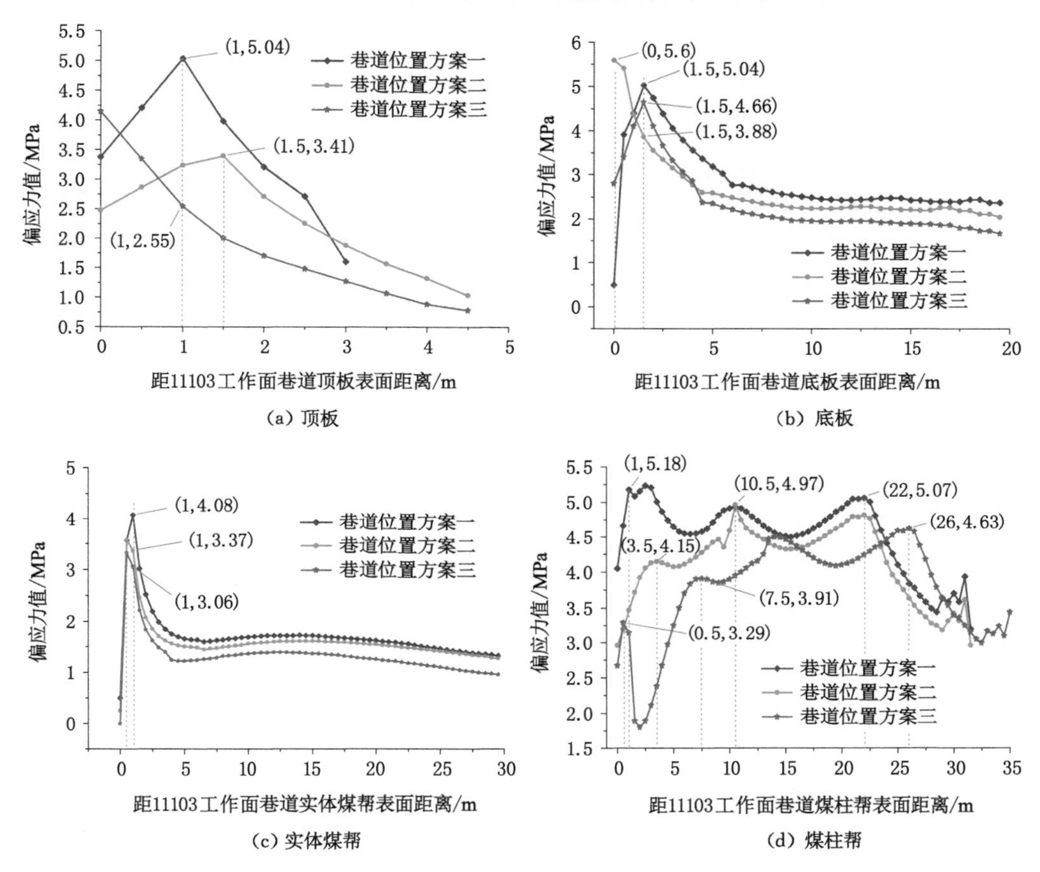

图5.8 不同布置方案时双采空区下11103综放工作面巷道围岩偏应力分布曲线

① 巷道布置方案一:水平错距10 m、垂直错距3.0 m,巷道顶板、底板及实体煤帮、煤柱帮的偏应力受到煤柱集中偏应力的影响较大,巷道围岩的偏应力峰值分别为5.04 MPa、5.04 MPa、4.08 MPa、5.18 MPa。

② 巷道布置方案二:水平错距12 m、垂直错距4.5 m,巷道顶板、底板及实体煤帮、煤柱帮的偏应力受到煤柱集中偏应力的影响减弱,巷道围岩的偏应力峰值分别为3.41 MPa、3.38 MPa、3.37 MPa、4.15 MPa。

③ 巷道布置方案三:水平错距14 m、垂直错距4.5 m,巷道顶板、底板及实体煤帮、煤柱帮的偏应力受到煤柱集中偏应力的影响继续减弱,巷道围岩的偏应力峰值分别为2.55 MPa、4.66 MPa、3.06 MPa、3.29 MPa。

方案一煤柱帮第一个偏应力峰值均大于后面的偏应力峰值,巷道掘进围岩偏应力与煤柱集中偏应力相互影响相对强烈;方案二、三的煤柱帮第一个偏应力峰值均小于后面的偏应力峰值,巷道掘进围岩偏应力与煤柱集中偏应力相互影响较弱。故方案一不合理。

5.4.2 不同布置方案巷道围岩塑性区分布特征

不同巷道布置方案，双采空区下煤层综放巷道围岩塑性区分布形态如图 5.9 所示。

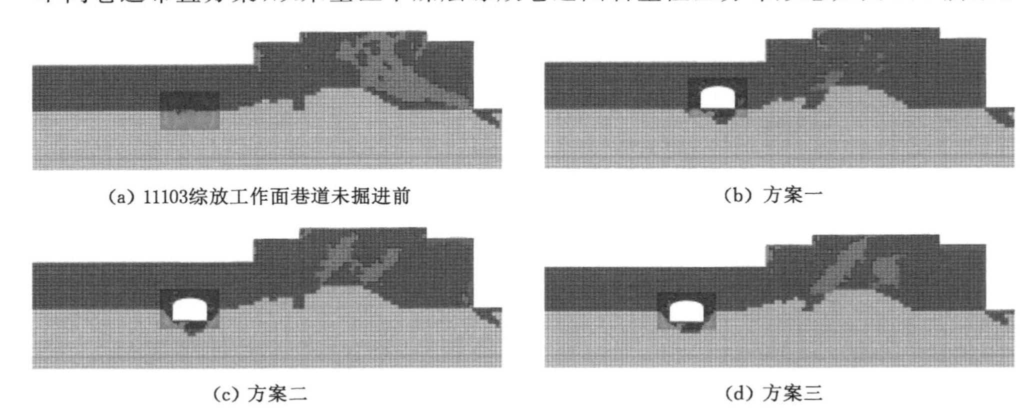

(a) 11103综放工作面巷道未掘进前 (b) 方案一

(c) 方案二 (d) 方案三

图 5.9 不同布置方案时双采空区下煤层综放巷道围岩塑性区

巷道未掘进前的底板塑性区分布特征为：双采空区下底板围岩中，10＋11# 煤层整体进入塑性破坏状态，底板破坏深度为 6 m；双层位煤柱下底板围岩中，9# 煤层及 10＋11# 煤层大部分进入塑性破坏状态。

巷道布置在 10＋11# 煤层中，以全煤巷方式布置，巷道顶板与两帮整体布置在塑性破坏范围内，且巷道顶板、两帮处于持续塑性破坏阶段，破坏程度较严重，巷道底板破坏深度为 2 m；随着巷道垂直错距与水平错距的增加，巷道两帮持续塑性破坏范围减小为 0～2 m。同时，垂直错距布置方式能让上部薄顶板厚度增加、顶板弯矩增大，且让出顶板上部锚杆（索）支护空间。

综合考虑不同布置方案偏应力与塑性区分布规律，方案二、三优于方案一，且结合水平错距与煤柱留设宽度的经济合理性，对比方案二水平错距 12 m 与方案三水平错距 14 m 布置时，巷道两帮与底板塑性区深度基本相同，故选用方案二（巷道水平错距 12 m，垂直错距 4.5 m）。

5.5 双采空区下煤层综放巷道围岩偏应力演化侧压系数效应

通过数值模拟研究不同侧压系数时双采空区下煤层综放巷道围岩偏应力演化规律，对比分析了侧压系数为 1.0、1.2、1.4 及 1.6 时近距离双采空区下巷道掘进前多重采动下底板围岩偏应力环境、掘进后巷道围岩偏应力演化规律。

5.5.1 不同侧压系数双采空区下煤层综放巷道围岩偏应力演化规律

(1) 不同侧压系数巷道围岩偏应力云图对比分析

巷道未掘进前近距离多重采动下底板围岩偏应力环境为（图 5.10）：

① 随着侧压系数增加，煤柱底板偏应力峰值区范围由中部向两侧逐渐扩展。

② 随着侧压系数增加，偏应力峰值形态由竖向尖椭圆形转化为圆椭圆形，椭圆的轴线基本位于下煤层底板线，椭圆上部倾向下传播，椭圆下部逐渐向内收缩。

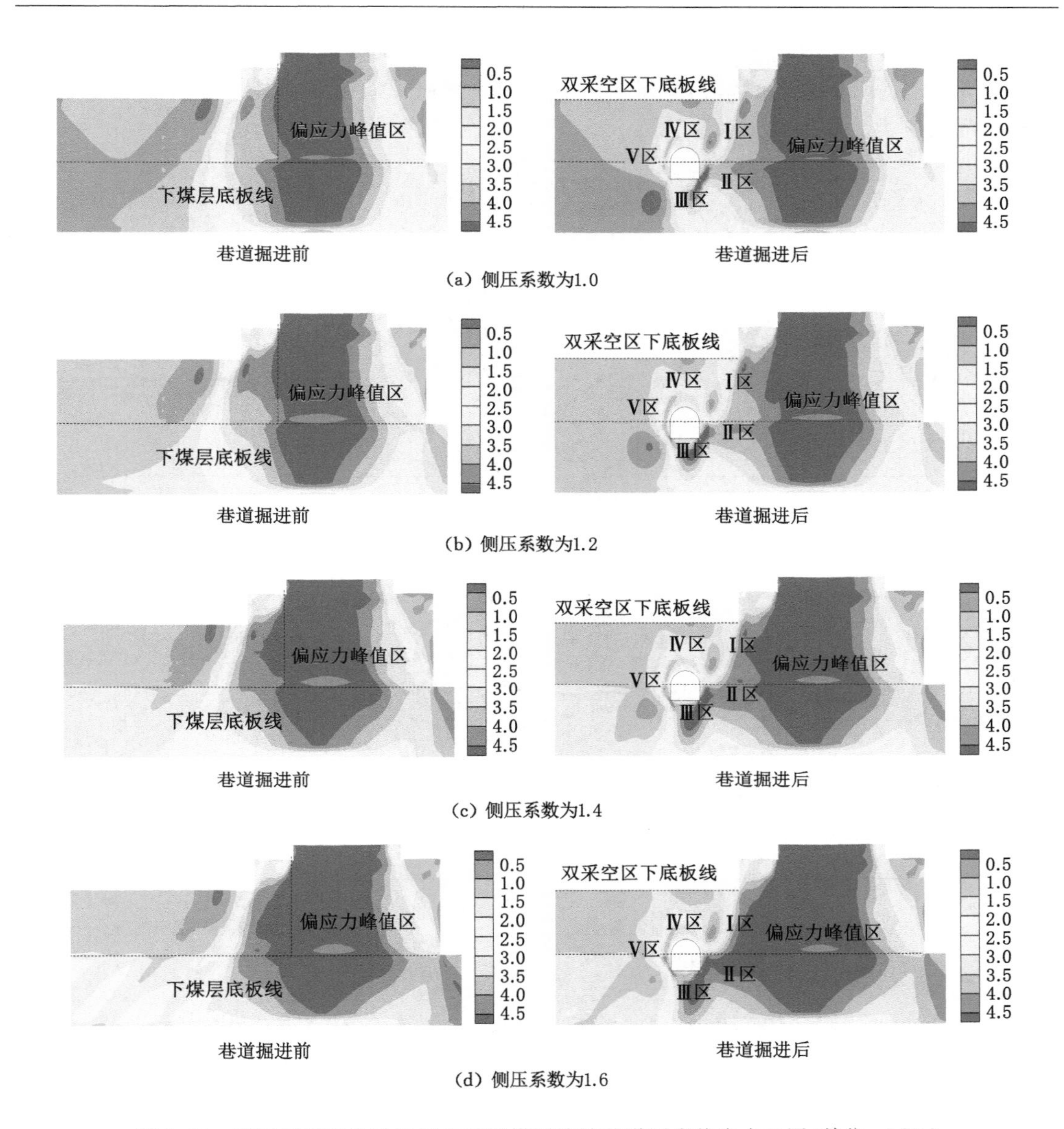

(a) 侧压系数为1.0

(b) 侧压系数为1.2

(c) 侧压系数为1.4

(d) 侧压系数为1.6

图5.10 不同侧压系数时双采空区下煤层综放巷道围岩偏应力云图(单位:MPa)

③ 随着侧压系数增加,双采空区底板上部岩层处于低偏应力区,下部岩层偏应力逐渐升高。

巷道掘进后围岩偏应力演化规律为:

① 随着侧压系数增加,巷道围岩中实体煤帮上部区域(Ⅰ区)偏应力增加,并逐渐与巷道顶板区域(Ⅳ区)连成整体形成中高偏应力区。

② 巷道围岩中煤柱帮区域(Ⅱ区)高偏应力向外扩展,与煤柱底板偏应力峰值区融合形成高偏应力区。

③ 随着侧压系数增加,巷道围岩中底板区域(Ⅲ区)向下扩展,同时与煤柱帮区域(Ⅱ区)、煤柱底板偏应力峰值区相连形成高偏应力区。

(2) 不同侧压系数双采空区下煤层综放巷道围岩偏应力曲线

图 5.11 为不同侧压系数时，双采空区下 11103 综放工作面巷道顶板、底板、实体煤帮、煤柱帮的偏应力分布曲线。

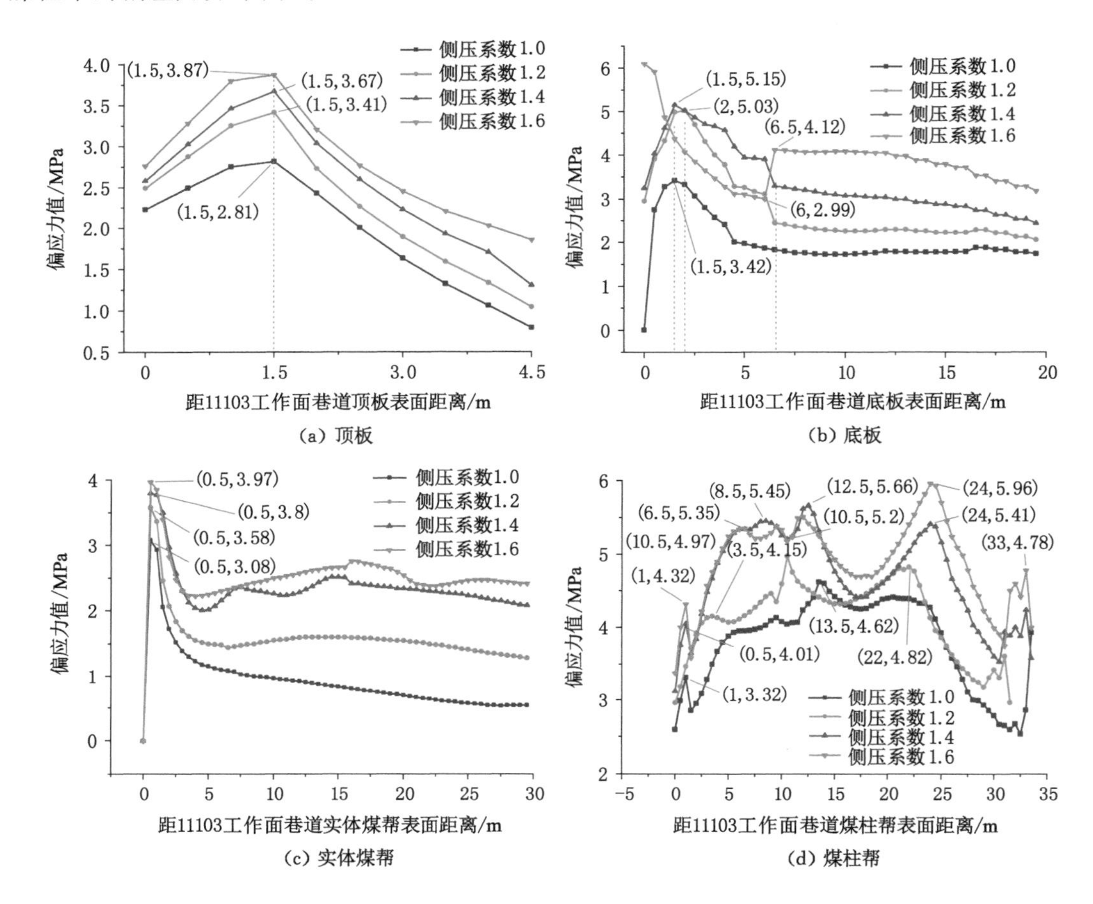

图 5.11 不同侧压系数时双采空区下 11103 综放工作面巷道围岩偏应力分布曲线

由图 5.11(a)分析可知，双采空区下巷道顶板 1.5 m 范围内出现偏应力峰值，顶板偏应力峰值随着侧压系数的增加而增大，侧压系数为 1.0、1.2、1.4、1.6 时顶板偏应力峰值分别为 2.81 MPa、3.41 MPa、3.67 MPa、3.87 MPa，偏应力值呈现先线性增加后线性降低趋势。

由图 5.11(b)可知，双采空区下巷道底板 1.5～2.5 m 范围内出现偏应力峰值，侧压系数为 1.0、1.2、1.4 时底板偏应力呈现先快速增加后缓慢降低到稳定趋势，侧压系数为 1.6 时底板偏应力值先降低再增高，拐点在 6～6.5 m 位置，底板深部 6.5 m 以下围岩的偏应力值大于 2.5～6 m 围岩的偏应力值，这表明侧压系数增加到一定程度后，双采空区下底板破坏深度受水平应力影响较大。

由图 5.11(c)可知，双采空区下巷道实体煤帮 0.5 m 范围内出现偏应力峰值，实体煤帮偏应力峰值随着侧压系数的增加而增加，侧压系数从 1.0 增加到 1.2 时偏应力值增加幅度较大，侧压系数从 1.4 增加到 1.6 时偏应力值增加幅度减小，且偏应力分布曲线不是平滑曲线，存在小幅度增减。

由图 5.11(d)可知，双采空区下巷道煤柱帮 1～2 m 范围内出现第一个偏应力峰值，5～25 m 范围内出现煤柱偏应力峰值。随着侧压系数增大，巷道煤柱帮偏应力峰值增大，但其增加幅度小于煤柱偏应力峰值增加幅度。侧压系数为 1.6 时，煤柱帮偏应力峰值为 4.32 MPa，煤柱偏应力峰值为 5.96 MPa。

5.5.2　不同侧压系数双采空区下煤层综放巷道围岩塑性区分布规律

不同侧压系数时，双采空区下煤层综放巷道围岩塑性区分布形态如图 5.12 所示。

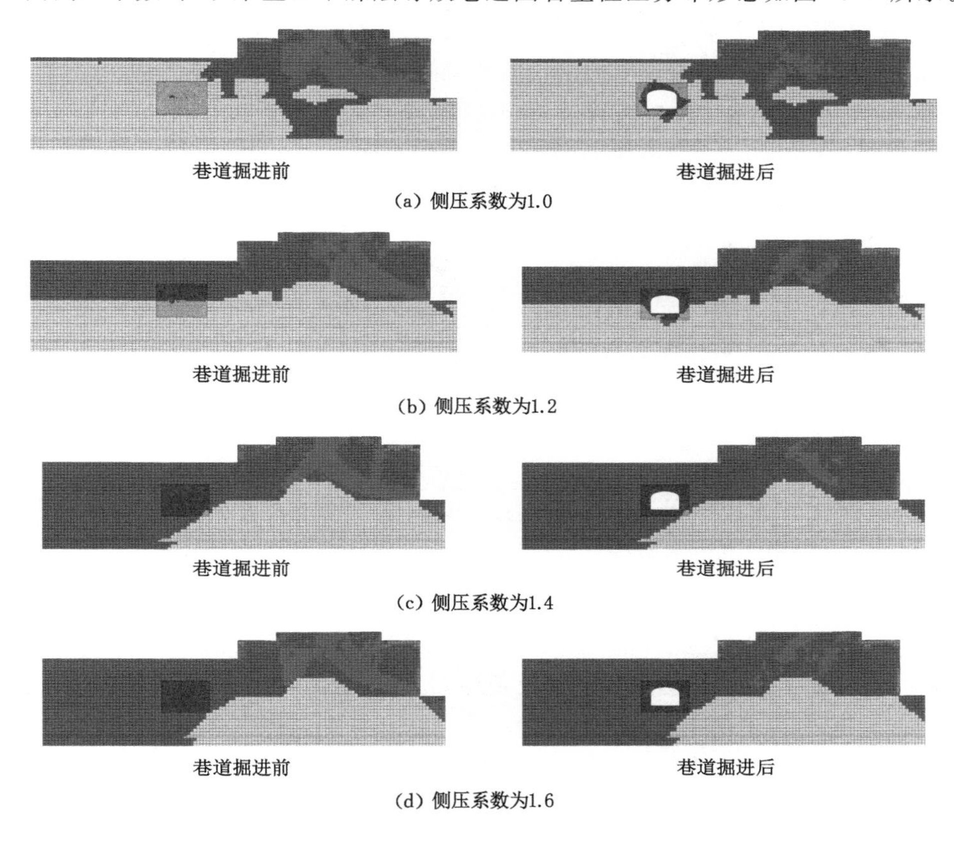

图 5.12　不同侧压系数时双采空区下煤层综放巷道围岩塑性区

巷道未掘进前的底板塑性区分布特征为：① 侧压系数为 1.0 时，塑性区主要集中在煤柱底板，整体塑性破坏状态呈现上部大、下部逐渐缩小特征。② 侧压系数大于 1.2 时，随着侧压系数增加，塑性区主要分布区域转换为双采空区下底板与煤柱底板，且双采空区下底板塑性区破坏深度大于煤柱底板塑性破坏深度。③ 侧压系数为 1.2 时，煤柱底板塑性破坏深度与双采空区下底板破坏深度基本相等。

巷道掘进后的底板塑性区分布特征为：① 侧压系数为 1.0 时，巷道顶板塑性区深度约为 1.5 m，实体煤帮塑性区深度约为 1 m，煤柱帮塑性区深度约为 1.5 m，底板塑性区深度约为 1.5 m，巷道塑性区与煤柱底板塑性区未连成整体。② 侧压系数为 1.2 时，巷道顶板处于双采空区底板塑性破坏范围，巷道两帮下部及底板未处于塑性破坏范围，巷道底板塑性区深度为 2.0 m，两帮塑性区深度为 1.5 m。③ 侧压系数大于 1.2 时，随着侧压系数的增加，巷道顶底板与两帮整体处于塑性破坏状态，巷道煤柱帮角与实体煤帮角处于持续破坏状态。

5.6 近距离双采空区下煤层综放巷道围岩偏应力演化影响因素分析

综合本章5.1—5.5节数值模拟对近距离双采空区下煤层综放巷道围岩偏应力演化影响因素(单一水平错距、单一垂直错距、侧压系数、综合水平错距与垂直错距的巷道布置方案)的系统研究,得到了各影响因素对巷道围岩偏应力演化规律与塑性区分布规律的相对影响程度与相对影响关系。以数值模拟采集的巷道围岩偏应力监测数据为研究基础,综合各影响因素对巷道围岩偏应力影响程度及影响关系,如表5.5所示。

表5.5 不同影响因素下双采空区煤层综放巷道围岩偏应力峰值对比

因素	模拟方案	偏应力峰值及其距表面距离(MPa/m)			
		顶板	底板	实体煤帮	煤柱帮
水平错距/m	8	4.22/1.5	5.48/2.0	4.08/0.5	5.63/3.5(第1)、5.36/8.0(第2)
	10	4.26/1.0	5.25/1.5	3.83/0.5	5.39/3.5(第1)、5.18/10.5(第2)
	12	3.41/1.5	5.60/0	3.58/0.5	4.15/3.5(第1)、4.97/10.5(第2)
	14	4.15/0	4.66/1.5	3.32/0.5	3.29/0.5(第1)、3.91/7.5(第2)
垂直错距/m	3.0	3.85/1.0	5.22/1.5	4.32/1.0	3.87/1.0(第1)、4.82/5.5(第2)
	3.5	3.61/1.0	5.11/1.5	4.20/1.0	3.71/1.0(第1)、4.60/5.5(第2)
	4.0	3.23/1.0	5.01/1.5	3.91/1.0	3.59/1.0(第1)、4.35/5.5(第2)
	4.5	3.16/1.5	5.35/0	3.33/0.5	3.90/3.5(第1)、5.40/10.5(第2)
侧压系数	1.0	2.81/1.5	3.42/1.5	3.08/0.5	3.32/1.0第1)、4.13/9.5(第2)
	1.2	3.41/1.5	5.03/2.0	3.58/0.5	4.15/3.5(第1)、4.97/10.5(第2)
	1.4	3.67/1.5	5.15/1.5	3.80/0.5	4.05/1.0(第1)、5.40/8.5(第2)
	1.6	3.87/1.5	6.10/0	3.97/0.5	4.32/1.0第1)、5.35/6.5(第2)
综合布置位置	方案一	5.04/1.0	5.04/1.5	4.08/1.0	5.18/1.0第1)、5.24/2.5(第2)
	方案二	3.41/1.5	5.03/2.0	3.58/0.5	4.15/3.5(第1)、4.97/10.5(第2)
	方案三	4.15/0	4.66/1.5	3.34/0.5	3.29/0.5(第1)、3.91/7.5(第2)

以数值模拟采集的巷道围岩偏应力分布云图、偏应力监测数据及塑性区分布云图为研究基础,对比分析各影响因素下巷道掘进前、后采空区底板与煤柱底板及巷道围岩偏应力演化规律与塑性区分布规律,得到主要的研究结果为:

① 水平错距效应。水平错距为8 m、10 m、12 m、14 m时,以最小、最大水平错距偏应力峰值为指标,顶板偏应力峰值差值为0.07 MPa,底板偏应力峰值差值为0.82 MPa,实体煤帮偏应力峰值差值为0.76 MPa,煤柱帮第一个偏应力峰值差值为2.33 MPa,煤柱帮第二个偏应力峰值差值为1.45 MPa。由此可得,随着水平错距增加,巷道围岩偏应力峰值降低,巷道围岩偏应力降低幅度排序为:煤柱帮>底板>实体煤帮>顶板。

② 垂直错距效应。垂直错距为3.0 m、3.5 m、4.0 m、4.5 m时,以最小、最大垂直错距偏应力峰值为指标,顶板偏应力峰值差值为0.69 MPa,底板偏应力峰值差值为−0.13 MPa,实体

煤帮偏应力峰值差值为 0.99 MPa,煤柱帮第一个偏应力峰值差值为－0.03 MPa,煤柱帮第二个偏应力峰值差值为－0.58 MPa。由此可得,随着垂直错距增加,巷道顶板、实体煤帮偏应力峰值降低,煤柱帮第一个偏应力峰值受影响较小,底板偏应力峰值增加,巷道围岩偏应力降低幅度排序为:实体煤帮＞顶板＞煤柱帮＞底板。

③ 巷道位置效应(即水平错距与垂直错距综合分析)。方案一水平错距 10 m、垂直错距 3.0 m,方案二水平错距 12 m、垂直错距 4.5 m,方案三水平错距 14 m、垂直错距4.5 m,以最小、最大垂直错距偏应力峰值为指标,顶板偏应力峰值差值为 0.89 MPa,底板偏应力峰值差值为 0.38 MPa,实体煤帮偏应力峰值差值为 0.74 MPa,煤柱帮第一个偏应力峰值差值为 1.89 MPa,煤柱帮第二个偏应力峰值差值为 1.33 MPa。由此可得,随着巷道水平错距与垂直错距同时增加,巷道围岩偏应力峰值降低,巷道围岩偏应力降低幅度排序为:煤柱帮＞顶板＞ 实体煤帮＞底板。

④ 侧压系数效应。侧压系数为 1.0、1.2、1.4、1.6 m 时,以最小、最大垂直错距偏应力峰值为指标,顶板偏应力峰值差值为－1.06 MPa,底板偏应力峰值差值为－2.78 MPa,实体煤帮偏应力峰值差值为－0.89 MPa,煤柱帮第一个偏应力峰值差值为－1.0 MPa,煤柱帮第二个偏应力峰值差值为－1.22 MPa。由此可得,随着侧压系数增加,巷道围岩偏应力峰值增加,巷道围岩偏应力增加幅度排序为:底板＞顶板≈煤柱帮＞实体煤帮。

基于上述分析,巷道顶板偏应力变化影响因素排序为:侧压系数＞垂直错距＞水平错距;巷道底板偏应力变化影响因素排序为:侧压系数＞水平错距＞垂直错距;巷道实体煤帮偏应力变化影响因素排序为:垂直错距＞侧压系数＞水平错距;巷道煤柱帮偏应力变化影响因素排序为:水平错距＞侧压系数＞垂直错距。

第6章 双采空区覆岩运移相似模拟与裂化顶板注浆研究

为了进一步研究近距离双采空区下煤层综放巷道围岩变形破坏失稳机理，通过开展汾西矿业近距离双采空区多重采动相似模拟试验，系统分析关键块破断接触点荷载传递规律、关键块破断长度、煤柱上覆岩层应力变化规律、上下层煤柱应力变化规律、煤柱底板中心应力分布规律及煤柱底板边缘应力分布规律；同时，设计了裂化顶板注浆试验，探究注浆对裂化围岩承载性能的作用机理，并通过现场实测对比分析注浆前后锚索拉拔力。

6.1 近距离双采空区覆岩运移相似模拟试验

6.1.1 相似模型试验参数设计

运用相似模拟试验在一定程度上能反馈出与现场开采相近的覆岩垮落和运移特征，易于整场监测、分区布控压力传感器，且测定数据更具有全局性。

(1) 模型相似比与相似参数关系

试验装置选取中国矿业大学(北京)模拟平面应力模型的二维试验台，所选试验台的规格是1 800 mm×500 mm×1 500 mm(长×宽×高)。近距离上下煤层两侧双采空相似模拟需要模拟四个回采面与上下双层位煤柱，选几何相似比 $\alpha_L=1:100$，即上煤柱实际宽度16 m，模拟中为16 cm；需要模拟过程与现场回采过程相似，要求荷载比相似、边界条件相似、时间相似，选重度相似比 $\alpha_\gamma=1:1.5$，设定相似回采条件为煤柱两侧非对称回采面分步开挖。

(2) 模型物理力学参数设定

按物理力学参数相似原则，设定工程煤岩层与模型物理力学参数相似比关系，模拟材料模拟的煤岩体在破断结构、运移特征上更符合实际情况。转化相似模拟材料与汾西矿业煤岩层参数关系式，$\alpha_\sigma=\alpha_L\cdot\alpha_\gamma=1:150$，整理成表6.1，列出各煤岩层的模拟厚度、模拟重度、模拟抗压强度及分层数。

表6.1 模型中各岩层物理力学参数

序号	岩层	厚度/m	模拟厚度/cm	分层数	分层厚/cm	抗压强度/MPa	模拟抗压强度/MPa	重度/(kN/m³)	模拟重度/(kN/m³)
1	泥岩	7.4	7.4	2	3.70	17.2	0.11	16	10.7
2	砂泥岩	6.1	6.1	3	2.03	25.4	0.17	18	12.0
3	10+11#煤层(下)	5.8	5.8	3	1.93	14.2	0.09	14	9.3
4	10+11#煤层(上)	2.0	2.0	1	2.00	14.2	0.09	14	9.3

表 6.1(续)

序号	岩层	厚度/m	模拟厚度/cm	分层数	分层厚/cm	抗压强度/MPa	模拟抗压强度/MPa	重度/(kN/m³)	模拟重度/(kN/m³)
5	泥岩	1.0	1.0	1	1.00	17.2	0.11	16.0	10.7
6	9# 煤层	1.6	1.6	1	1.60	14.2	0.09	14.0	9.3
7	K_2 石灰岩	7.0	7.0	2	3.50	49.4	0.33	28.5	19.0
8	泥岩	3.0	3.0	2	1.50	17.2	0.11	16.0	10.7
9	细砂岩	4.0	4.0	2	2.00	36.5	0.24	26.5	17.7
10	砂泥岩	2.3	2.3	1	2.30	25.4	0.17	18.0	12.0
11	K_3 石灰岩	5.0	5.0	2	2.50	49.4	0.33	28.5	19.0
12	砂泥岩	7.5	7.5	3	2.50	25.4	0.17	18.0	12.0
13	泥岩	3.7	3.7	1	3.70	17.2	0.11	16.0	10.7
14	K_4 石灰岩	3.4	3.4	1	3.40	49.4	0.33	28.5	19.0
15	砂泥岩互层	11.0	11.0	4	2.75	21.3	0.14	17.0	11.3
16	K_8 石灰岩	3.0	3.0	1	3.00	49.4	0.33	28.5	19.0
17	粉砂岩	6.0	6.0	3	2.00	41.5	0.28	27.0	18.0
18	泥岩	4.0	4.0	2	2.00	17.2	0.11	16.0	10.7
19	砂泥岩	7.4	7.4	2	3.70	25.4	0.17	18.0	12.0

(3) 模型配重加载设定

二维试验台的规格一定，上下岩层的铺设有限，模型铺设总高度为 913 mm，铺设宽度为 1 800 mm，要求初始条件相似，故覆岩荷载采用配重块加载方式。模拟顶板岩层高度为 67.4 m，上煤层高度为 1.6 m，下煤层高度为 7.8 m，底板岩层高度为 14.5 m。取上覆岩层 163.6 m 的重度均值为 25 kN/m³，荷载为 4.09 MPa，配重块荷载为 0.027 MPa。

(4) 模型材料配比计算

根据实验室相关研究的配比强度并结合相似材料配比表，查得模拟材料的配比，基本顶、煤层及底板分别为，沙子∶石灰∶石膏(质量比)＝6(A)∶0.5(B)∶0.5(C)、8(A)∶0.7(B)∶0.3(C)及 8(A)∶0.5(B)∶0.5(C)，各岩层的分层及材料配比见表 6.2。

表 6.2　相似模拟试验模型材料配比

序号	岩层	分层数	分层厚/cm	配比	沙子/kg	石灰/kg	石膏/kg	水/kg
1	泥岩	2	3.70	8∶0.5∶0.5	32.07	3.29	3.29	3.67
2	砂泥岩	3	2.03	8∶0.5∶0.5	26.86	1.68	1.68	3.02
3	10＋11# 煤层(下)	3	1.93	8∶0.7∶0.3	25.54	3.23	0.96	2.87
4	10＋11# 煤层(上)	1	2.00	8∶0.7∶0.3	8.81	0.77	0.33	0.99
5	泥岩	1	1.00	8∶0.5∶0.5	4.40	0.28	0.28	0.50
6	9# 煤层	1	1.60	8∶0.7∶0.3	7.05	0.62	0.26	0.79
7	K_2 石灰岩	2	3.50	6∶0.5∶0.5	29.72	2.48	2.48	3.47

表 6.2(续)

序号	岩层	分层数	分层厚/cm	配比	沙子/kg	石灰/kg	石膏/kg	水/kg
8	泥岩	2	1.50	8∶0.5∶0.5	13.21	0.83	0.83	1.49
9	细砂岩	2	2.00	7∶0.5∶0.5	17.34	1.24	1.24	1.98
10	砂泥岩	1	2.30	8∶0.5∶0.5	10.13	0.63	0.63	1.14
11	K_3 石灰岩	2	2.50	6∶0.5∶0.5	21.23	1.77	1.77	2.48
12	砂泥岩	3	2.50	8∶0.5∶0.5	33.02	2.06	2.06	3.72
13	泥岩	1	3.70	8∶0.5∶0.5	16.29	1.02	1.02	1.83
14	K_4 石灰岩	1	3.40	6∶0.5∶0.5	14.44	1.20	1.20	1.68
15	砂泥岩互层	4	2.75	8∶0.5∶0.5	48.44	3.03	3.03	5.45
16	K_8 石灰岩	1	3.00	6∶0.5∶0.5	12.74	1.06	1.06	1.49
17	粉砂岩	3	2.00	7∶0.5∶0.5	26.01	1.86	1.86	2.97
18	泥岩	2	2.00	8∶0.5∶0.5	17.61	1.10	1.10	1.98
19	砂泥岩	2	3.70	8∶0.5∶0.5	32.58	2.04	2.04	3.67

(5) 位移测点布置

根据模型整体特征分成方格测点位 100 mm×100 mm，将自制测点纸固定在测位，定位点共设 9 排 17 列，定位点在模拟中能随着覆岩结构的运移而移动，具体布置见图 6.1，在一定程度上反映出不同层位的沉降运移规律。

图 6.1 相似模拟定位点布置图

(6) 应力测点分区布置

相似模拟应力测点布置见图 6.2，监测系统如图 6.3 所示。为了研究近距离煤层多重采动下底板岩层的应力分布，在 10+11[#] 煤层深度为 3 cm、宽度为 18 cm 的底板中，横向每隔 4 cm 布置一个应力计，监测双采空区底板应力传递规律；在 9[#] 煤层下，上下煤柱中心线和边缘线处，纵向每隔 2 cm 布置一个应力计，监测煤柱中心线和边缘底板应力传递规律；在

$9^{\#}$煤层与 $10+11^{\#}$ 煤层上下煤柱两端处，纵向每隔 2 cm 布置一个应力计，监测上下煤柱应力传递规律；在 K_2 基本顶及 K_3 基本顶中纵向每间隔 4 cm 布置一个应力计，监测上覆岩层应力传递规律。

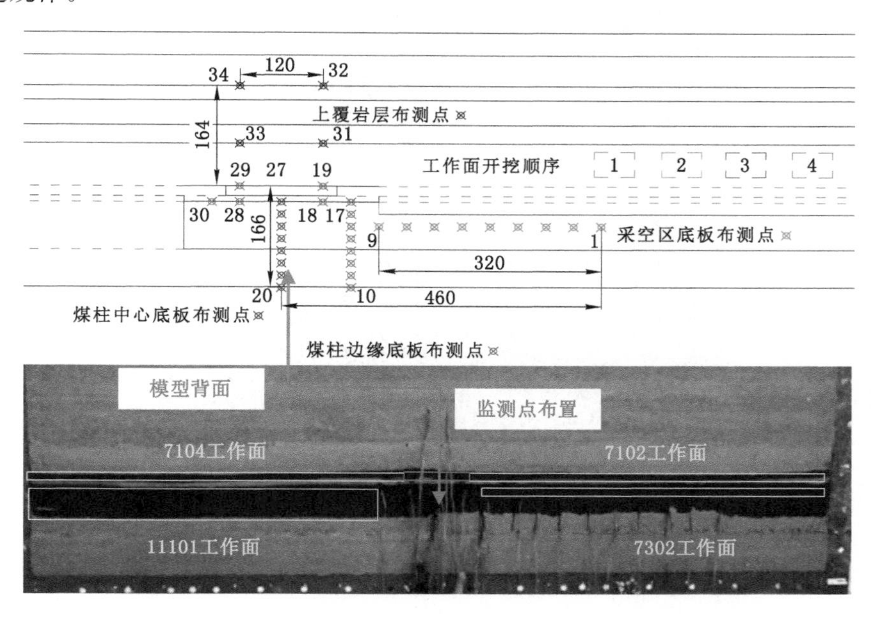

图 6.2　相似模拟应力测点分区图(单位:mm)

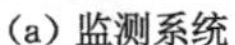

(a) 监测系统

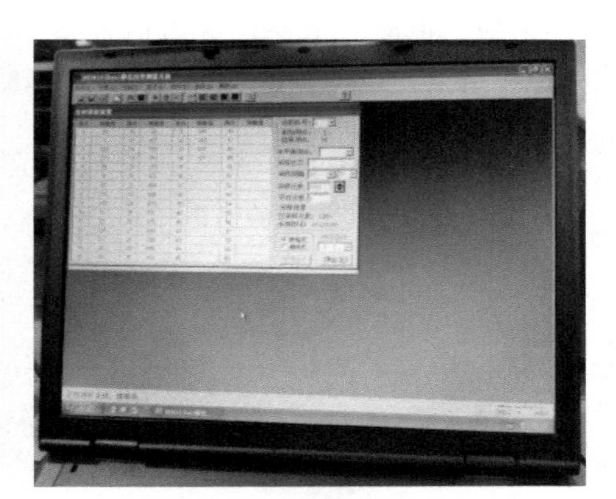

(b) 监测软件

图 6.3　静态应变监测系统

6.1.2　上煤层一侧采空(煤柱)覆岩垮落特征及应力场演化规律

(1) 覆岩垮落特征

相似模拟中，上煤层一侧采空过程中的覆岩垮落特征如图 6.4 所示。模拟开采上部煤层厚度为 1.6 m。上覆岩层断裂位置特征为，由下层位到上层位，覆岩断裂裂隙发生分区与外扩，上层位断裂线比下层位裂隙线更深入岩体深部。上覆岩层离层特征为，离层先发生在下部岩层，并逐步向上部岩层传递，伴随着下部岩层离层的闭合与上部岩层离层的扩张。覆岩破断特征为，覆岩上下坚硬岩层与中间软弱岩层进行了不同的组合，发生复合破断。在图中蓝色箭头表示不同层位岩层组合复合破断结构，红色虚线表示离层区域。

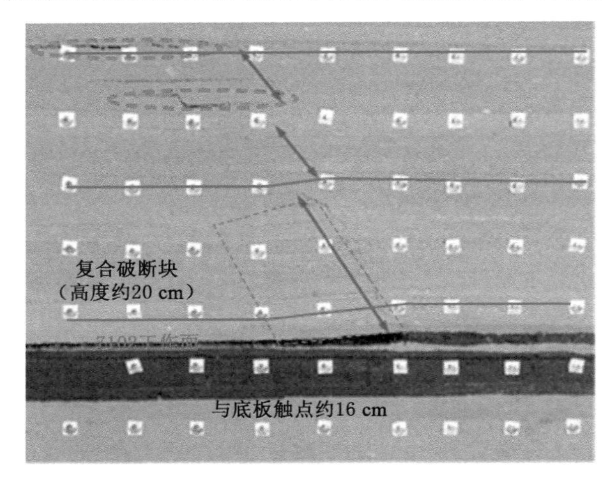

图 6.4　9# 煤层一侧采空阶段覆岩垮落分布

（2）应力分区分布特征

对模拟应力测点监测的数据进行分区表述，分为煤柱上覆岩层应力分布、上下煤柱应力分布、采空区底板应力分布、煤柱边缘底板应力分布、煤柱中心线底板应力分布。

① 煤柱上覆岩层应力分布如图 6.5 所示，测点监测了煤柱上覆岩层不同区域应力，覆岩下层位岩层应力值高于上层位应力值，测点 31 与测点 33、测点 32 和测点 34 属于同层位，其应力值呈现非对称不相等特征。

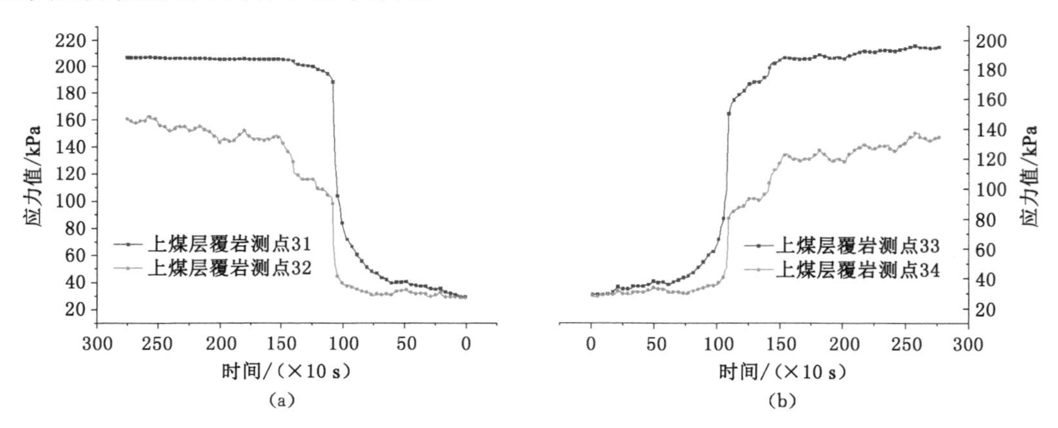

图 6.5　9# 煤层煤柱覆岩应力分布曲线

② 上下煤柱应力分布如图 6.6 所示，测点 18、28 位于下煤层，测点 19、29 位于上煤层，测点 18 在上煤层开采过程中出现应力集中现象，应力变化趋势为缓慢降低到快速增高到再次缓慢降低后再次快速升高到稳定，其应力值最高约为 1 200 kPa，约为测点 19 应力值的 6 倍。

③ 采空区底板应力分布如图 6.7 所示，测点 1 到 9 在采空区底板同一水平层位横向布

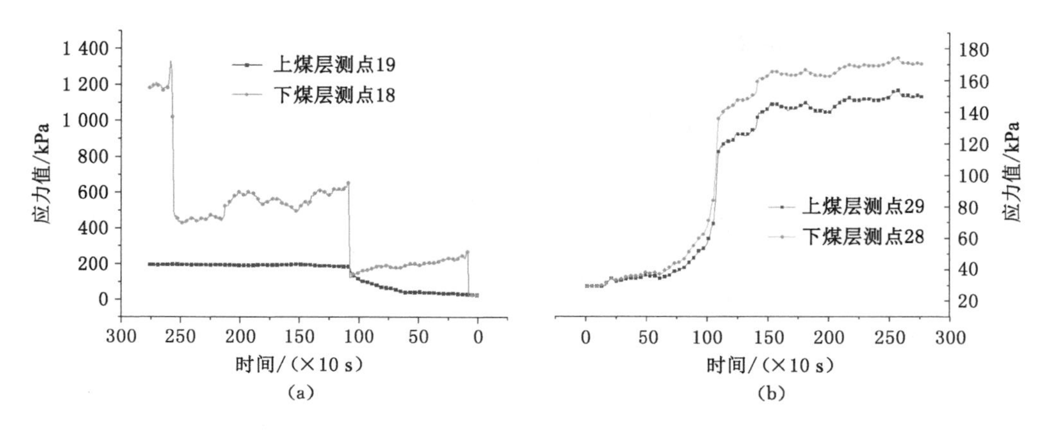

图 6.6　上下煤柱应力分布曲线

置，测点 9 位于煤壁下部空间，测点 1 远离煤壁，测点 5 应力值增加，其两侧的测点应力值都远远低于测点 5 应力值，说明覆岩垮落后关键块接触点可能位于测点 5，底板测点 6、7、8 应力值较低，可能位于基本顶关键块跨空区域下。

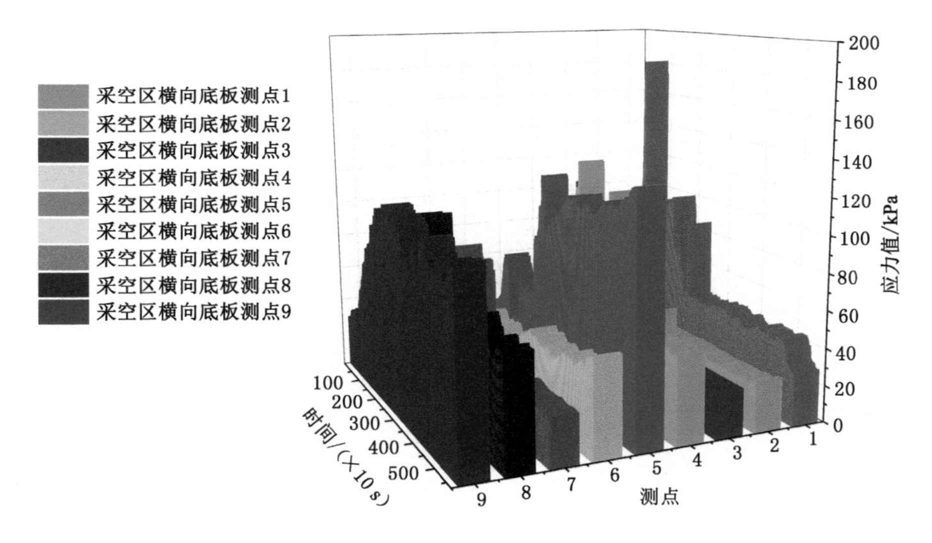

图 6.7　采空区底板横向应力分布图

④ 煤柱边缘底板应力分布如图 6.8 所示，底板浅部层位测点 17 应力较集中且应力值最高，测点 12 到测点 16 应力值较低，测点 10、11 的应力值高于测点 12 到 16 的应力值，这说明采动影响到测点 12 所在层位。

⑤ 煤柱中心线底板应力分布如图 6.9 所示，应力分布趋势在底板浅层和底板深层表现出不同特性，在底板浅部岩层中，所在层位测点 26 的应力值高于上层位测点 27 与下层位测点 25 的应力值，测点 25、21 的应力值呈缓慢递减规律。在底板深部岩层中，应力值随着深度增加而下降，下降幅度在测点 21 到测点 20 处达到最大。

6.1.3　上下煤层一侧双采空(煤柱)覆岩垮落特征及应力场演化规律

(1) 覆岩垮落特征

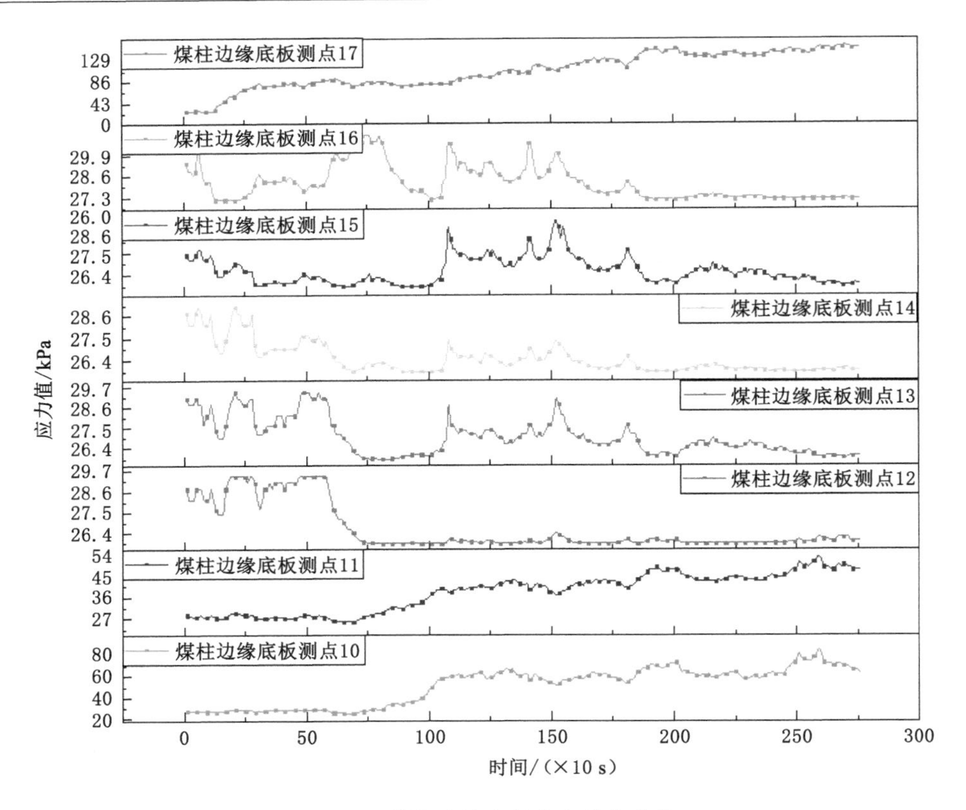

图 6.8 煤柱边缘底板应力分布曲线

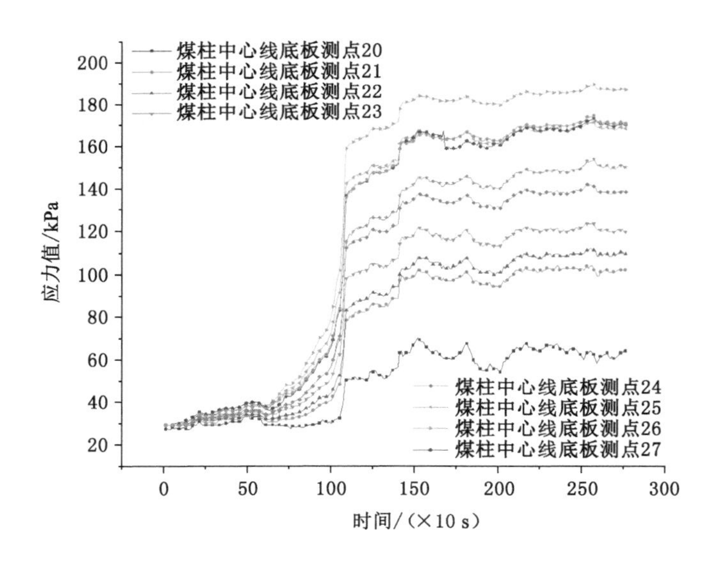

图 6.9 9# 煤层煤柱中心线底板应力分布曲线

相似模拟中，上下煤层一侧双采空过程中的覆岩垮落特征如图 6.10 所示。下煤壁与上煤壁之间内错间距 6 m，下部煤层开采厚度为 2 m，实际中间岩层垮落为矸石，相似模拟中采用橡胶垫片模拟垮落矸石。上部为采空区，下部煤层开采后覆岩垮落特征与一侧采空相比，上覆岩层断裂位置特征突出表现为，断裂块体内侧断裂，外侧断裂和内侧断裂形成铰接断裂块体，断裂块体发生回转。上覆岩层离层特征为，最上层位岩层离层量增加，复合破断组合岩层的上下层离层裂隙较明显。

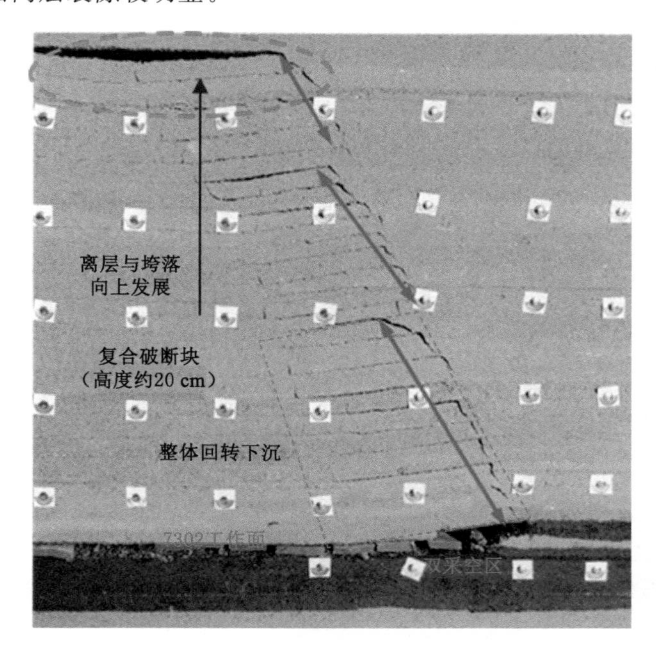

图 6.10　上下煤层一侧双采空阶段覆岩垮落分布

（2）应力分区分布特征

① 煤柱上覆岩层应力分布如图 6.11 所示，覆岩下层位岩层测点 31 与 33 应力值线性快速升高到最大值后小幅度降低后稳定，其间煤层采动侧与未采动侧覆岩稳定应力值分布特征为，两侧应力呈现非对称分布，煤体开挖侧覆岩测点应力值小于未开挖侧覆岩测点应力值，下层位岩层对上层位岩层主承载体向未开挖侧覆岩深部转移。

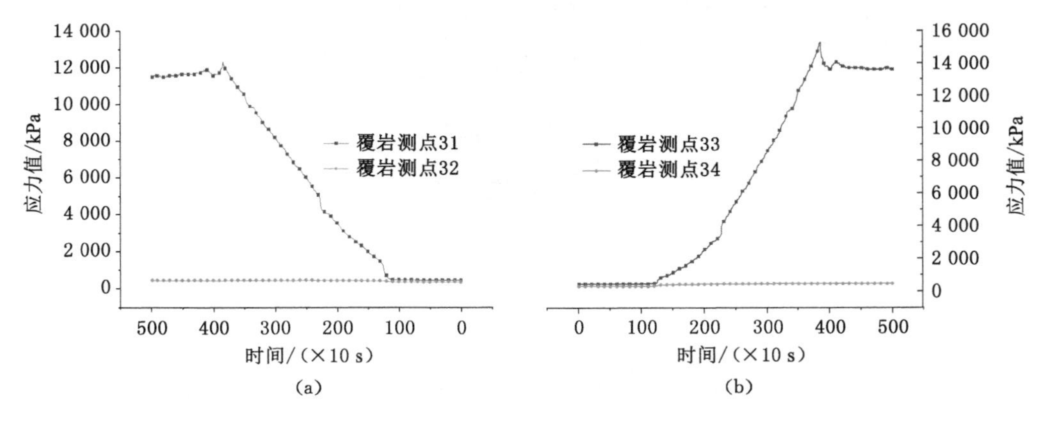

图 6.11　煤柱上覆岩层应力分布曲线

② 上下煤柱应力分布如图 6.12 所示，近采空区侧上煤层测点 19 应力值变化幅度小、

趋于平稳，下煤层测点 18 应力值则呈现波动递减到稳定，下煤层应力显现同上煤层应力；远离采空区侧上下煤层测点 28、29 应力值呈现相似变化趋势，下煤层应力增长幅度大于上煤层应力增长幅度。

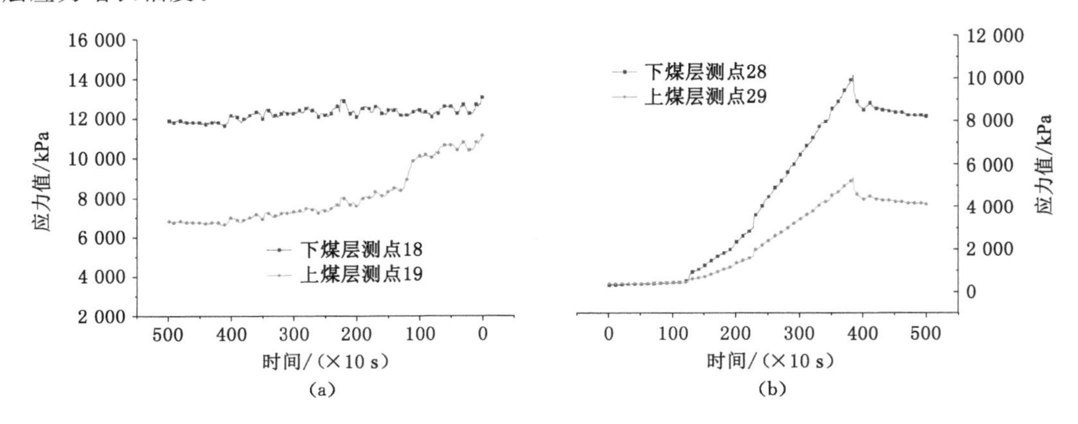

图 6.12　上下煤柱两侧应力分布曲线

③ 采空区底板应力分布如图 6.13 所示，近煤壁测点 9 应力降低，测点 4 应力增加，覆岩可能断裂处为测点 4 处，两测点中间测点处于低应力区，测点 1、3、4 应力值高于测点 6、7、8 应力值，侧方断裂块岩角与煤壁、底板搭接，跨空区域保护下层位底板不受覆岩应力扰动。

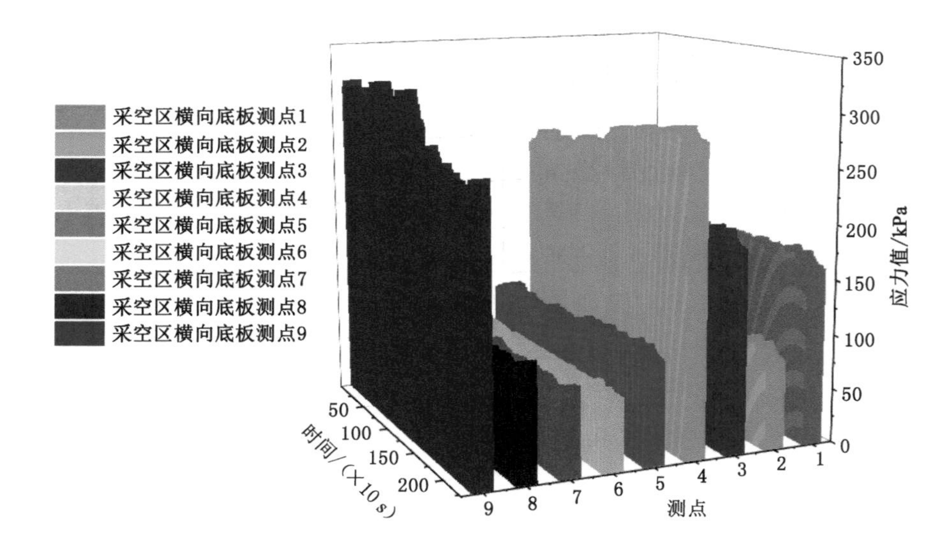

图 6.13　采空区底板横向应力分布图

④ 煤柱边缘底板应力分布如图 6.14 所示，底板浅部层位测点 17 应力较集中且应力值最高，测点 12 到测点 16 应力变化趋势相似，底板深部层位测点 10、11 的应力增幅降低。

⑤ 煤柱中心线底板应力分布如图 6.15 所示，测点 27、测点 26、测点 25 分别为上层位测点、中层位测点与下层位测点。测点 27、测点 26 应力呈压缩响应特征，中层位应力值大

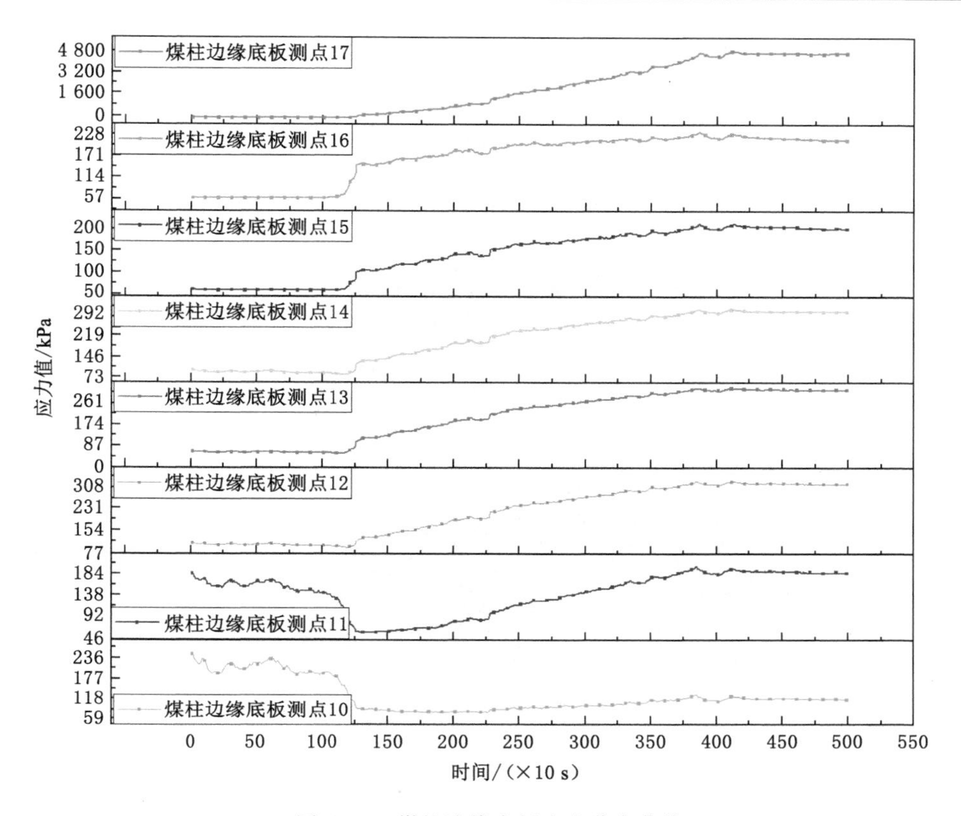

图 6.14　煤柱边缘底板应力分布曲线

于上层位应力值；测点 26、测点 25 应力呈衰减响应特征，下层位应力值小于中层位应力值，且应力下降幅度大。

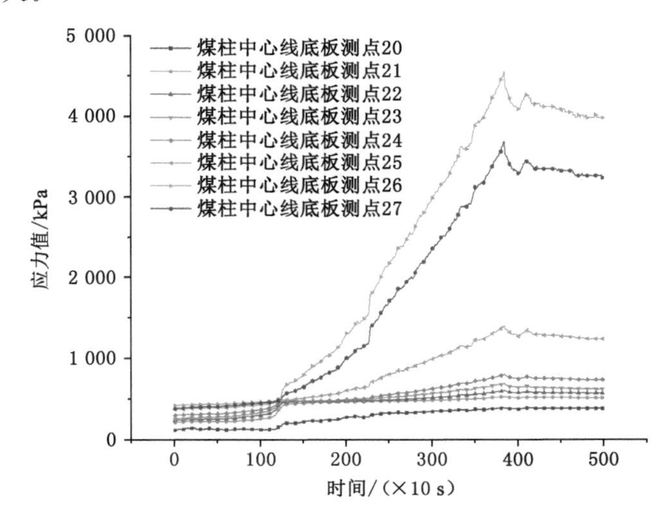

图 6.15　煤柱中心线底板应力分布曲线

6.1.4　上煤层两侧采空下煤层一侧采空(煤柱)覆岩垮落及应力场演化特征

(1) 覆岩垮落特征

模拟上煤层留设 16 m 煤柱，上煤层两侧采空下煤层一侧采空阶段覆岩垮落特征如图 6.16 所示。与上煤层一侧采空阶段、上下煤层一侧双采空阶段相比，其上覆岩层断裂位置特征表现为，岩层断裂和离层只发生在覆岩相对下层位。上覆岩层离层特征为，在覆岩相对下层位产生一定高度离层，且进入平衡状态条件下离层不会向上层位扩展，下层位多层岩层发生复合破断，其组合岩层的上下层整体下沉。

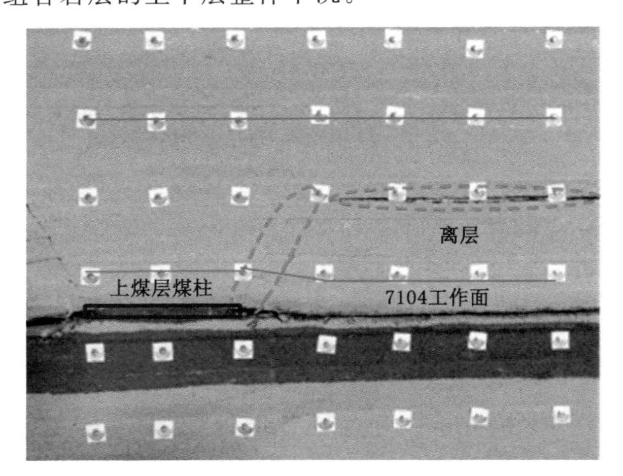

图 6.16　9# 煤层煤柱两侧采空 10+11# 煤层一侧采空阶段覆岩垮落分布

（2）应力分区分布特征

① 煤柱上覆岩层应力分布如图 6.17 所示，两侧应力值呈非对称分布，采动侧测点 33 应力变化趋势为缓慢上升→波动→平稳→快速增长→稳定。

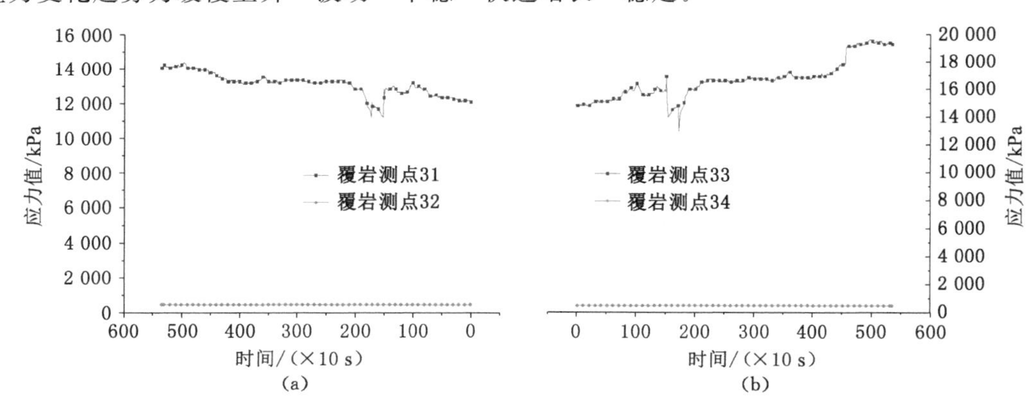

图 6.17　煤柱上覆岩层应力分布曲线

② 上下煤柱应力分布如图 6.18 所示，煤层采动侧与未采动侧覆岩稳定应力值分布特征为，采动侧应力呈现缓慢波动性增长到缓慢下降，未采动侧应力呈现小幅度波动性，采动侧测点应力值小于未采动侧测点应力值。

③ 采空区底板应力分布如图 6.19 所示，整个过程中各测点应力波动幅度较小，只出现个别应力增幅较大点，近煤壁测点 9 应力值小于测点 4 应力值，两测点中间测点 6、7、8 处于低应力区，侧方断裂块岩角与煤壁、底板搭接，承载区向采空区深部转移，而复合断裂块跨空

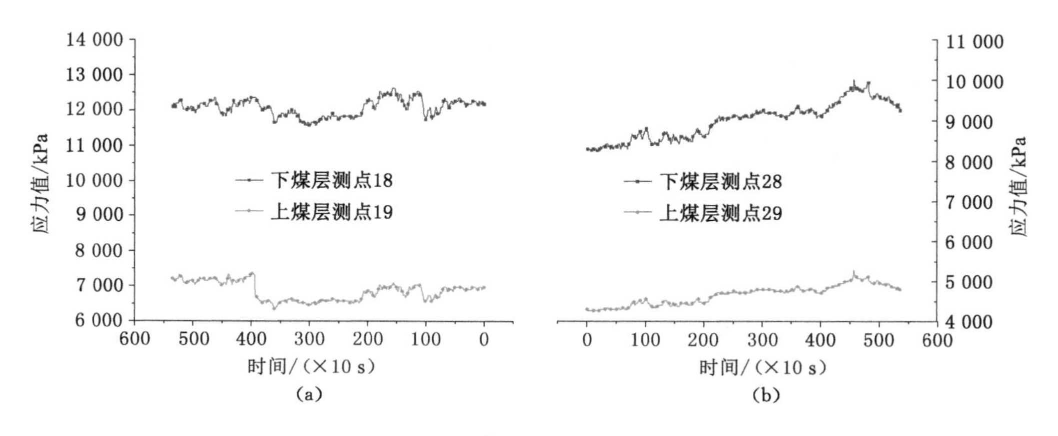

图 6.18　上下煤柱两侧应力分布曲线

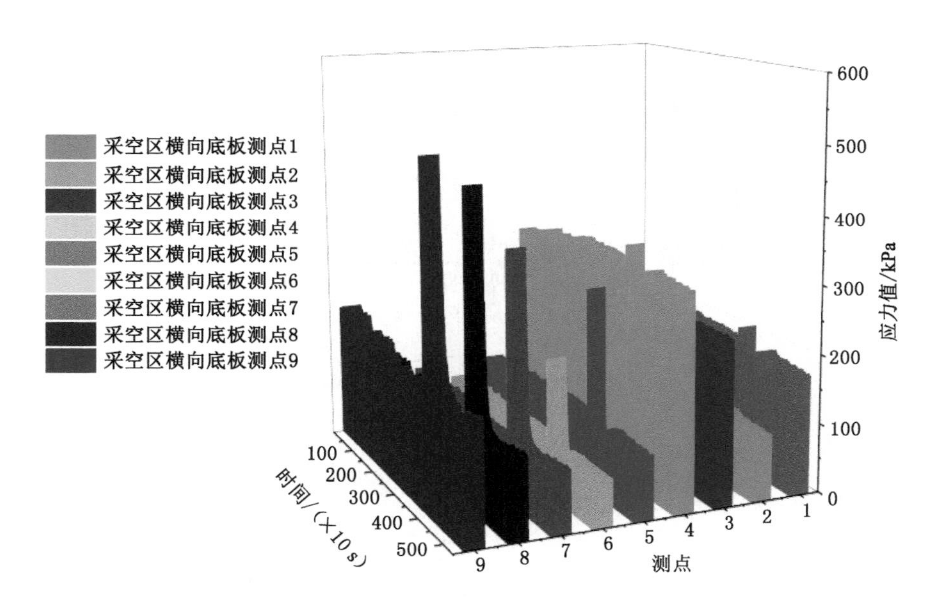

图 6.19　采空区底板横向应力分布图

区域下层位底板不受采动应力扰动。

④ 煤柱边缘底板应力分布如图 6.20 所示。测点 17 应力集中，处于底板浅部高应力区。测点 11 到测点 16 应力变化趋势相似，仔细观察可以发现特征为：从底部上层位到下层位中，测点 13 相对上层位测点 16、15、14 的应力值变化趋势为递增，测点 13 相对下层位测点 12、11 的应力值变化趋势为递减。测点 10 应力变化趋势与其他测点应力变化趋势不同。综上所述，上层位应力主要影响范围是测点 13 到测点 17 所在的层位，应力衰减范围是测点 11 到测点 13 所在的层位，应力无影响范围是测点 10 所在的层位。

⑤ 煤柱中心线底板应力分布如图 6.21 所示，测点 25、26、27 应力呈现波动性缓慢增长趋势，测点 20 到测点 24 应力呈现稳定趋势，两层位测点应力趋势不同，相对下层位不受上层位高应力影响。

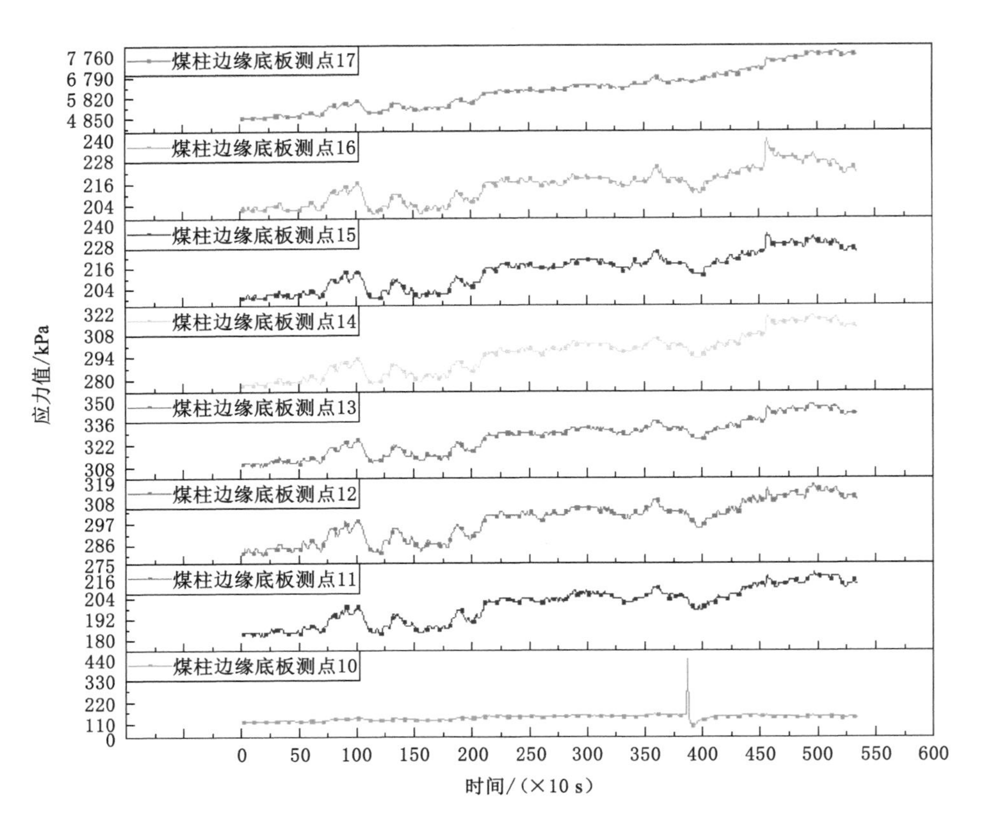

图 6.20 煤柱边缘底板应力分布曲线

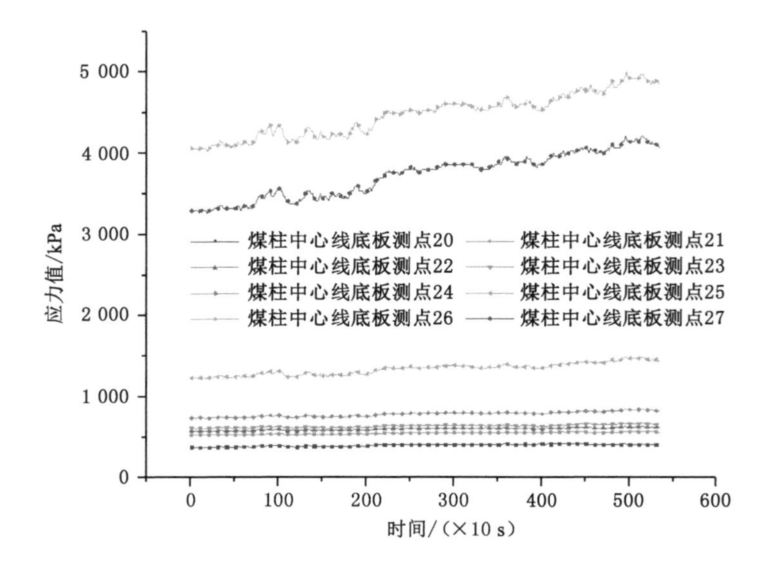

图 6.21 双采空区煤柱中心线底板应力分布曲线

6.1.5　上下煤层两侧双采空(煤柱)覆岩垮落特征及应力场演化规律

(1) 覆岩垮落特征

模拟上下煤层两侧双采空阶段特征，开挖模型的右侧下煤层(厚度 7.6 m)，模型形成上煤层(厚度 1.6 m)留设 16 m 煤柱、上煤柱两侧全部开采、下煤层上分层(厚度 2 m)留设 28 m 煤柱、下煤层下分层一侧采空，上下煤柱两侧非对称双采空过程中的覆岩垮落特征如图 6.22 所示。

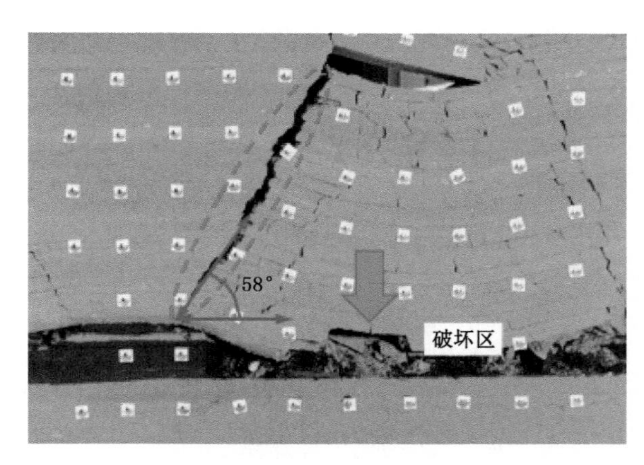

图 6.22　上下煤层煤柱两侧非对称采空阶段覆岩垮落分布

与上煤层一侧采空阶段、上下煤层一侧双采空阶段、上煤层两侧采空下煤层一侧采空阶段相比，其上覆岩层断裂位置特征表现为：煤层开采高度增加致使覆岩发生大断裂并且裂隙整体贯通，断裂线与水平线夹角约 58°；断裂岩体发生回转失稳，与底板接触区域发生局部碎裂破坏。上覆岩层离层特征为，垮落岩层紧紧相互挤压在一起，离层发生在上层位岩层，下层位多层岩层发生复合破断，其组合岩层的抗破坏性增强。

(2) 应力分区分布特征

① 煤柱上覆岩层应力分布如图 6.23 所示，综放采动侧测点 33 应力变化趋势为稳定→快速上升→平稳→快速下降→稳定，未采动侧测点 31 应力变化趋势为稳定到缓慢上升。

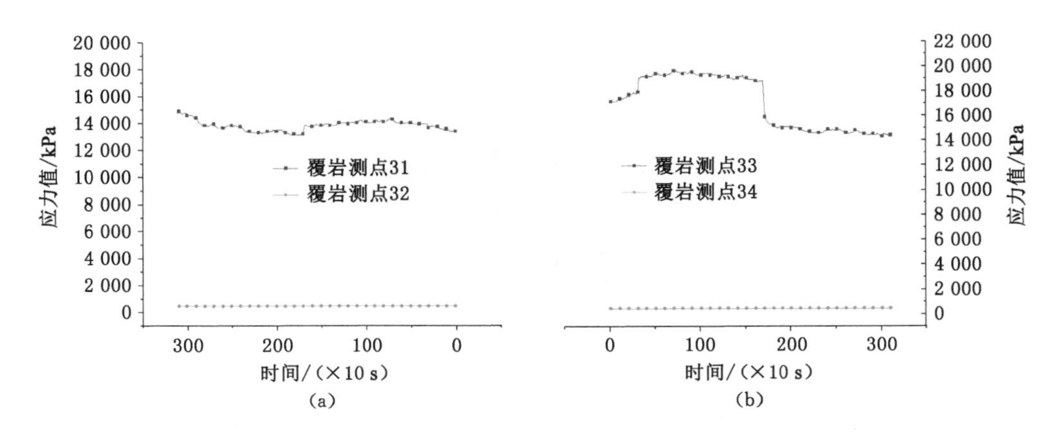

图 6.23　双采空区煤柱上覆岩层应力分布曲线

② 上下煤柱应力分布如图 6.24 所示，煤层采动侧与未采动侧应力分布特征是：采动侧上下煤层应力变化趋势不同，下煤层测点 28 应力变化趋势为稳定到缓慢增长，上煤层测点 29 应力变化趋势为稳定到缓慢下降；未采动侧上下煤层应力趋于平稳。

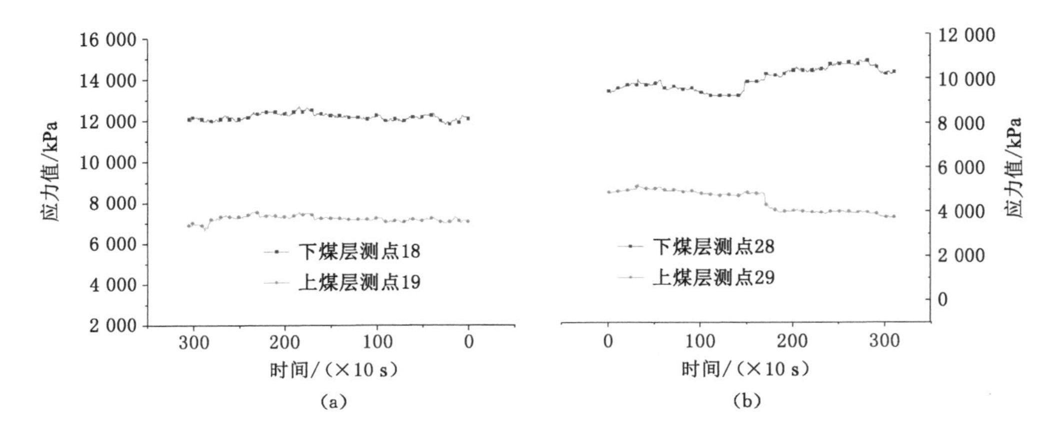

图 6.24　上下煤柱两侧应力分布曲线

③ 采空区底板应力分布如图 6.25 所示，近煤壁测点 9 应力变化趋势为稳定到缓慢增长到快速增长到再稳定，测点 4 应力大于其他各测点，左侧邻近测点 5 应力值相对较低，右侧邻近测点 3 应力值大于测点 5，右侧承载高于左侧；测点 5、6、7、8 处于低应力区，侧方断裂块岩角与煤壁、底板搭接，断裂块跨空区域具有保护作用，致使下层位底板不受覆岩运动扰动。

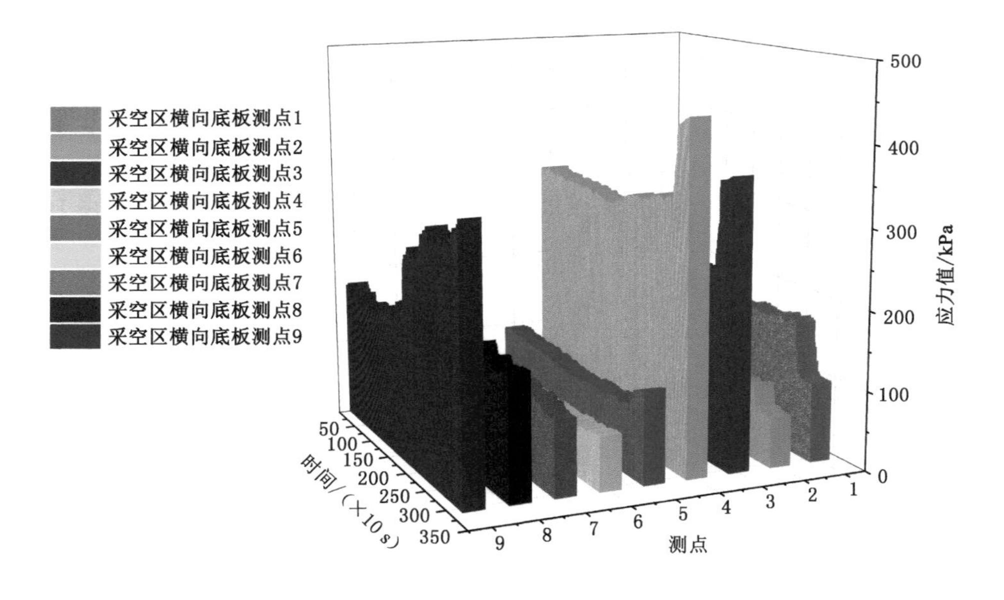

图 6.25　采空区底板横向应力分布图

④ 煤柱边缘底板应力分布如图 6.26 所示。测点 17 应力集中，继上次采动后应力变化

趋势为持续增高到快速下降。测点11到测点16应力变化趋势相似，仔细观察可以发现特征为：从底部上层位到下层位中，测点13相对上层位测点16、15、14的应力最大值变化趋势为递增，测点13相对下层位测点12、11的应力值变化趋势为递减。测点10应力变化趋势与其他测点应力变化趋势不同。综上所述，未采动区底板应力受到采动区影响，上层位应力主要影响范围是测点13到测点17所在的层位，应力衰减范围是测点11到测点13所在的层位，应力无影响范围是测点10所在的层位。

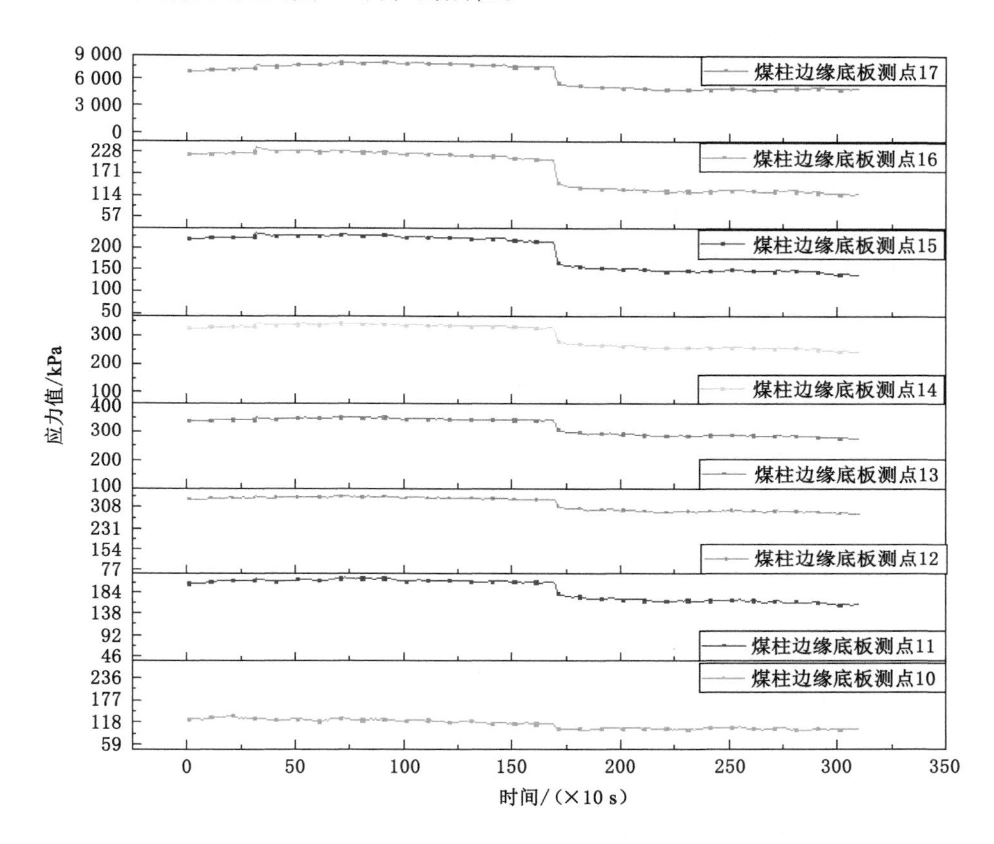

图6.26　双采空区煤柱边缘底板应力分布曲线

⑤ 煤柱中心线底板应力分布如图6.27所示，测点25、26、27应力呈现波动性恒稳变化到快速下降再稳定，测点20到测点24应力呈现稳定趋势，两层位测点应力变化趋势不同，相对下层位不受上层位高应力影响或受影响较弱。

综上对双采空区非对称开采四阶段的应力分区监测结果对比分析可知，上覆岩层应力分布规律为，上覆岩层应力集中发生在测点31—32之间层位即在4～8 m之间，应力集中程度增加是在上煤层两侧采空下煤层一侧采空阶段。双层位煤柱应力分布规律为：在上煤层一侧采空阶段，上煤层应力监测值高于下煤层；在上下煤层一侧双采空阶段，变为下煤层应力监测值高于上煤层，这表明双采空区卸压，应力集中区下移；同时，上下煤层两侧双采空阶段应力值趋于稳定，表明此阶段对已采动一侧双采空底板（测点18、19分布侧）影响较小。采空区底板应力分布规律为，覆岩关键块跨空长度约为16 m，在煤壁内侧的测点9处应力

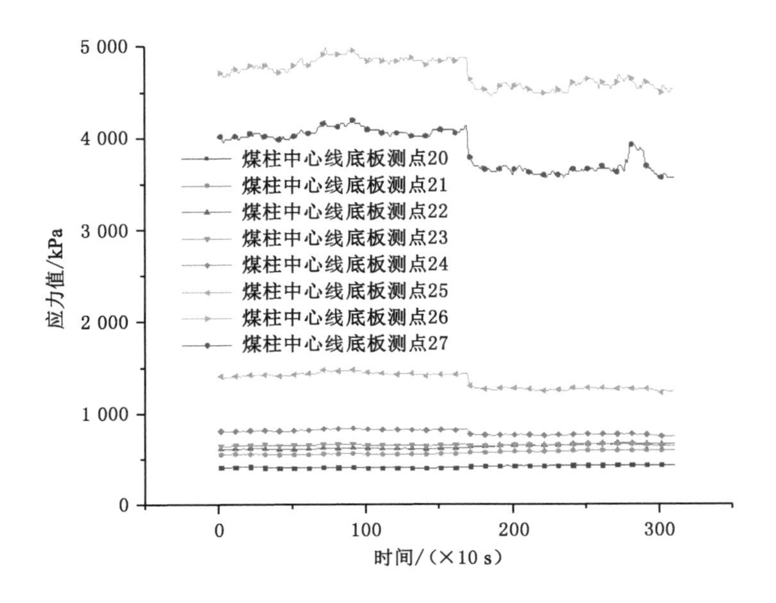

图 6.27　双采空区煤柱中心线底板应力分布曲线

较大，这表明基本顶断裂位置为煤壁内 2 m。煤柱边缘底板应力分布规律为，上煤层一侧采空底板应力传递影响距离是测点 17 到测点 13 即约 8 m，高应力影响距离为 4 m，上下煤层一侧双采空底板应力传递影响距离是测点 17 到 11 即约 12 m，高应力影响距离为 4 m。煤柱中心线底板应力分布规律为，应力集中程度较高层位主要是底板测点 27 到测点 25 即底板纵向 4 m 层位。

6.2　近距离双采空区下煤层巷道裂化顶板围岩注浆试验探究

对于裂化围岩，特别是近距离双采空区巷道裂化顶板，裂化顶板上部为采空区，锚杆(索)难以锚固在良好的锚固承载层上，且锚杆(索)难以对裂化围岩施加有效预应力，这就需要采用注浆技术，增强围岩自承载强度。

在实验室对裂化顶板注浆块体进行单轴压缩试验，如图 6.28 所示。围岩注浆初始阶段，1 天时，注浆液未凝实，注浆围岩强度缓慢增加，总体强度低，围岩变形大；围岩注浆中期阶段，注浆围岩强度大幅度增高，围岩变形降低，3 天时，基本能达到最大强度的 62.5%，7 天时，基本能达到最大强度的 87.5%；围岩注浆后期阶段，注浆围岩强度增加幅度降低，21 天时，注浆围岩强度达到最大强度的 95%左右；28 天后，注浆围岩强度达到最大，围岩强度稳定在最大值。在围岩注浆前后对锚杆(索)进行拉拔测试(见图 6.29)，注浆前锚杆的实际拉拔力仅约 50 kN，锚索的拉拔力仅约 80 kN；注浆后锚杆拉拔力可达 160 kN 左右，锚索拉拔力可达 350 kN 左右。

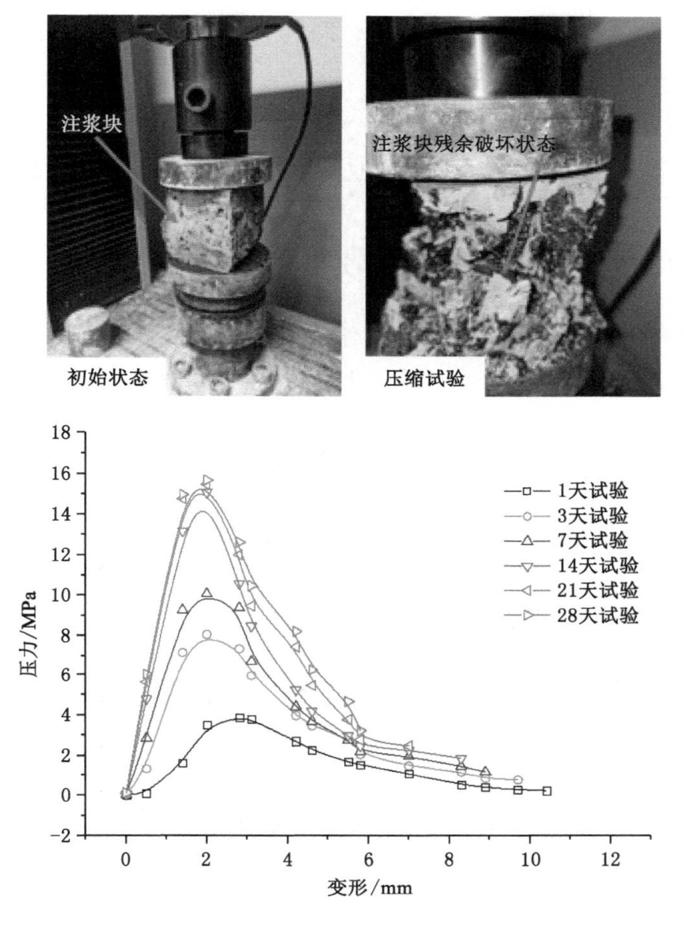

图 6.28　破碎围岩注浆强度试验示意图

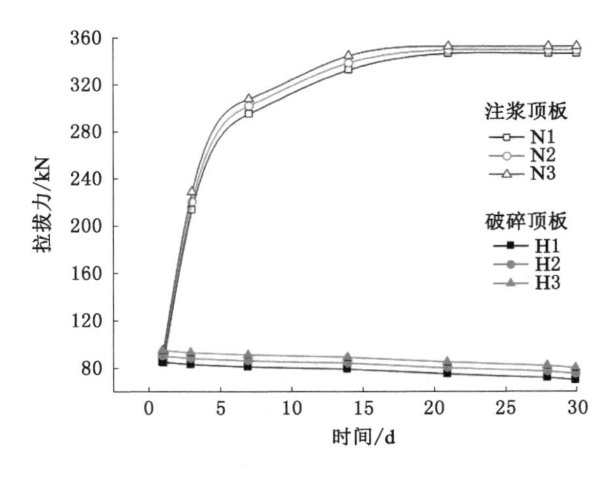

图 6.29　注浆锚杆(索)拉拔力监测

第7章　近距离双采空区下煤层综放巷道围岩控制工程试验

综合考虑近距离双采空区下煤层综放巷道围岩在多重采动四阶段中推进方向和侧向多重应力扰动与破坏、双层位坚硬基本顶复合破断块尖端破坏和跨空保护作用、下煤层综放巷道掘进后与本煤层回采阶段巷道围岩偏应力和塑性区演化规律，并结合相似模拟试验得到的覆岩垮落形态与分区应力分布规律、裂化围岩实验室注浆试验结果、锚杆(索)拉拔测试结果、中空注浆锚索周边剪应力作用机理及偏载异位耦合点相等补偿力与不等补偿力耦合支护结构特征，形成双采空区下巷道破碎围岩支护原则与控制方案，并选取汾西矿业11103综放工作面100 m试验段巷道进行现场工程试验，对试验段巷道围岩变形破坏及支护效果进行监测，从而检验支护方案的合理性。

7.1　双采空区下11103综放工作面巷道破碎围岩支护结构力学分析

7.1.1　双采空区下11103综放工作面巷道破碎围岩支护原则

近距离双采空区下综放煤巷围岩控制面临的主要难点：

① 近距离双采空区下煤层巷道，上部为双采空区结构，两次强采动影响对层间距极小的下煤层顶板即上煤层底板造成严重破坏，巷道稳定性差，而且双采空区顶板无锚固承载层，锚杆(索)锚固效果差。

② 邻近工作面多重采动-巷道围岩多重应力扰动与破坏，使巷道受到多重应力持续或阶段叠加影响，巷道围岩受多应力扰动与破坏，其强度降低，破坏范围与程度增加。

③ 11103工作面运输巷布置在煤柱侧方底板，受到煤柱侧向集中应力影响，巷道位置越靠近煤柱，应力越高，在高应力环境下巷道围岩稳定性差。

④ 11103工作面运输巷是近距离下煤层回采巷道，其布置位置为上煤层底板岩层，在采掘前，已受到邻近工作面多重采动多应力影响与煤柱侧向集中应力影响，底板岩层为多重应力扰动状态，岩体较破碎，裂隙发育，矩形巷道断面对抗巷道破碎围岩效果差。

⑤ 11103工作面属于高强度开采工作面，工作面回采过程中引起的支承压力峰值高且范围大，已裂化破坏围岩裂隙发育，破碎程度剧增。

针对以上控制难点，基于第3章多重应力扰动与破坏力学特征分析、第4章近距离双采空区多重采动底板应力时空演化规律、第5章近距离双采空区下煤层综放巷道围岩偏应力演化规律以及第6章近距离双采空区覆岩运移相似模拟与破碎顶板注浆试验研究，提出近距离双采空区下11103综放工作面巷道破碎围岩支护原则。

① 采用插底布置与拱形断面共同对抗下煤层巷道破碎围岩。矩形断面一般适用于顶

板完整性较好、顶压较小、服务年限短的巷道。而针对以上近距离双采空区下煤层巷道围岩破碎、顶压大情况，采用拱形巷道可增加拱顶承压能力；同时，11103综放工作面巷道采用插底布置，采用半煤岩巷代替全煤巷道，将巷道顶板、两帮都布置在底板偏应力峰值区及破坏范围内变为只留顶板与巷道两帮上部在底板偏应力峰值区及破坏范围内，增强巷道两帮承载性。故采用直墙拱形断面对抗破碎顶板。

② 采用中空注浆锚索改善巷道破碎围岩承载稳定性。双采空区下煤层巷道围岩在巷道未掘进时已受多重采动影响与破坏，掘进后，受到掘进以及本工作面综放强采动影响，巷道围岩破碎，稳定性差。破碎顶板只采用传统锚杆、锚索支护后，难以施加有效预应力；针对近距离双采空区下巷道破碎围岩，采用中空注浆锚索改善破碎围岩承载稳定性，其集树脂锚固与注浆锚固于一体，能实现全长锚固与深孔锚注，增加锚固深度及范围，施加较高预应力在浅部与深部围岩形成以锚杆锚索锚固端为边界的压应力场。

③ 采用棚索柱耦合支护结构同步被动支护与主动支护。在巷道破碎围岩支护中，单独采用U型钢支架支护，钢架与围岩相互耦合的效果差，实际工作承载性能为理论承载性能的1/6～1/4甚至更低。而且U型钢支架在应对破碎围岩大变形时，出现大量损坏现象，在支护失效情况下易发生冒顶灾害。针对双采空区下11103综放工作面巷道破碎围岩出现大面积冒顶灾害问题，采用棚索柱耦合支护结构承载破碎围岩，同步被动支护与主动支护，实现破碎围岩深部与浅表控制联动性，并间隔性阻断破碎顶板连续性破坏力学行为，防止单一支护体过载或损坏。

7.1.2　中空注浆锚索注浆前后周边剪应力作用机理

针对双采空区下11103综放工作面巷道破碎围岩在普通锚杆（索）支护下难以控制问题，采用中空注浆锚索改善破碎围岩承载能力与稳定性。中空注浆锚索内部以中空管作为注浆管，外部钢绞线作为索体，注浆前用树脂锚固剂进行端部锚固，注浆后用水泥砂浆实现全长锚固。在锚索受到预紧力与拉拔力时，锚索与锚固剂形成轴向剪应力，并传递给锚索周边围岩。工程实践中，锚索失效一般为锚索钢绞线从孔中被拉出，而不是钢绞线与树脂锚固剂或水泥砂浆从锚固体中被拉出，所以锚固剂、索体与围岩之间的剪应力大小及分布规律决定注浆锚索与围岩之间的极限承载力。

(1) 注浆前围岩剪应力分布

中空注浆锚索在注浆前锚固端由树脂锚固剂、锚索和围岩黏弹性介质组合形成，符合黏弹性本构模型。把中空注浆锚索在预紧力 P_0 作用下力学模型简化为Kelvin半无限体内部受集中力作用时的黏弹性模型[50]。设定围岩是非均质不连续的，取围岩完整性系数为 k，围岩与树脂锚固剂两者黏合体的弹性模量、剪切模量及泊松比的表达式为：

$$\begin{cases} E_q = k\dfrac{E_1E_2}{E_1+E_2} \\ G_q = k\dfrac{G_1G_2}{G_1+G_2} \\ \mu_q = k\left(\dfrac{E_q}{2G_q}-1\right) = k\left[\dfrac{E_1E_2(G_1+G_2)}{2(E_1+E_2)G_1G_2}-1\right] \end{cases} \tag{7.1}$$

式中　E_1——树脂锚固剂的弹性模量；

G_1——树脂锚固剂的剪切模量；

E_2——锚固围岩的弹性模量；

G_2——锚固围岩的剪切模量。

中空注浆锚索在预紧力 P_0 作用下，端部树脂锚固段附加剪应力为：

$$\tau_z = -\frac{P_0}{4\pi(1-\mu_q)}\left[\frac{(1-2\mu_q)z}{\sqrt{r^2+z^2}^3}+\frac{z^3}{\sqrt{r^2+z^2}^5}\right] \quad (m \leqslant z \leqslant d) \tag{7.2}$$

式中 r——锚索孔半径；

m——中空注浆锚索注浆锚固段长度；

d——锚索长度。

(2) 注浆后围岩剪应力分布

中空注浆锚索在注浆后实现全长锚固，与注浆前树脂锚固锚索孔周边围岩空间相比，水泥砂浆黏结锚索自由段与周边围岩形成圆柱形大范围锚固体。

注浆后中空注浆锚索在拉拔力 P 作用下，锚固体产生的附加应力符合圆形荷载下的三维轴对称 Boussinesq 应力解[50]。其中，注浆锚固段围岩与水泥砂浆两者黏合体的弹性模量、剪切模量及泊松比的表达式为：

$$\begin{cases} E_h = k\dfrac{E_2E_3}{E_2+E_3} \\ G_h = k\dfrac{G_2G_3}{G_2+G_3} \\ \mu_h = k\left(\dfrac{E_h}{2G_h}-1\right) = k\left[\dfrac{E_2E_3(G_2+G_3)}{2(E_2+E_3)G_2G_3}-1\right] \end{cases} \tag{7.3}$$

式中 E_3——水泥砂浆的弹性模量；

G_3——水泥砂浆的剪切模量。

中空注浆锚索在拉拔力 P 作用下附加剪应力在注浆锚固段与端部树脂锚固段可分段表示为：

$$\begin{cases} \tau_h = \dfrac{3Pz^3}{2\pi\sqrt{r^2+z^2}} \quad (0 < z \leqslant m) \\ \tau_h = \dfrac{3Pz^3}{2\pi\sqrt{r^2+z^2}^5} - \dfrac{P_0}{4\pi(1-\mu)}\left[\dfrac{(1-2\mu_h)(z-m)}{\sqrt{(z-m)^2+r^2}^3}+\dfrac{3(z-m)^3}{\sqrt{(z-m)^2+r^2}^5}\right] \quad (m \leqslant z \leqslant d) \end{cases} \tag{7.4}$$

针对汾西矿业 11103 综放工作面巷道，其顶板整体布置在 10+11# 煤层中，煤体弹性模量 E_2 均值为 3.53 GPa、剪切模量 G_2 均值为 1.39 GPa，树脂锚固剂的弹性模量 E_1 均值为 16 GPa、剪切模量 G_1 均值为 6.15 GPa，水泥砂浆的弹性模量 E_3 均值为 24 GPa、剪切模量 G_3 均值为 10.26 GPa。中空锚索的长度为 4.5 m，端部锚固段长度为 1.2 m，注浆锚固段长度为 3.3 m。通过以上计算得注浆前、后中空注浆锚索与孔周边剪应力分布曲线，如图 7.1 和图 7.2 所示。

① 注浆前，锚固端周边剪应力曲线为单峰值曲线，树脂锚固剂与锚索孔周边围岩的剪应力峰值集中范围为 0.1～0.3 m，整体分布趋势呈现线性快速增加到非线性快速下降再到稳定。锚索孔半径为 0.032 m 时，随着预紧力从 100 kN 增加到 180 kN，锚固体周边的剪应力峰值从 6.91 MPa 增大到 12.44 MPa；锚索孔半径为 0.064 m 时，随着预紧力从 100 kN

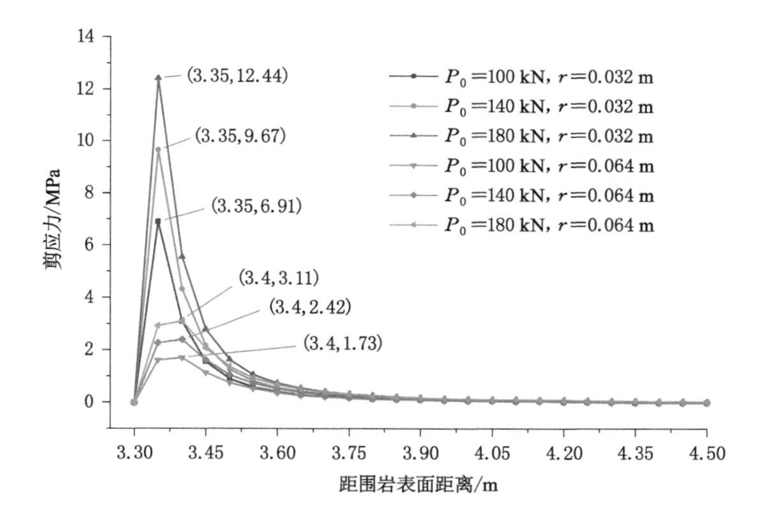

图 7.1　注浆前锚固端周边剪应力

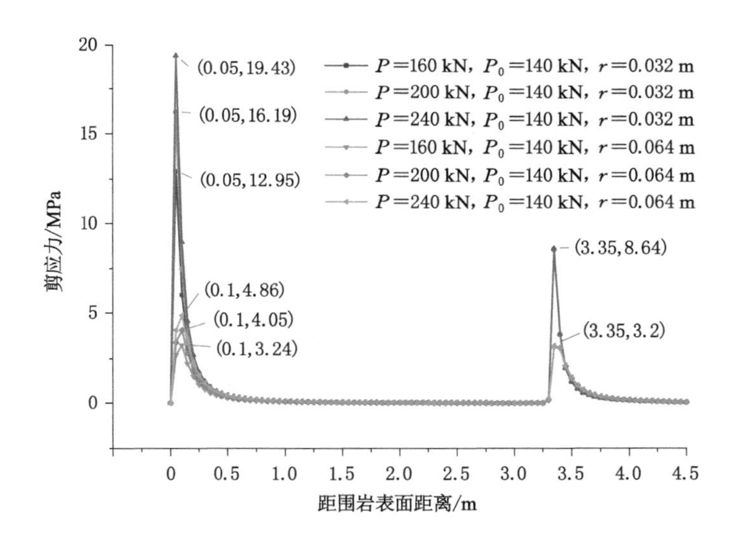

图 7.2　注浆后注浆锚固段与树脂锚固段周边剪应力

增加到 180 kN，锚固体周边的剪应力峰值从 1.73 MPa 增大到 3.11 MPa，两者呈正比关系；预紧力为 100～180 kN 时，随着锚索孔半径从 0.032 m 增加到 0.064 m，锚固体周边的剪应力分别从 6.91 MPa 降低到 1.73 MPa，从 9.67 MPa 降低到 2.42 MPa，从 12.44 MPa 降低到 3.11 MPa，两者呈反比关系。

② 注浆后，注浆锚固段与树脂锚固段周边剪应力曲线为双峰值曲线，剪应力峰值集中范围为 0.05～0.1 m 与 3.35～3.45 m，整体分布趋势呈现线性快速增加到非线性快速下降再到稳定。锚索孔半径为 0.032 m、预紧力为 140 kN 时，随着拉拔力从 160 kN 增加到 240 kN，注浆锚固段周边的剪应力从 12.95 MPa 增加到 19.43 MPa，端部锚固段周边的剪应力基本保持 8.64 MPa 不变；随着锚索孔半径的增加，锚固体周边的剪应力降低，两者呈

反比关系。

综上所述，中空注浆锚索注浆后锚固体与锚索孔围岩的剪应力分布范围增加，锚索承载能力与围岩稳定性提高，破碎围岩中锚索锚固效果改善。

7.1.3 棚索柱耦合支护结构力学分析

基于7.1.1小节中巷道支护难点与支护原则，针对双采空区下11103综放工作面巷道破碎围岩出现大面积冒顶灾害问题，采用棚索柱耦合支护结构承载破碎围岩，抵抗顶压，并防止U型钢支架在煤柱应力集中与采空区应力降低这种偏载条件下出现弱截面，承载性能降低。“棚索柱”是指U型钢支架与中空注浆锚索及单体支柱。采用单体支柱、中空注浆锚索与U型钢支架耦合支护来应对破碎围岩大变形时支护结构弱面，同步被动支护与主动支护，实现破碎围岩深部与浅表控制联动性，并间隔性阻断破碎顶板连续性破坏力学行为，防止单一支护体过载或损坏。

分别建立在拱顶、拱肩、拱帮分别受围岩均载与偏载条件下中空注浆锚索、单体支柱与U型钢支架耦合支护结构的二铰拱模型，分析U型钢支架弱截面位置，研究中空注浆锚索、单体支柱与U型钢支架耦合支护后U型钢支架弯曲应力及变形。

如图7.3所示，设定拱脚为固支铰，拱顶半径为R_2，即ce段，拱两肩半径为R_1，即bc、ef段，拱两帮高为H，即ab、fg段。解除铰支座a的约束力，并以X_i代替，X_1、X_2、X_4分别为不同位置补打中空注浆锚索施加在U型钢支架上的作用力，X_3为单体支柱对U型钢支架的作用力，可用结构力学中力法求解耦合力作用下的力法方程[51]。

$$\delta_{1j}X_j + \Delta_{1q} = 0 \tag{7.5}$$

式中　δ_{1j}——X_j作用下铰拱模型中铰支座a产生的位移，m；

Δ_{1q}——拱结构外荷载作用下铰拱模型中铰支座a产生的位移，m。

$$\begin{cases} \delta_{1j} = \int_{ab} \dfrac{M_{xj}^2}{EI}\mathrm{d}s + \int_{bc} \dfrac{M_{xj}^2}{EI}\mathrm{d}s + \int_{ce} \dfrac{M_{xj}^2}{EI}\mathrm{d}s + \int_{ef} \dfrac{M_{xj}^2}{EI}\mathrm{d}s + \int_{fg} \dfrac{M_{xj}^2}{EI}\mathrm{d}s \\ \Delta_{1q} = \int_{ab} \dfrac{M_{xj}M_{qi}}{EI}\mathrm{d}s + \int_{bc} \dfrac{M_{xj}M_{qi}}{EI}\mathrm{d}s + \int_{ce} \dfrac{M_{xj}M_{qi}}{EI}\mathrm{d}s + \int_{ef} \dfrac{M_{xj}M_{qi}}{EI}\mathrm{d}s + \int_{fg} \dfrac{M_{xj}M_{qi}}{EI}\mathrm{d}s \end{cases} \tag{7.6}$$

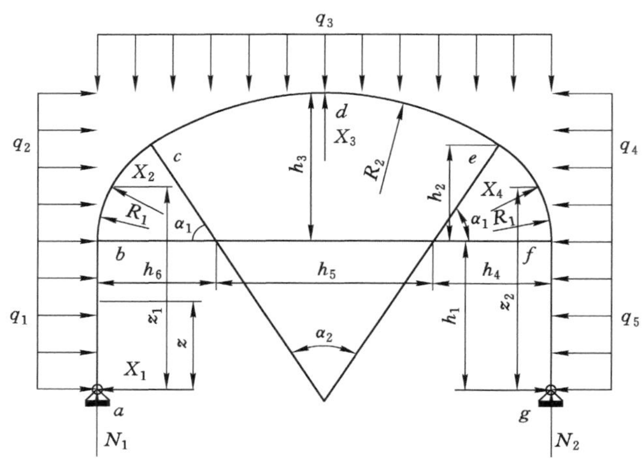

图7.3　均布荷载下棚索柱耦合弯曲应力

式中　M_{xj}——基本结构在 X_j 作用下各分段的弯矩；

M_{qi}——基本结构在 q_i 作用下各分段的弯矩；

s——沿支护结构轴向的长度；

E——弹性模量；

I——截面对中性轴的惯性矩。

经过计算可得：

$$\delta_{1j}=\frac{1}{EI}\left[\begin{array}{l}2(zX_1)^2h_1+\dfrac{\alpha_1\pi R_1[(h_1+R_1\sin\theta)X_1]^2}{180}+\\ \dfrac{\alpha_2\pi R_2[(h_1+R_1\sin\theta)X_1]^2}{180}+\dfrac{\alpha_1\pi R_1(h_1X_1)^2}{180}\end{array}\right] \tag{7.7}$$

$$\Delta_{1q}=\frac{1}{EI}\left[\begin{array}{l}-\dfrac{1}{2}q_1z^3X_1h_1+\dfrac{\alpha_1\pi R_1(h_1+R_1\sin\theta)X_1}{180}\left[\begin{array}{l}-\dfrac{1}{2}q_1h_1\left(\dfrac{h_1}{2}+R_1\sin\theta\right)-\\ \dfrac{1}{2}q_2(R_1\sin\theta)^2-\dfrac{1}{2}q_3(R_1-R_1\cos\theta)^2\end{array}\right]+\\ \dfrac{\alpha_2\pi R_2(h_1+R_1\sin\theta)X_1}{180}\left[\begin{array}{l}-\dfrac{1}{2}q_1h_1\left(\dfrac{h_1}{2}+R_1\sin\theta\right)-\dfrac{1}{2}q_2h_3\left(R_1\sin\theta-\dfrac{h_3}{2}\right)-\\ \dfrac{1}{2}q_3(R_1+h_5+R_1\cos\theta)^2\end{array}\right]+\\ \dfrac{\alpha_1\pi R_1h_1X_1}{180}\left[-\dfrac{1}{2}q_1h_1^2-\dfrac{1}{2}q_2h_3^2+\dfrac{1}{2}q_4h_3^2-\dfrac{1}{2}q_3(h_4+h_5+h_6)^2\right]+\\ X_1zh_1\left[\begin{array}{l}-\dfrac{1}{2}q_1h_1^2-\dfrac{1}{2}q_2h_3\left(\dfrac{h_3}{2}+h_1\right)-\dfrac{1}{2}q_3(h_4+h_5+h_6)^2+\\ \dfrac{1}{2}q_4h_3\left(\dfrac{h_3}{2}+h_1\right)+\dfrac{1}{2}q_5h_1^2\end{array}\right]\end{array}\right] \tag{7.8}$$

利用卡式第二定理计算，U型钢支架支护结构受剪力和轴力影响小，可简化不计，只计算轴力和弯矩。由于对称性问题，则 ab、bc、cd、de、ef、fg 各段弯矩方程分别为：

$$\begin{cases}M_{ab}=M_{fg}=-\dfrac{1}{2}q_1z^2+X_1z\\ M_{bc}=M_{ef}=-\dfrac{1}{2}q_1h_1\left(\dfrac{h_1}{2}+R_1\sin\theta\right)-\dfrac{1}{2}q_2(R_1\sin\theta)^2+X_1(h_1+R_1\sin\theta)-\\ \dfrac{1}{2}q_3(R_1-R_1\cos\theta)^2\\ M_{cd}=M_{df}=-\dfrac{1}{2}q_1h_1\left(\dfrac{h_1}{2}+h_3\right)-\dfrac{1}{2}q_2h_3^2+X_1(h_1+h_3)-\dfrac{1}{2}q_3(h_6+h_5+h_4)^2\end{cases} \tag{7.9}$$

a 点水平位移为零，则：

$$\omega_{ax}=\frac{1}{EI}\int_0^{h_3}M_{ab}(y)\frac{\partial M(y)}{\partial X_1}\mathrm{d}y+\int_0^{\alpha_1}M_{bc}(\theta)\frac{\partial M_{bc}(\theta)}{\partial X_1}R_1\mathrm{d}\theta+$$

$$\int_{\alpha_1}^{\pi-\alpha_1}M_{ce}(\theta)\frac{M_{ce}(\theta)}{\partial X_1}R_1\mathrm{d}\theta+\int_{\pi-\alpha_1}^{\pi}M_{ef}(\theta)\frac{M_{ef}(\theta)}{\partial X_1}R_1\mathrm{d}\theta+\int_{h_3}^{0}M_{fg}(y)\frac{\partial M_{fg}(y)}{\partial X_1}\mathrm{d}y \tag{7.10}$$

当三心拱整体受均布荷载时，如图7.3所示，即 $q_1=q_2=q_3=q_4=q_5=q$，可得到各段

弯矩方程式,求导后可得弱截面位置及最大弯矩:

$$\begin{cases}\dfrac{\mathrm{d}M(z)}{\mathrm{d}z}=0 \quad (z=\dfrac{X_1}{q})\\ M_{(ab)\max}=\dfrac{X_1^2}{2q}\\ \dfrac{\mathrm{d}M(\theta)}{\mathrm{d}\theta}=0 \quad \left(\theta_1=\dfrac{\alpha_1}{2},\theta_2=\dfrac{\pi}{2}\right)\\ M_{(bf)\max}=-\dfrac{1}{2}qh_1\left(\dfrac{h_1}{2}+R_1\right)-\dfrac{1}{2}qh_3\left(R_1-\dfrac{h_3}{2}\right)+X_1(h_1+R_1)-\dfrac{1}{4}q(R_1+h_5)^2\end{cases} \tag{7.11}$$

均布荷载条件下U型钢支架承受的屈服荷载集度为:

$$\begin{cases}q_{(ab)\max}=\dfrac{2[\sigma]W_x\delta_{11}^2}{\Delta_{1q}^2}\\ q_{(bf)\max}=\dfrac{[\sigma]W_x}{-\dfrac{1}{2}qh_1\left(\dfrac{h_1}{2}+R_1\right)-\dfrac{1}{2}qh_3\left(R_1-\dfrac{h_3}{2}\right)-\dfrac{\Delta_{1q}}{\delta_{11}}(h_1+R_1)-\dfrac{1}{4}q(R_1+h_5)^2}\end{cases} \tag{7.12}$$

三心拱形巷道宽为4.5 m,高为3.0 m,h_3为1.5 m,h_1为1.5 m,R_1为1.174 m,R_2为3.114 m;U型钢支架型号为U29,高度为124 mm,理论质量为29 kg/m,弹性模量E为200 GPa,泊松比为0.3,惯性矩I为612.1 cm^4,抗弯截面系数W_x为92.3 cm^3,屈服强度为500 MPa,伸长率大于或等于26%。将以上参数代入式(7.7)、式(7.8)、式(7.11)、式(7.12)可得到U型钢支架承受的屈服荷载集度为112 kN/m,拱帮的弱截面位置为0.89 m,拱肩的弱截面位置为$\alpha_1/2$,拱顶的弱截面位置为中部轴线。

假设耦合支护结构的二铰拱模型中,在拱帮、拱肩、拱顶存在$X_1,X_2,X_3,\cdots,X_n$,其分别是不同位置补打中空锚索、单体支柱施加在U型钢支架上的作用力,可得到棚索耦合支护结构力法方程组[52]:

$$\begin{cases}\delta_{11}X_1+\delta_{12}X_2+\delta_{13}X_3+\cdots+\delta_{1j}X_j+\Delta_{1q}=0\\ \delta_{21}X_1+\delta_{22}X_2+\delta_{23}X_3+\cdots+\delta_{2j}X_j+\Delta_{2q}=-\dfrac{X_2}{k_x}\\ \delta_{31}X_1+\delta_{32}X_2+\delta_{33}X_3+\cdots+\delta_{3j}X_j+\Delta_{3q}=-\dfrac{X_3}{k_x}\\ \cdots\cdots\\ \delta_{i1}X_1+\delta_{i2}X_2+\delta_{i3}X_3+\cdots+\delta_{ij}X_j+\Delta_{iq}=-\dfrac{X_j}{k_x}\end{cases} \tag{7.13}$$

式中 δ_{ij}——X_j作用于棚索耦合支护结构,X_i点产生的位移,$i=1,2,3,\cdots,n,j=1,2,3,\cdots,n$;

Δ_{ip}——各分段荷载作用于棚索耦合支护结构,X_i点产生的位移;

k_x——支护体刚度系数。

式(7.13)中,δ_{ij}与Δ_{ip}的计算式为:

$$
\begin{cases}
\delta_{ij} = \delta_{ji} = \sum\int \dfrac{M_{xi}M_{xj}}{EI}\mathrm{d}s \\
\Delta_{ip} = \sum\int \dfrac{M_{xi}M_{qi}}{EI}\mathrm{d}s
\end{cases}
\tag{7.14}
$$

式中　M_{xj}——X_j 作用于棚索耦合支护结构，各分段的弯矩。

在 X_1、X_2、X_3、X_4 作用力下，拱帮耦合支护各段弯矩方程为式(7.9)。

拱肩耦合支护各段弯矩方程为：

$$
\begin{cases}
M_{ab} = M_{fg} = -\dfrac{1}{2}q_1 z^2 + X_1 z + X_2 \sin\theta(R_1 - R_1\cos\theta) + X_2\cos\theta R_1\sin\theta \quad (0 \leqslant z \leqslant h_1) \\
M_{bc} = M_{ef} = -\dfrac{1}{2}q_1 h_1\left(\dfrac{h_1}{2} + R_1\sin\alpha_1\right) - \dfrac{1}{2}q_2(R_1\sin\alpha_1)^2 + X_1(z + R_1\sin\alpha_1) - \\
\dfrac{1}{2}q_3(R_1 - R_1\cos\alpha_1)^2 + X_2\sin\theta(R_1\cos\theta - R_1\cos\alpha_1) + \\
X_2\cos\theta(R_1\sin\alpha_1 - R_1\sin\theta) \quad (h_1 \leqslant z \leqslant h_1 + R_1\sin\alpha_1) \\
M_{cd} = M_{df} = -\dfrac{1}{2}q_1 h_1\left(\dfrac{h_1}{2} + h_3\right) - \dfrac{1}{2}q_2 h_3^2 + X_1(z + h_3) + \\
X_2\sin\theta\left(\dfrac{h_5}{2} + R_1\cos\theta\right) + X_2\cos\theta(h_3 - R_1\sin\theta) - \dfrac{1}{2}q_3\left(h_6 + \dfrac{h_5}{2}\right)^2 \\
(h_1 + R_1\sin\alpha_1 \leqslant z \leqslant h_1 + h_3)
\end{cases}
\tag{7.15}
$$

拱顶耦合支护各段弯矩方程为：

$$
\begin{cases}
M_{ab} = M_{fg} = -\dfrac{1}{2}q_1 z^2 + X_1 z + X_2\sin\theta(R_1 - R_1\cos\theta) + \\
X_2\cos\theta R_1\sin\theta + X_3\left(h_6 + \dfrac{h_5}{2}\right) \quad (0 \leqslant z \leqslant h_1) \\
M_{bc} = M_{ef} = -\dfrac{1}{2}q_1 h_1\left(\dfrac{h_1}{2} + R_1\sin\alpha_1\right) - \dfrac{1}{2}q_2(R_1\sin\alpha_1)^2 + X_1(z + R_1\sin\alpha_1) - \\
\dfrac{1}{2}q_3(R_1 - R_1\cos\alpha_1)^2 + X_2\sin\theta(R_1\cos\theta - R_1\cos\alpha_1) + \\
X_2\cos\theta(R_1\sin\alpha_1 - R_1\sin\theta) + X_3 R_2\sin\dfrac{\alpha_2}{2} \quad (h_1 \leqslant z \leqslant h_1 + R_1\sin\alpha_1) \\
M_{cd} = M_{df} = -\dfrac{1}{2}q_1 h_1\left(\dfrac{h_1}{2} + h_3\right) - \dfrac{1}{2}q_2 h_3^2 + X_1(z + h_3) + \\
X_2\sin\theta\left(\dfrac{h_5}{2} + R_1\cos\theta\right) + X_2\cos\theta(h_3 - R_1\sin\theta) - \dfrac{1}{2}q_3(h_6 + \dfrac{h_5}{2})^2 \\
(h_1 + R_1\sin\alpha_1 \leqslant z \leqslant h_1 + h_3)
\end{cases}
\tag{7.16}
$$

7.1.4　偏载异位耦合点相等补偿力与不等补偿力耦合支护分析

基于第 5 章近距离双采空区下煤层综放巷道围岩偏应力演化规律及塑性区破坏规律可知，三心拱巷道拱顶、拱肩整体处于双采空区下底板塑性破坏范围内，煤柱帮与上部区域受煤柱集中应力影响处于高应力环境，存在不同偏载情况，故建立偏载模型，研究三心拱形巷道断面，异位耦合点中空注浆锚索不同预紧力下耦合支护各段弯矩分布规律、锚索合理预紧力及单体支柱阻力，为指导棚索柱耦合支护提供理论依据。偏载异位耦合点不等力耦合支护分析模型如下。

① 对称偏载模型一：拱顶荷载 $q_3 = 1.5q$，拱肩两侧与拱帮两侧荷载分别为 $q_1 = q_2 = q_4 = q_5 = q$，即顶压大于侧压。

② 对称偏载模型二：拱顶与拱肩两侧荷载分别为 $q_3 = q_2 = q_4 = 1.5q$，拱帮两侧荷载分别为 $q_1 = q_5 = q$，即拱顶与两侧拱肩压力大于拱帮。

③ 非对称偏载模型三：拱顶、拱肩左侧及拱帮左侧荷载分别为 $q_3 = q_1 = q_2 = 1.5q$，拱肩右侧与拱帮右侧荷载分别为 $q_4 = q_5 = q$，即拱顶、一侧拱帮与一侧拱肩压力大于另一侧。

④ 非对称偏载模型四：拱顶、拱肩及拱帮左侧荷载分别是 $q_3 = q_1 = q_2 = q_4 = 1.5q$，拱帮右侧荷载为 $q_5 = q$，即拱顶、一侧拱帮与两侧拱肩压力大于另一侧拱帮。

⑤ 非对称偏载模型五：拱顶左侧、拱肩左侧及拱帮左侧荷载分别为 $q_{(bd)} = q_2 = q_1 = 1.5q$，拱顶右侧、拱肩右侧及拱帮右侧荷载分别为 $q_{(df)} = q_4 = q_5 = q$，即左侧压力大于右侧压力。

将以上荷载分别代入式(7.9)、式(7.15)、式(7.16)可得到各段弯矩方程式，可绘制出棚索柱耦合支护各段弯矩图。

模型一，如图 7.4(a)和图 7.4(b)所示，顶压大于侧压荷载条件，U 型钢支架支护时三心拱各段弯矩均相对较小，各段最大弯矩排序是拱帮＞拱顶＞拱肩，各段最大弯矩值分别为 38 kN·m、36 kN·m、23.5 kN·m，各段弯矩沿巷道垂直中心线对称分布，拱顶及两帮弯

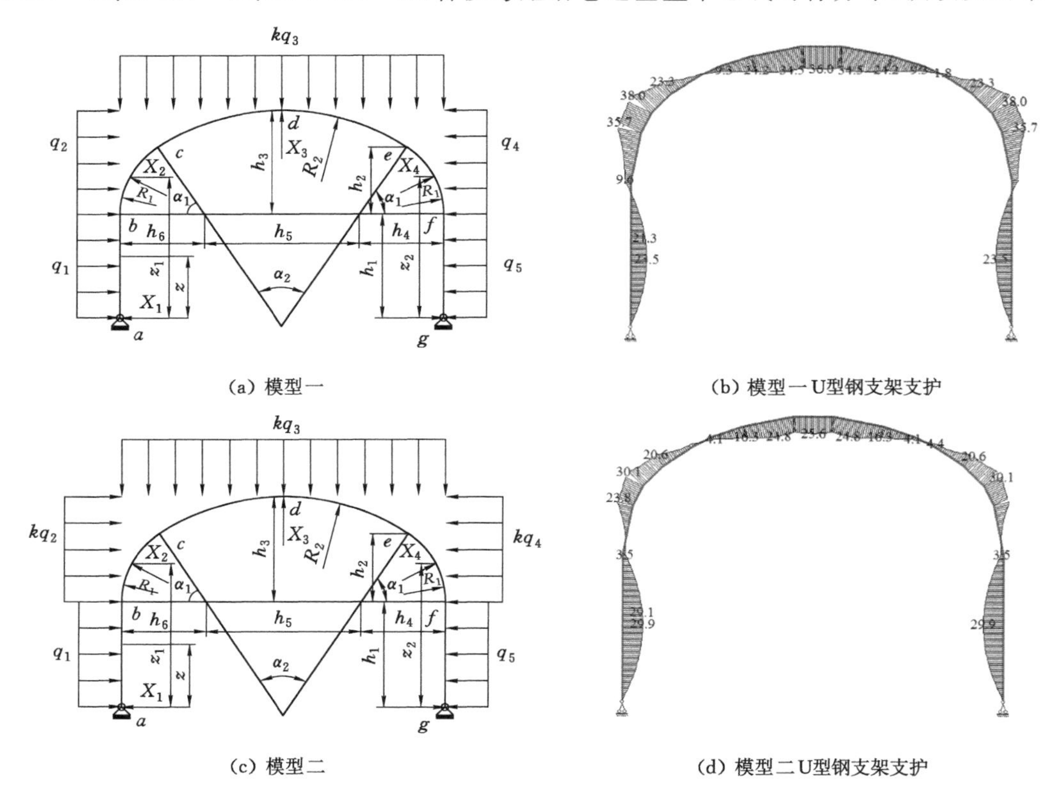

(a) 模型一　　(b) 模型一 U型钢支架支护

(c) 模型二　　(d) 模型二 U型钢支架支护

图 7.4　对称偏载 U 型钢支架支护弯矩图(单位:kN·m)

矩方向向内侧，拱肩两侧弯矩方向向外侧。

由图 7.4(c)和图 7.4(d)可知，拱顶与两侧拱肩压力大于拱帮(模型二)荷载条件，各段最大弯矩排序是拱帮＞拱肩＞拱顶，各段最大弯矩值分别为 30.1 kN·m、29.9 kN·m、25.6 kN·m。对于模型一与模型二，单独采用拱形 U 型钢支架支护能对抗顶压大于侧压(对称偏载)情况。

模型三，如图 7.5(a)所示，U 型钢支架支护与耦合支护弯矩分布规律为：

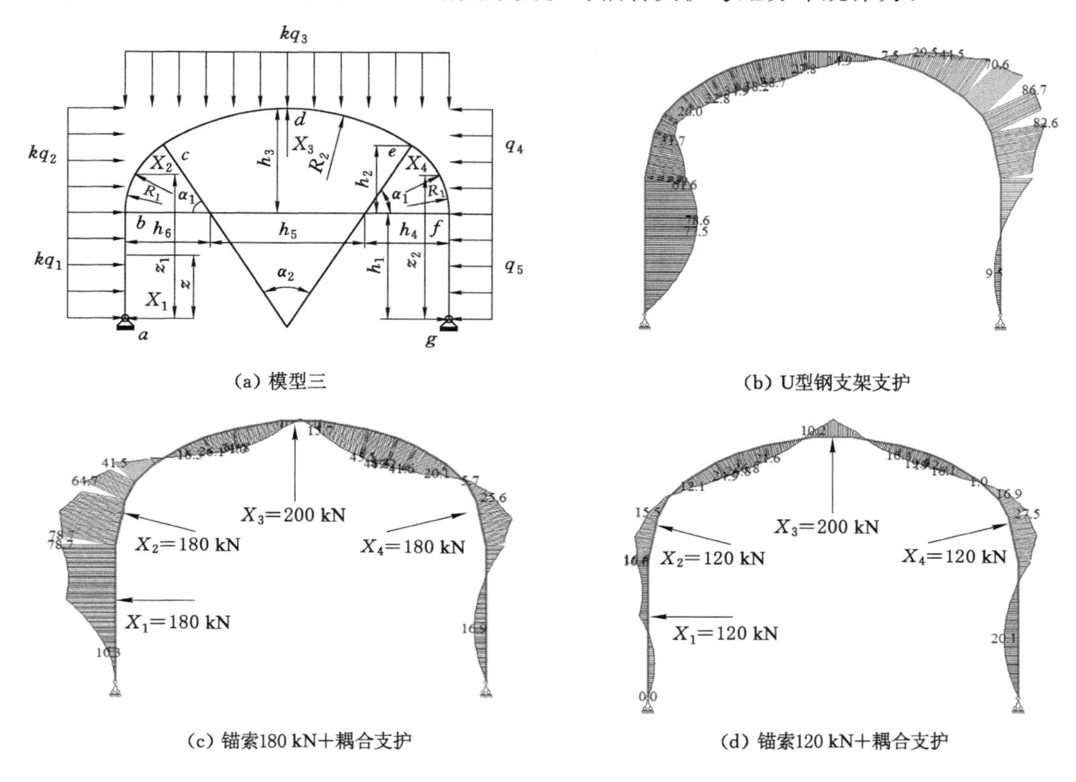

(a) 模型三　　(b) U型钢支架支护

(c) 锚索180 kN＋耦合支护　　(d) 锚索120 kN＋耦合支护

图 7.5　偏载模型(三)棚索柱耦合支护弯矩图(单位：kN·m)

① U 型钢支架支护时，如图 7.5(b)所示，偏载下左侧拱帮弯矩方向向拱内侧，大于右侧拱帮弯矩，两拱帮最大弯矩分别为 78.6 kN·m、9.5 kN·m，左侧拱肩弯矩方向向拱内侧，远小于右侧拱肩最大弯矩值(86.7 kN·m，弯矩方向向拱外侧)。

② 棚索柱耦合支护时，异位耦合点锚索施加相同预紧力，如图 7.5(c)所示，$X_1=X_2=X_4=180$ kN，单体支柱施加力 $X_3=200$ kN，左侧拱帮、拱肩弯矩方向向外侧，最大弯矩值为 78.7 kN·m，约等于无耦合支护拱帮最大弯矩 78.6 kN·m，这表明锚索施加较高作用力并不利于耦合；如图 7.5(d)所示，锚索施加力 $X_1=X_2=X_4=120$ kN，单体支柱施加力 $X_3=200$ kN，三心拱整体弯矩值均相对较小，这表明棚索柱耦合支护效果较好，无弱截面。

模型四，如图 7.6(a)所示，可得 U 型钢支架支护与棚索柱耦合支护下各段弯矩分布规律为：

① U 型钢支架支护时，如图 7.6(b)所示：偏载下左侧拱帮弯矩方向向拱内侧，大于右侧拱帮弯矩，两者最大弯矩比值约为 3.1∶1；左侧拱肩弯矩方向向拱内侧，小于右侧拱肩弯

矩；右侧拱肩弯矩方向向拱外侧，最大弯矩值为 53.3 kN·m。

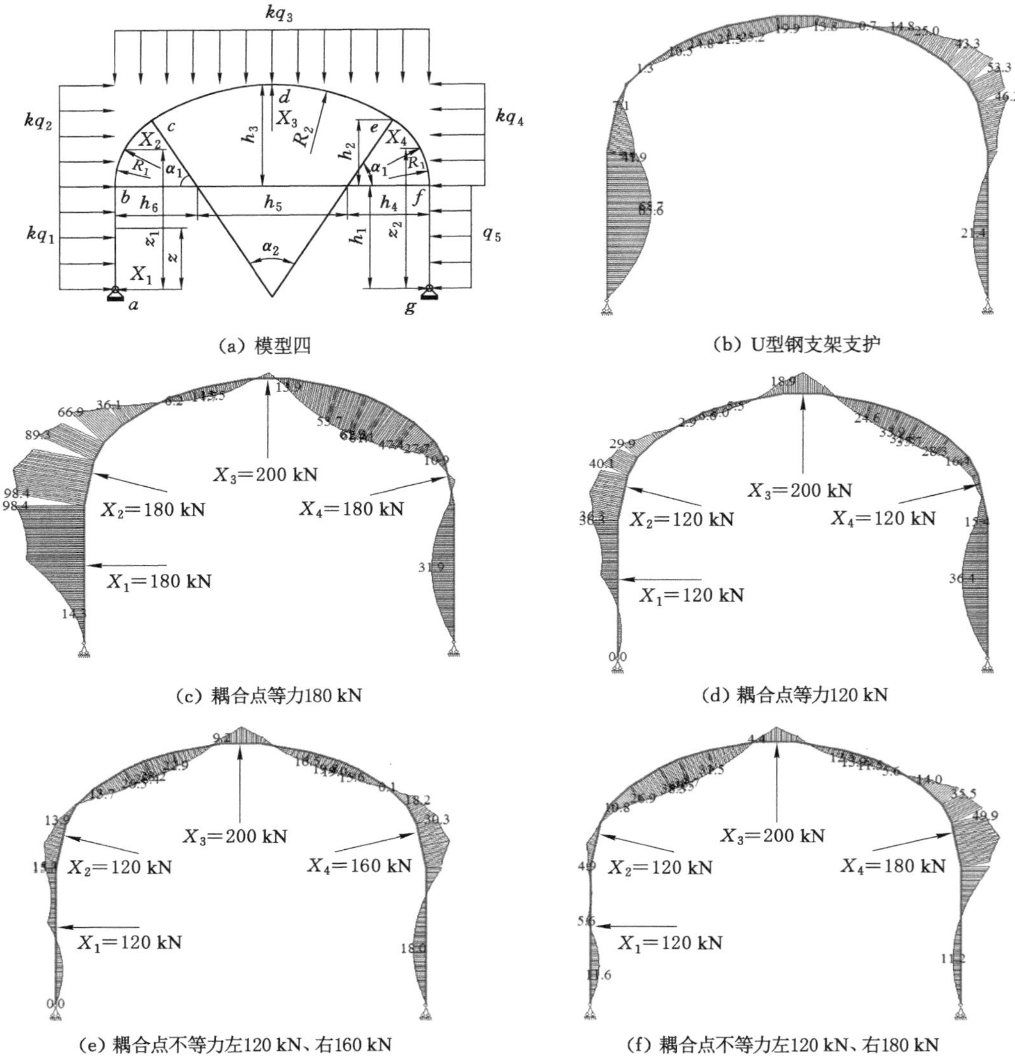

(a) 模型四

(b) U型钢支架支护

(c) 耦合点等力180 kN

(d) 耦合点等力120 kN

(e) 耦合点不等力左120 kN、右160 kN

(f) 耦合点不等力左120 kN、右180 kN

图 7.6　偏载模型(四)棚索柱耦合支护弯矩图(单位:kN·m)

② 棚索柱耦合支护时，异位耦合点施加相同作用力，如图 7.6(c)所示，锚索施加力 $X_1=X_2=X_4=180$ kN，单体支柱施加力 $X_3=200$ kN，左侧拱帮、拱肩弯矩方向向外侧，最大弯矩值为 98.4 kN·m，大于无耦合支护时左侧拱帮最大弯矩 65.7 kN·m，且右拱肩弯矩相对增加，最大弯矩为 66.8 kN·m，这表明锚索施加较高作用力，两侧弯矩值反向增加；异位耦合点力整体降低，如图 7.6(d)所示，锚索施加力 $X_1=X_2=X_4=120$ kN，单体支柱施加力 $X_3=200$ kN，三心拱整体弯矩值均相对降低，但右侧拱帮弯矩增加，最大弯矩为36.4 kN·m。

③ 棚索柱耦合支护时，异位耦合点施加不同作用力，如图 7.6(e)所示，锚索施加力(左) $X_1=X_2=120$ kN、(右)$X_4=160$ kN，单体支柱施加力 $X_3=200$ kN，三心拱各段弯矩值均相

对降低；如图 7.6(f)所示，当(右)$X_4=180$ kN 时，相对左右两侧拱肩弯矩均增加。这表明偏载下相较异位耦合点锚索施加相同预紧力时，局部耦合效果差，同时异位耦合点锚索在合理范围内施加不同预紧力改善了棚索柱耦合支护效果。

综上所述，模型四各段弯矩相对较小，耦合效果较好时，耦合点施加力分别是锚索施加力(左)$X_1=X_2=120$ kN、(右)$X_4=160$ kN，单体支柱施加力 $X_3=200$ kN。

模型五，如图 7.7(a)所示，可得 U 型钢支架支护与棚索柱耦合支护下各段弯矩分布规律为：

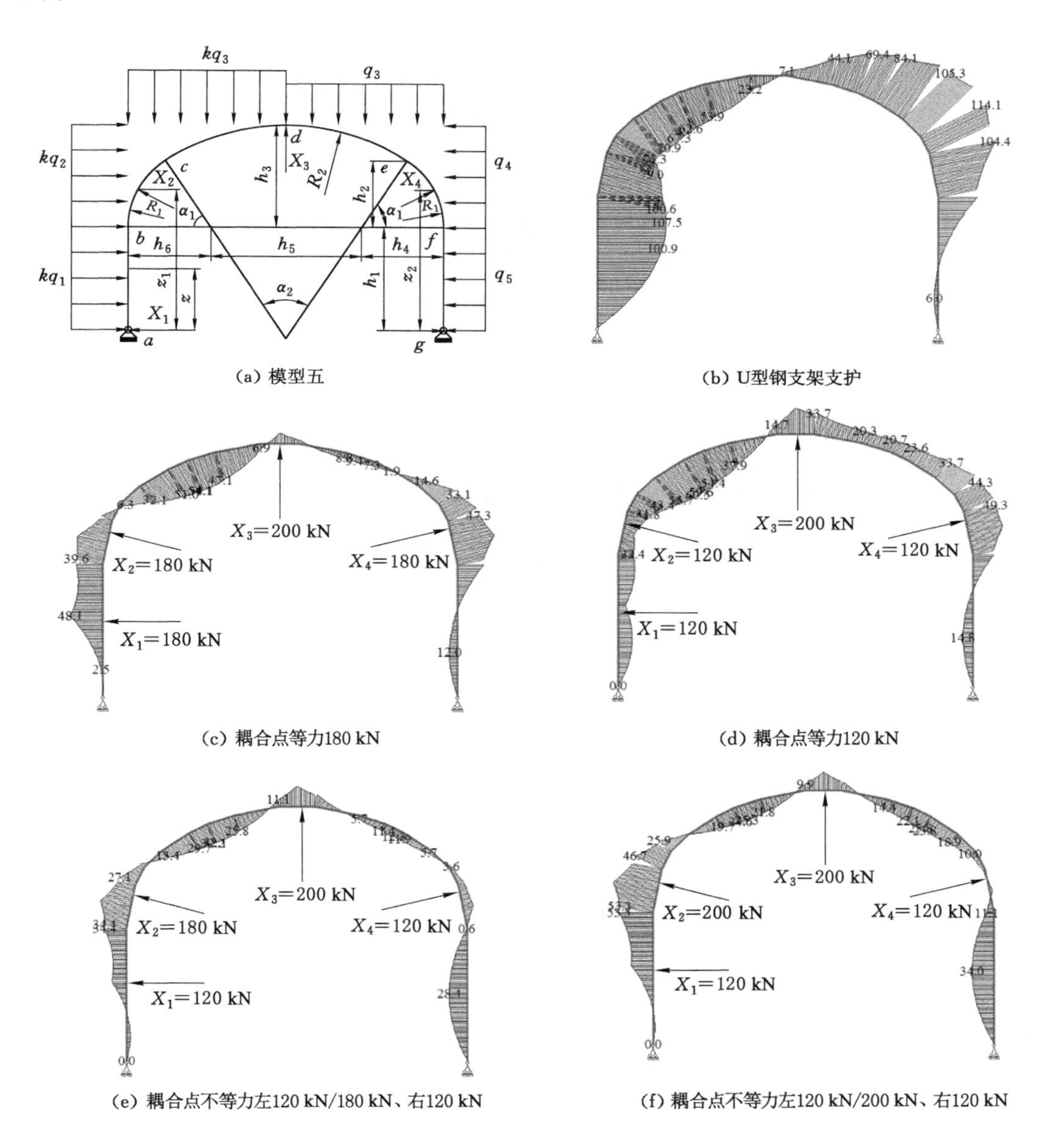

(a) 模型五　(b) U型钢支架支护　(c) 耦合点等力180 kN　(d) 耦合点等力120 kN　(e) 耦合点不等力左120 kN/180 kN、右120 kN　(f) 耦合点不等力左120 kN/200 kN、右120 kN

图 7.7　偏载模型(五)棚索柱耦合支护弯矩图(单位：kN・m)

① U 型钢支架支护时，如图 7.7(b)所示，偏载下左侧拱帮弯矩方向向拱内侧，大于右侧拱帮弯矩，两者最大弯矩分别为 107.5 kN·m、60.6 kN·m；左侧拱肩弯矩方向向拱内侧，小于右侧拱肩弯矩，右侧拱肩弯矩方向向拱外侧，两者最大弯矩分别为 79 kN·m、114.1 kN·m。

② 棚索柱耦合支护时，异位耦合点施加相同作用力，如图 7.7(c)所示，锚索施加力 $X_1=X_2=X_4=180$ kN，单体支柱施加力 $X_3=200$ kN，左侧拱帮弯矩方向向外侧，最大弯矩值为 48.1 kN·m，与无耦合支护时相比降低 59.4 kN·m，且右拱肩弯矩相对降低，最大弯矩为 62.79 kN·m；异位耦合点力整体降低，如图 7.7(d)所示，锚索施加力 $X_1=X_2=X_4=120$ kN，单体支柱施加力 $X_3=200$ kN，左侧拱帮、拱肩弯矩方向均向拱内侧，最大弯矩值为 59.9 kN·m，右侧拱帮、拱顶弯矩增加，方向向拱外侧。这表明在偏载较大时，随着耦合点锚索作用力降低，拱各段弯矩补偿作用较低。

③ 棚索柱耦合支护时，异位耦合点施加不同作用力，如图 7.7(e)所示，锚索施加力(左) $X_1=120$ kN、$X_2=180$ kN，(右)$X_4=120$ kN，单体支柱施加力 $X_3=200$ kN，三心拱各段弯矩值均相对降低，耦合支护效果好；如图 7.7(f)所示，当(左)$X_2=200$ kN 时，相对左右两侧拱肩弯矩均增加。这表明偏载下相较异位耦合点锚索施加相同预紧力时，局部耦合效果差，同时异位耦合点锚索在合理范围内施加不同预紧力，改善了棚索柱耦合支护效果。

综上所述，模型五各段弯矩相对较小，耦合效果较好时，耦合点施加力分别是锚索施加力(左)$X_1=120$ kN、$X_2=180$ kN，(右)$X_4=120$ kN，单体支柱施加力 $X_3=200$ kN。

偏载异位耦合点等力与不等力耦合支护各段最大弯矩值及位置如表 7.1 所示，表中弯矩负值表示弯矩方向向拱外侧，弯矩正值表示弯矩方向向拱内侧。偏载异位耦合点等力与不等力耦合支护各段弯矩分布特征为：

① 在棚索柱耦合支护中，弯矩值相对较大位置处表示弱截面；在 U 型钢支架屈服强度内，弯矩方向向外侧表示具有一定的向外抗弯能力，可以适应一定范围内外侧荷载增大。

② 偏载下，异位耦合点受补偿力方向向拱外侧，外侧荷载方向向拱内侧；耦合力较大时，最大弯矩方向由向拱内侧转换为向拱外侧，最大弯矩值增加，这种耦合容易造成 U 型钢支架向拱外侧屈服。

③ 偏载下，采用异位耦合点相等补偿力时，局部区段弯矩值较大，出现弱截面；采用异位耦合点不相等补偿力时，进行局部耦合点力调整后，各耦合段弯矩值均相对较小，无弱截面出现，耦合效果较好。

表 7.1　偏载异位耦合点等力与不等力耦合支护各段最大弯矩值及位置

耦合支护序号	左帮弯矩(kN·m)及位置(m)	左肩弯矩(kN·m)及位置(m)	顶弯矩(kN·m)及位置(m)	右肩弯矩(kN·m)及位置(m)	右帮弯矩(kN·m)及位置(m)
① 模型四无耦合支护	65.64(0,0.9)	41.9 (0.06,1.5)	25.21 (1.63,2.85)	−30.07 (4.28,2.2)	21.4 (4.5,0.65)
② 耦合 $X_1=X_2=180$ kN，$X_4=180$ kN	−83.20 (0,0.9)	−111.06 (0.1,1.94)	−8.38 (2.25,3)	−8.7 (4.43,1.76)	31.94 (4.5,0.8)

表 7.1(续)

耦合支护序号	左帮弯矩(kN·m)及位置(m)	左肩弯矩(kN·m)及位置(m)	顶弯矩(kN·m)及位置(m)	右肩弯矩(kN·m)及位置(m)	右帮弯矩(kN·m)及位置(m)
③ 耦合 $X_1=X_2=120$ kN，$X_4=120$ kN	−24.49 (0,0.9)	−48.61 (0.06,1.82)	−33.14 (2.25,3)	1.77 (4.44,1.76)	36.37 (4.5,0.87)
④ 耦合 $X_1=X_2=120$ kN，$X_4=160$ kN	−11.91 (0,0.9)	−25.01 (0.06,1.85)	−27.12 (2.25,3)	−41.89 (4.43,1.75)	18.02 (4.5,0.6)
⑤ 耦合 $X_1=X_2=120$ kN，$X_4=180$ kN	−5.62 (0,0.9)	−13.01 (0.06,1.78)	−23.65 (2.25,3)	−63.35 (4.44,1.8)	11.24 (4.5,0.48)
⑥ 模型五无耦合支护	107.5 (0,1.2)	79.02 (0.11,2)	−105.31 (4.05,1.4)	−114.4 (4.4,2.2)	60.6 (4.5,1.5)
⑦ 耦合 $X_1=X_2=180$ kN，$X_4=180$ kN	−48.08 (0,0.9)	−46.58 (0.07,1.82))	−17.2 (2.25,3)	−62.79 (4.43,1.87)	12.94 (4.5,0.5)
⑧ 耦合 $X_1=X_2=120$ kN，$X_4=120$ kN	24.56 (0,1.32)	59.9 (0.06,1.7)	−41.71 (2.25,3)	−52.11 (4.45,1.83)	14.82 (4.5,0.55)
⑨ 耦合 $X_1=X_4=120$ kN，$X_2=180$ kN	−23.33 (0,0.91)	−48.79 (0.07,1.82)	−32.67 (2.25,3)	−16.78 (4.43,1.85)	28.44 (4.5,0.75)
⑩ 耦合 $X_1=X_4=120$ kN，$X_2=200$ kN	−34.69 (0,0.9)	−70.83 (0.07,1.82)	−29.67 (2.25,3)	−4.99 (4.43,1.85)	33.95 (4.5,0.85)

对 11103 综放工作面巷道不耦合支护、锚索柱耦合支护 2 种不同条件下巷道围岩塑性区分布规律及周边岩体裂隙分布特征进行数值模拟分析，塑性区及周边岩体裂隙如图 7.8 所示。

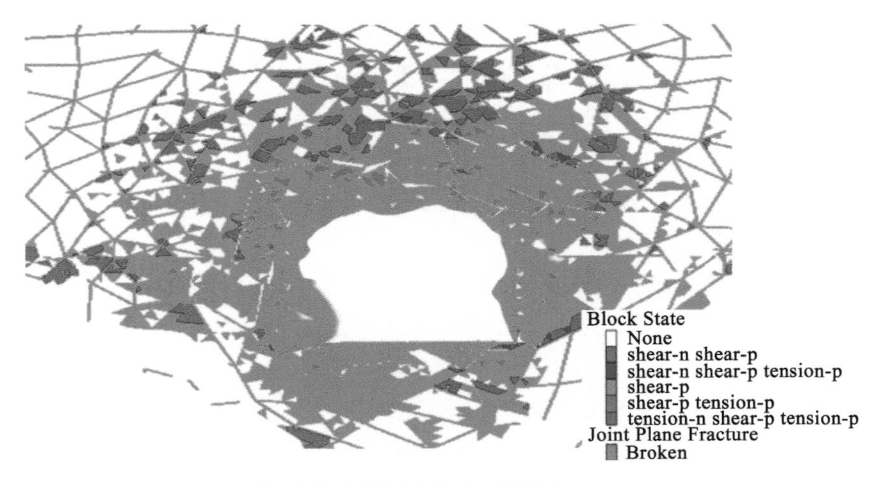

(a) 不耦合支护巷道围岩塑性区及裂隙分布

图 7.8　不耦合与耦合支护方案巷道围岩塑性区及裂隙分布

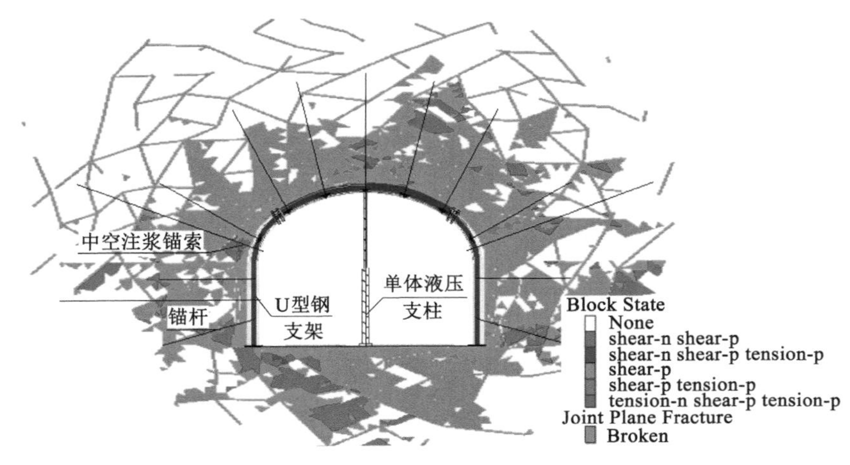

(b) 锚索柱耦合支护巷道围岩塑性区及裂隙分布

图 7.8(续)

由图 7.8(a)可知,不耦合支护方案巷道围岩塑性区及裂隙扩展范围相对较大,巷道围岩变形较大,具有凸出尖角区域;由图 7.8(b)可知,锚索柱耦合支护方案巷道围岩塑性区及裂隙分布范围相对较小,巷道围岩变形小,这表明耦合支护在破碎围岩大变形时能支护结构弱面,同步被动支护与主动支护,实现破碎围岩深部与浅表联动控制,并间隔性阻断破碎顶板连续性破坏力学行为。

7.2 双采空区下综放巷道布置位置与支护控制思路

(1) 基于前文对近距离双采空区多重采动采掘条件、底板支承压力与偏应力分布及扰动规律、双坚硬基本顶回转破断特征、下煤层综放巷道围岩多重应力扰动与破坏叠加及扩展特征的研究结果,从巷道布置位置、围岩破坏范围与程度、围岩支护控制区等多角度,将近距离双采空区下煤层综放巷道围岩在覆岩、煤柱与底板整体空间结构划分为"双空双柱双基四区五域",如图 7.9 所示。

"双空"是指 11103 工作面运输巷上部"7102 工作面采空区""7302 工作面采空区",为双采空区结构,受上部 9# 煤层 7102 工作面强采动影响与上部 10+11# 上分层 7302 工作面强采动影响,且 9# 煤层与 10+11# 煤层层间距极小(1 m),10+11# 厚煤层分层开采层间距为 0 m,下煤层顶板(即上煤层底板)受到严重破坏,完整性差,而且双采空区顶板无锚固承载层,锚杆(索)锚固效果差。

"双柱"是指上部 9# 煤层遗留的"16 m 煤柱"与下部 10+11# 煤层上分层遗留的"28 m 煤柱"。11103 工作面运输巷布置在双层位煤柱侧方下层位,巷道围岩受到煤柱侧向集中应力影响,巷道位置越靠近煤柱,所处应力环境越高,在高应力环境下巷道围岩稳定性差。

"双基"是指上部双层位坚硬基本顶,下层位基本顶为 K_2 石灰岩(7 m),上层位基本顶为 K_3 石灰岩(5 m)。双层位基本顶发生复合破断,其复合破坏块的破断尖端对底板形成尖端破坏。同时,双层位基本顶复合破断块的厚度大、强度高、抗压强度大、前断裂线位置在 9#

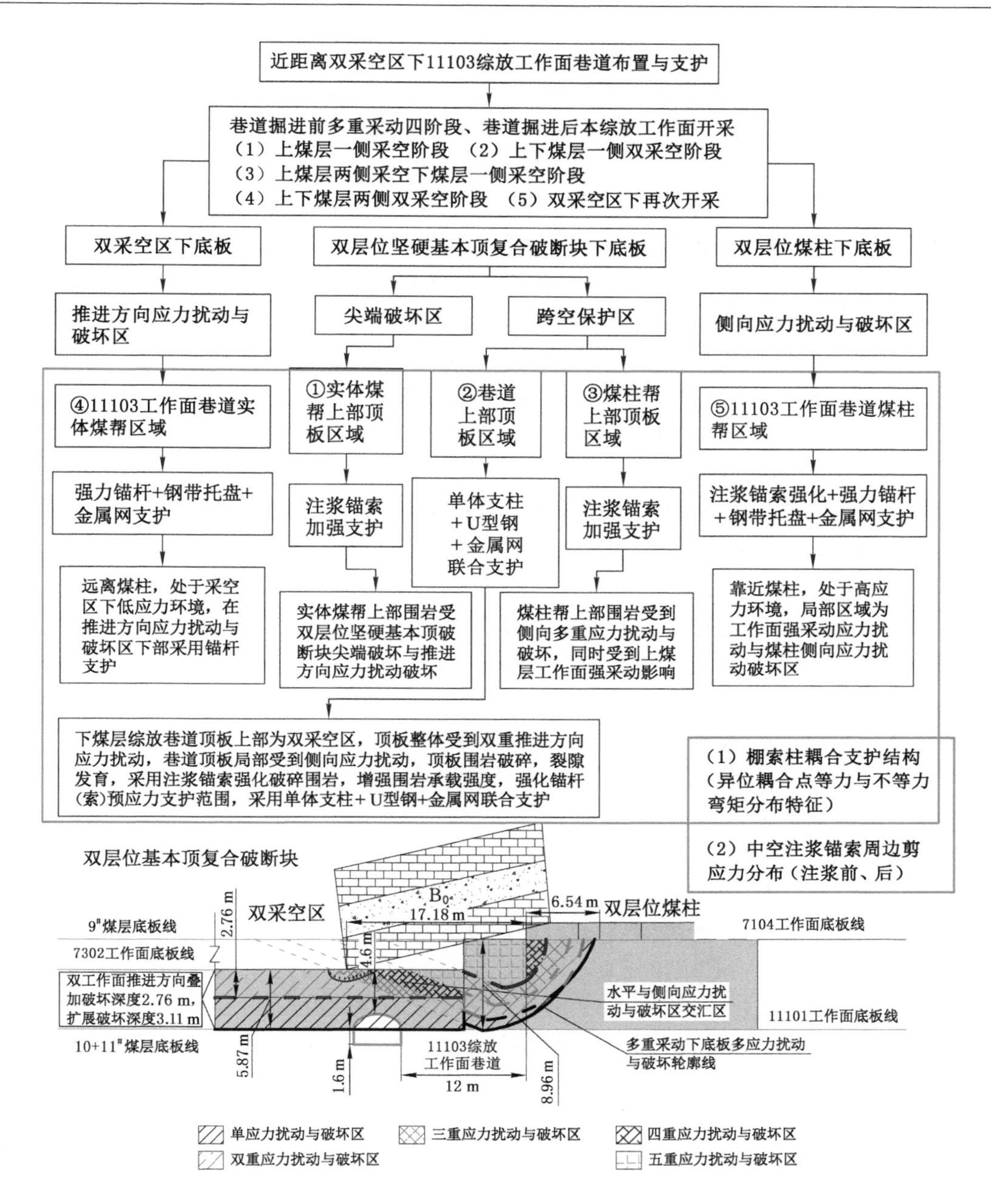

图 7.9　11103 综放工作面巷道布置位置选择及关键支护区域的控制方法示意图

煤层煤壁(煤柱)内侧 2.3 m 处、后断裂线位置在采空区，对复合破坏块的跨空区域下部底板岩层具有保护作用；11103 综放工作面巷道布置在其跨空区下部，能避开上覆岩层在上煤层一侧采空与上下煤层一侧双采空阶段发生运动而造成的影响。

“四区”是指综放巷道上部的上层位工作面与上分层工作面“推进方向应力扰动与破坏区”，双层位坚硬基本顶复合破断块体的“尖端破坏区”与“跨空保护区”，多重采动形成四阶段的“侧向应力扰动与破坏区”。

“五域”是指根据近距离下煤层巷道围岩破坏范围、偏应力与支承压力分布及扰动规律等特点，将近距离下煤层回采巷道围岩划分为五块区域进行分级分区域支护。① 实体煤帮上部围岩区域。局部区域受双层位坚硬基本顶破断块尖端破坏，整体受到上部两次工作面推进方向应力扰动与破坏，采用注浆锚索加强支护。② 巷道上部顶板区域。下煤层综放巷道顶板上部为双采空区，煤层厚 5.8 m，整体受到双重推进方向应力扰动，局部受到侧向应力扰动，顶板围岩破碎、裂隙发育，采用单体支柱＋U 型钢支架耦合支护，增强支护抗顶压能力，配合锚杆＋金属网联合支护。③ 煤柱帮上部顶板区域。该区域受到侧向多重应力扰动与破坏，同时受到上煤层工作面强采动影响，采用注浆锚索加强支护。④ 巷道实体煤帮区域。远离煤柱，处于采空区下低应力环境，在推进方向应力扰动与破坏区下部，采用锚杆支护。⑤ 巷道煤柱帮区域。靠近煤柱，处于高应力环境，局部区域为工作面推进方向的应力扰动与煤柱侧向的应力扰动破坏区，采用注浆锚索加强支护。

(2) 基于“双空双柱双基四区五域”围岩空间分区思路，提出近距离双采空区下煤层综放巷道“一错一让三避三稳”布置原则。

“一错”：下煤层巷道围岩与上煤层煤壁(煤柱)在水平方向上形成一定错距，降低上工作面煤壁(煤柱)应力集中影响。

“一让”：下煤层巷道在垂直方向上向下底板岩层应让位插底布置，让出顶板锚杆(索)支护空间，避免打锚杆(索)引起上部采空区瓦斯安全灾害，让全煤巷变为半煤岩巷，增加巷道围岩稳定性，让开上部应力扰动与破坏严重区。

“三避”：近距离双采空区下综放煤巷布置位置应尽量避开高支承压力、避开多重应力扰动与破坏区、避开断裂尖端破坏。

“三稳”：指上下双层位煤柱稳定，侧方双层位坚硬基本顶复合破断块稳定，双采空区下煤层综放巷道围岩稳定。

(3) 基于以上提出的“双空双柱双基四区五域”围岩空间分区思路与“一错一让三避三稳”巷道布置原则，针对不同分区采用合理的支护手段，形成近距离双采空区下综放煤巷重点区域的“三注三锚两支一护多体耦合”控制原理方法体系。

“三注”是指针对“五域”中需要重点支护区域采用注浆锚索强化围岩承载性能，对破碎围岩进行加固，强化锚杆(索)预应力。

“三锚”是指针对巷道浅部围岩的煤柱帮、实体煤帮、顶板采用高强度锚杆支护，有效控制浅部围岩的变形破坏。

“两支一护”是指针对巷道破碎围岩进行护表支护，“一护”是护表金属网，“两支”是单体液压支柱与 U 型钢支架，其能够对顶板施加有效力，从而达到“分压减跨”的目的，能使顶板岩层的弯曲应力和挠度降低，且能减小顶板岩层对巷道两帮的荷载作用，实现对顶板围岩有效支撑。同时，单体液压支柱与 U 型钢支架作为护表金属网的骨架，能够提高浅部围岩的完整性，形成浅部顶板围岩弱承载结构，从而限制顶板围岩的变形。

“多体耦合”是包含棚索柱耦合支护，再结合实体煤帮上部顶板区域采用注浆锚索强化支护、煤柱帮上部顶板区域采用注浆锚索强化支护、巷道上部顶板区域采用锚杆＋单体支柱＋U 型钢架＋金属网支护、巷道实体煤帮区域采用强力锚杆＋钢带托盘＋金属网支护、巷道煤柱帮区域采用注浆锚索强化＋锚杆＋钢带托盘＋金属网支护等五个区域的支护体共同形成的巷道围岩多体耦合支护承载结构，可提高巷道围岩支护强度及整体稳定性。

7.3　围岩控制方案与支护关键参数

按照 7.2 节中提出的近距离双采空区下煤层综放巷道位置布置原则与支护控制思路，结合理论分析、数值模拟、工程类比方法及实际生产状况，确定了汾西矿业 11103 工作面运输巷的支护方案，如图 7.10 和图 7.11 所示。具体支护参数如下。

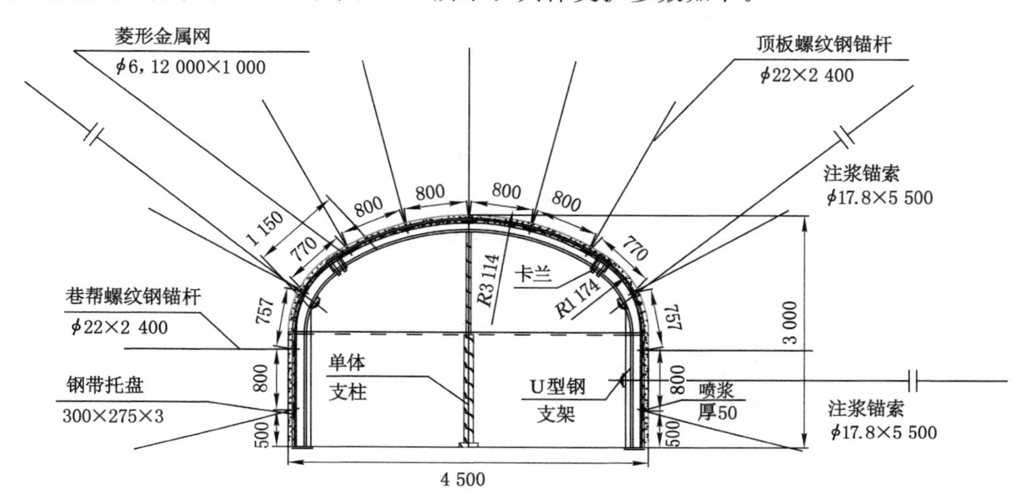

图 7.10　11103 综放工作面巷道支护方案断面图

(1) 巷道顶板区域锚杆＋单体支柱＋U 型钢支架＋金属网支护

顶板锚杆选用 ϕ22 mm×2 400 mm 左旋无纵筋螺纹钢锚杆，锚杆间排距 800(770) mm×1 200 mm，锚杆与锚索的排距为 600 mm，托盘为 120 mm×120 mm×8 mm 的钢板，锚杆预紧力不低于 40 kN，顶锚杆间采用钢筋梯子梁连接，并辅以 ϕ6 mm 菱形金属网护表。

采用一排锚杆一排 U 型钢支架布置方式，两者排距为 600 mm，在破碎顶板巷道内采用 U 型钢支架＋单体支柱＋金属网进行围岩表层支护。

DZ28 单体支柱，排距 1 200 mm，布置在 U 型钢支架中部，形成耦合支护结构。锚杆与单体支柱的主动支护与 U 型钢支架＋金属网被动支护相结合，既能在深层次稳定控制顶板深部岩层，又能依托 U 型钢支架＋单体支柱＋金属网组合架构进行围岩表层支护。

(2) 巷道实体煤帮上部顶板区域注浆锚索＋锚杆支护

锚杆选用 ϕ22 mm×2 400 mm 左旋无纵筋螺纹钢锚杆，托盘为 120 mm×120 mm×8 mm 的钢板，锚杆预紧力不低于 120 kN，顶锚杆间采用钢筋梯子梁连接，并辅以 ϕ6 mm 菱形金属网护表。

锚索选用 ϕ17.8 mm×5 500 mm 高强中空注浆锚索，延伸率为 5%，材质为高强低松弛钢绞线，排距为 1 200 mm，预紧力不低于 140 kN；锚索倾斜布置，位置在拱肩部，穿过 U 型钢支架，形成棚索耦合支护结构。

(3) 巷道煤柱帮上部顶板区域注浆锚索＋锚杆支护

锚杆选用 ϕ22 mm×2 400 mm 左旋无纵筋螺纹钢锚杆，托盘为 120 mm×120 mm×8 mm 的钢板，锚杆预紧力不低于 120 kN，顶锚杆间采用钢筋梯子梁连接，并辅以 ϕ6 mm 菱

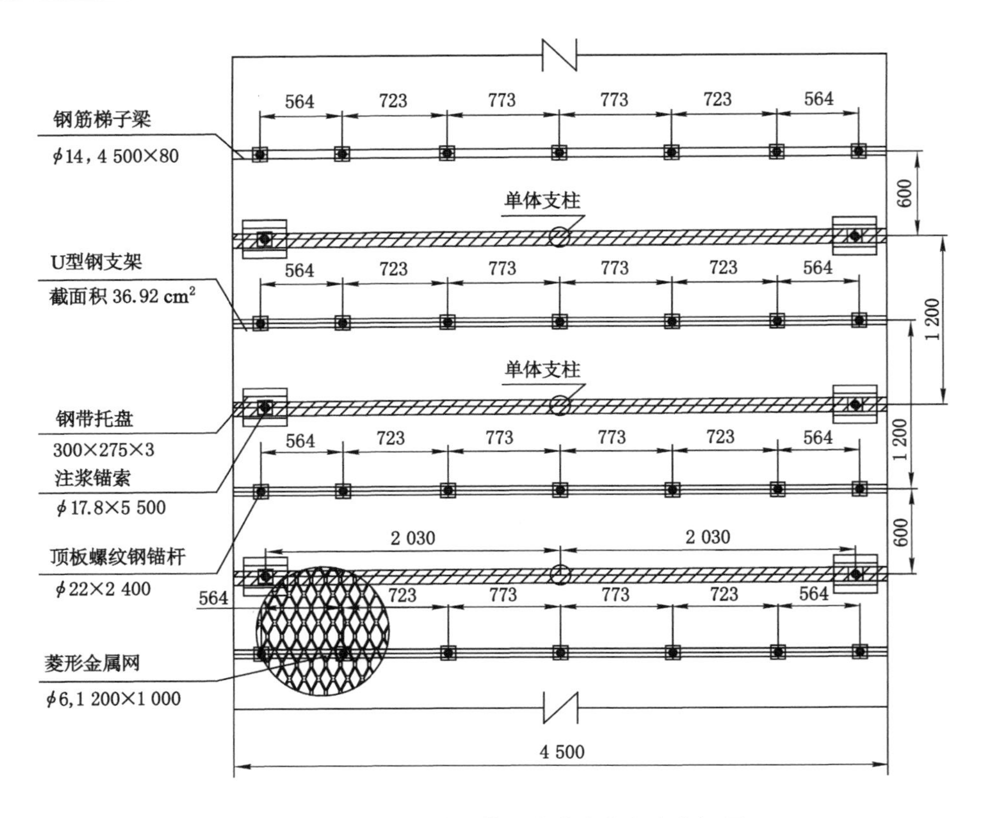

图 7.11 11103 综放工作面巷道支护方案俯视图

形金属网护表。

锚索倾斜布置在顶板右侧拱肩部位置，锚索选用 ϕ17.8 mm×5 500 mm 高强中空注浆锚索，延伸率为 5%，材质为高强低松弛钢绞线，排距为 1 200 mm，预紧力不低于 120 kN；锚索穿过 U 型钢支架，形成棚索耦合支护结构。

(4) 实体煤帮锚杆＋钢带托盘＋金属网联合支护

为了解决帮锚杆拉断、失效问题，实体煤帮选用 ϕ22 mm×2 400 mm 左旋无纵筋螺纹钢锚杆，安装三排锚杆，锚杆间排距为 800 mm×1 200 mm，实体煤帮下帮锚杆到底板距离为500 mm，锚杆倾斜 15°布置，采用的钢带托盘尺寸为 300 mm×275 mm×3 mm。

(5) 煤柱帮注浆锚索＋锚杆＋钢带托盘＋金属网联合支护

煤柱帮选用 ϕ22 mm×2 400 mm 左旋无纵筋螺纹钢锚杆，安装三排锚杆，锚杆间排距为 800 mm×1 200 mm，煤柱帮下帮锚杆到底板距离为 500 mm，锚杆倾斜 15°布置，采用的钢带托盘尺寸为 300 mm×275 mm×3 mm。煤柱帮存在表面煤体破碎情况，为了强化表面碎煤控制，采用表面积较大的钢带托盘控制表面碎煤自由面，起到护表及锚固紧缩双重作用；煤柱帮上部 900 mm 打一排注浆锚索，锚索选用 ϕ17.8 mm×5 500 mm 高强中空注浆锚索，延伸率为 5%，材质为高强低松弛钢绞线，排距为 1 200 mm，预紧力不低于 120 kN，锚索穿过 U 型钢支架，形成棚索耦合支护结构。

7.4 矿压规律实测

(1) 矿压观测方案及方法

为测评11103工作面回采巷道支护方案的可靠性,掌握支护体承载性能,对巷道围岩位移量、U型钢支架压力及锚索拉拔力进行监测,在距工作面不同位置处设立四个测站,相邻测站间距为15 m,观测方案如图7.12所示。

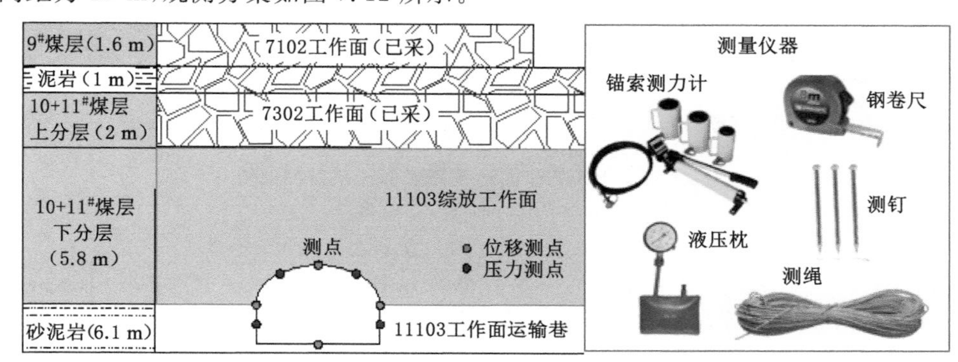

图7.12 巷道表面位移监测点位布置

① 采用十字测点法监测巷道围岩表面位移,巷道围岩表面位移监测包括顶底板位移量和两帮位移量监测。② 采用测力计监测中空注浆锚索拉拔力,在试验段巷道进行锚索拉拔测试,测试锚索拉拔力应平缓加载,测试每组不得少于3根。③ 采用液压枕监测U型钢支架压力,在U型钢支架两帮中部与两肩中部布置液压枕,液压枕紧贴U型钢支架。④ 数据采集时需要观测监测断面距工作面的距离,采集频率为每天观测一次,整理相关数据发现矿压显现处于平稳期后,可2～3天观测一次。

(2) 观测结果及分析

① 巷道表面位移量监测

巷道表面位移量监测结果见图7.13。

巷道掘进阶段,巷道支护完成后围岩稳定时间大约是32天,顶底板最大移近量为83 mm,两帮最大移近量为51 mm。工作面回采阶段,采动对巷道顶底板位移和两帮位移的影响集中在距工作面35 m范围内,在此期间,由于回采巷道顶板岩层的不断调整和移动,巷道围岩相对位移发生变化,巷道顶底板相对位移最大值为232 mm,巷道两帮相对位移最大值为191 mm。

② 巷道锚索拉拔力测试

巷道锚索拉拔力监测结果如图7.14(a)所示。工作面回采阶段,采动对巷道锚索支护影响集中在距工作面30 m范围内:在0～15 m范围锚固力呈递增趋势,峰值点位置约在15 m,表明此范围是采动影响较强烈区段,实体煤帮拱肩锚索、煤柱帮拱肩与拱帮锚索的锚固力最大值分别为303 kN、278 kN及268 kN;在15～30 m范围锚固力呈递减趋势,表明此范围是采动影响减弱区段;在30 m范围外,实体煤帮拱肩锚索、煤柱帮拱肩与拱帮锚索的锚固力分别为220 kN、180 kN及170 kN。

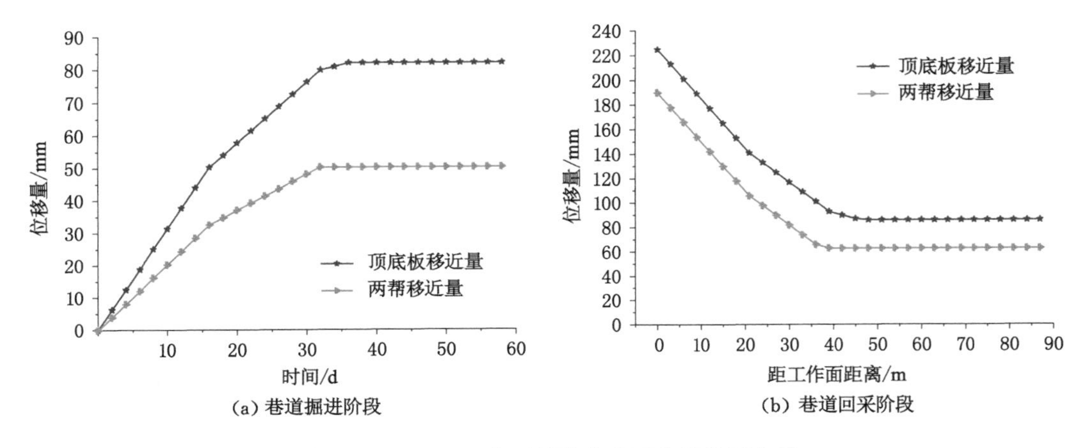

图 7.13　11103 工作面运输巷表面位移监测曲线

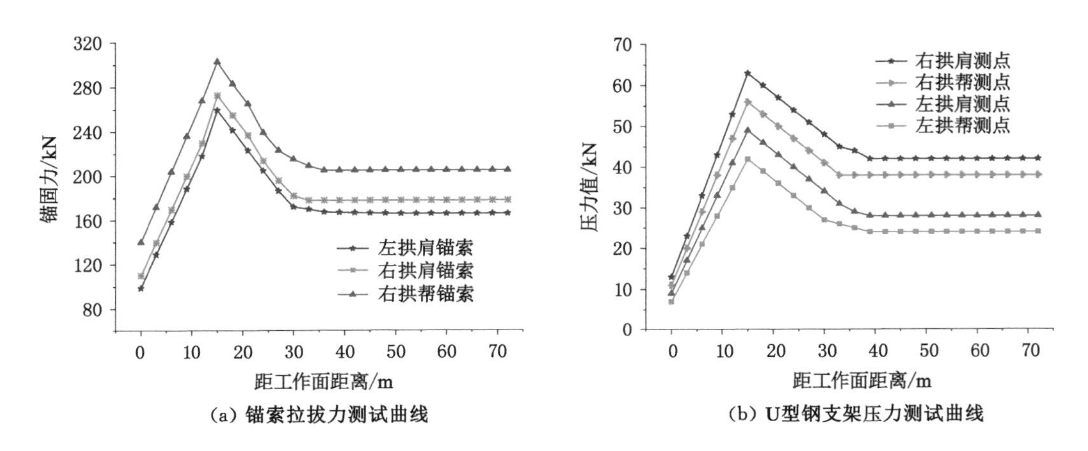

图 7.14　巷道回采阶段锚索拉拔力与 U 型钢支架压力监测曲线

③ 巷道 U 型钢支架压力测试

巷道 U 型钢支架压力监测结果如图 7.14(b)所示。工作面回采阶段，采动对巷道 U 型钢支架支护影响集中在距工作面 0～30 m 范围内，煤柱帮拱肩与煤柱帮拱帮、实体煤帮拱肩与实体煤帮拱帮的压力最大值分别为 63 kN、56 kN、46 kN 及 42 kN；压力值整体变化趋势为在 0～15 m 范围内递增、在 15～30 m 范围内递减，之后趋于稳定，稳定时，煤柱帮拱肩与煤柱帮拱帮、实体煤帮拱肩与实体煤帮拱帮的压力值分别为 43 kN、40 kN、30 kN 及 25 kN。

综合监测结果表明，在掘进阶段与回采阶段，巷道围岩相对变形量均在可控范围内，锚索锚固力达到锚固要求，U 型钢支架压力值未达到其屈服强度，现场监测中未出现锚杆(索)支护失效、U 型钢支架弯曲损坏、单体支柱压损及围岩自由破碎面增加等现象，说明所提出的支护方案能够满足巷道围岩稳定控制及矿井安全生产需求。

参考文献

[1] 蔡美峰.岩石力学与工程[M].北京:科学出版社,2002.
[2] 钱鸣高,石平五,许家林.矿山压力与岩层控制[M].2版.徐州:中国矿业大学出版社,2010.
[3] 宋振骐.实用矿山压力控制[M].徐州:中国矿业大学出版社,1988.
[4] 陈冬冬.采场基本顶板结构破断及扰动规律研究与应用[D].北京:中国矿业大学(北京),2018.
[5] 康红普,王金华.煤巷锚杆支护理论与成套技术[M].北京:煤炭工业出版社,2007.
[6] 缪协兴.干旱半干旱矿区保水采煤方法与实践[M].徐州:中国矿业大学出版社,2011.
[7] 谢广祥.综放面及其巷道围岩三维力学场特征研究[D].北京:中国矿业大学(北京),2004.
[8] 刘树才.煤矿底板突水机理及破坏裂隙带演化动态探测技术[D].徐州:中国矿业大学,2008.
[9] 李树清,何学秋,李绍泉,等.煤层群双重卸压开采覆岩移动及裂隙动态演化的实验研究[J].煤炭学报,2013,38(12):2146-2152.
[10] 张平松,吴基文,刘盛东.煤层采动底板破坏规律动态观测研究[J].岩石力学与工程学报,2006,25(增1):3009-3013.
[11] 施龙青,韩进.底板突水机理及预测预报[M].徐州:中国矿业大学出版社,2004.
[12] 刘伟韬,刘士亮,姬保静.基于正交试验的底板破坏深度主控因素敏感性分析[J].煤炭学报,2015,40(9):1995-2001.
[13] 张金才,刘天泉.论煤层底板采动裂隙带的深度及分布特征[J].煤炭学报,1990,15(2):46-55.
[14] 张炜,张东升,陈建本,等.极近距离煤层回采巷道合理位置确定[J].中国矿业大学学报,2012,41(2):182-188.
[15] 张百胜,杨双锁,康立勋,等.极近距离煤层回采巷道合理位置确定方法探讨[J].岩石力学与工程学报,2008,27(1):97-101.
[16] 刘建军.崔家寨煤矿近距离煤层群开采巷道稳定性分析[J].煤炭科学技术,2009,37(3):13-16.
[17] 王广辉.河东煤矿近距离煤层群开采巷道合理布置方式[J].煤矿开采,2009,14(1):37-38,80.
[18] 吴爱民.钱家营近距离煤层煤岩体破坏与巷道优化支护研究[D].北京:中国矿业大学(北京),2010.
[19] WU X Y,ZHANG N,CHEN D D,et al.Coupling support technique for coal roadway

under double gobs in close coal seams[J]. Energy science and engineering, 2024, 12(6):2385-2404.
[20] 窦林名,李振雷,何学秋.厚煤层综放开采的降载减冲原理及其应用研究[J].中国矿业大学学报,2018,47(2):221-230.
[21] 伍永平,郎丁,解盘石.大倾角软煤综放工作面煤壁片帮机理及致灾机制[J].煤炭学报,2016,41(8):1878-1884.
[22] 黄庆享,赵萌烨,张强峰,等.含软弱夹层厚煤层巷帮外错滑移机制与支护研究[J].岩土力学,2016,37(8):2353-2358.
[23] 许磊,何富连,王军,等.厚煤层超高巷道裂隙拓展规律及围岩控制[J].采矿与安全工程学报,2014,31(5):687-694.
[24] 王家臣,魏炜杰,张锦旺,等.急倾斜厚煤层走向长壁综放开采支架稳定性分析[J].煤炭学报,2017,42(11):2783-2791.
[25] 方新秋,何杰,李海潮.软煤综放面煤壁片帮机理及防治研究[J].中国矿业大学学报,2009,38(5):640-644.
[26] 吴锋锋,刘长友,李建伟."三软"大倾角厚煤层工作面组合液压支架稳定性分析[J].采矿与安全工程学报,2014,31(5):721-725,732.
[27] 吴晓宇,周豪,吴晓伟,等.不同加载速率下矸石胶结充填体破坏规律细观研究[J].煤矿安全, 2024,55(7):154-160.
[28] 侯朝炯团队.巷道围岩控制[M].徐州:中国矿业大学出版社,2013.
[29] 丁剑霆,刘海霞.试论最大偏应力屈服准则与 Mises、Tresca 屈服条件的关系[J].黑龙江工程学院学报(自然科学版),2008,22(3):18-20.
[30] 杨光,孙江龙,于玉贞,等.偏应力和球应力往返作用下粗粒料的变形特性[J].清华大学学报(自然科学版),2009,49(6):838-841.
[31] 施维成,朱俊高,代国忠,等.球应力和偏应力对粗粒土变形影响的真三轴试验研究[J].岩土工程学报,2015,37(5):776-783.
[32] 孙磊,王军,谷川,等.循环偏应力和循环围压耦合效应对饱和软黏土变形特性的影响[J].岩土工程学报,2015,37(12):2198-2204.
[33] 李修磊,李起伟,杨超,等.基于三轴极限峰值偏应力的岩石非线性破坏强度准则[J/OL].煤炭学报,2019,[2019-07-18]. https://www.doc88.com/p-2991698958653.html? r=1.
[34] 谢生荣,岳帅帅,陈冬冬,等.深部充填开采留巷围岩偏应力演化规律与控制[J].煤炭学报,2018,43(7):1837-1846.
[35] 王俊峰,王恩,陈冬冬,等.窄柔模墙体沿空留巷围岩偏应力演化与控制[J/OL].煤炭学报,2021, [2021-05-25]. https://doi.org/10.13225/j.cnki.jccs.2019.1596.
[36] 余伟健,吴根水,袁超,等.基于偏应力场的巷道围岩破坏特征及工程稳定性控制[J].煤炭学报,2017,42(6):1408-1419.
[37] 马念杰,李季,赵志强.圆形巷道围岩偏应力场及塑性区分布规律研究[J].中国矿业大学学报,2015,44(2):206-213.
[38] 潘岳,王志强,吴敏应.巷道开挖围岩能量释放与偏应力应变能生成的分析计算[J].岩

土力学,2007,28(4):663-669.

[39] 马振乾,姜耀东,宋红华,等.构造破碎区沿空掘巷偏应力分布特征与控制技术[J].采矿与安全工程学报,2017,34(1):24-31.

[40] 孙建.沿煤层倾斜方向底板“三区”破坏特征分析[J].采矿与安全工程学报,2014,31(1):115-121.

[41] 康健,孙广义,董长吉.极近距离薄煤层同采工作面覆岩移动规律研究[J].采矿与安全工程学报,2010,27(1):51-56.

[42] 王厚柱,鞠远江,秦坤坤,等.深部近距离煤层开采底板破坏规律实测对比研究[J].采矿与安全工程学报,2020,37(3):553-561.

[43] 张风达,申宝宏,康永华.煤层底板破坏机理分析及最大破坏深度计算[J].矿业安全与环保,2015,42(3):58-61.

[44] 张剑.西山矿区近距离煤层群开采巷道围岩控制技术研究及应用[D].北京:煤炭科学研究总院,2020.

[45] 钱鸣高,茅献彪,缪协兴.采场覆岩中关键层上载荷的变化规律[J].煤炭学报,1998,23(2):25-29.

[46] 潘岳,王志强,李爱武.初次断裂期间超前工作面坚硬顶板挠度、弯矩和能量变化的分析解[J].岩石力学与工程学报,2012, 31(1):32-41.

[47] 谢生荣,陈冬冬,曾俊超,等.基本顶板结构初次破断与全区域反弹时空关系[J].煤炭学报,2019,44(9):2650-2663.

[48] 许家林,陈稼轩,蒋坤.松散承压含水层的载荷传递作用对关键层复合破断的影响[J].岩石力学与工程学报,2007,26(4):699-704.

[49] 贾剑青,王宏图,唐建新,等.硬软交替岩层的复合顶板主关键层及其破断距的确定[J].岩石力学与工程学报,2006,25(5):974-978.

[50] 吴晓宇,周豪,吴晓伟.近距离下煤层中空注浆锚索注浆前后周边剪应力作用机理[J].煤炭工程,2024,56(4):112-118.

[51] 荆升国,苏致立,王兴开.大断面硐室碹体-锚索耦合支护机理研究与应用[J].采矿与安全工程学报,2018,35(6):1158-1163.

[52] 陈冬冬,邹军,陈稼轩.棚索结构互补支护技术研究与应用[J].采矿与安全工程学报,2017,34(3):556-564.